MEIHUAGONG SHENGCHAN JISHU

煤化工生产技术

主编　王　钰　茹立军

参编　郭文婷　徐　晶

主审　李文有

重庆大学出版社

内容提要

本书对煤化工的主要生产技术进行了介绍，内容覆盖煤焦化和煤气化两个产业链，包括煤炭的基础知识、煤焦化生产技术、煤气化技术、煤气净化技术、煤气脱硫与变换技术、煤基化学品合成技术、空气分离技术等七章。书中详细地介绍了以上生产过程的生产原理、操作条件、主要设备、工艺流程及操作规程等。

本书按照化工专业人才培养的指导思想，在内容组织上突出理论够用，重视应用，着重学生实际操作能力的培养。

本书可作为高职高专煤化工及化工专业的教材，也可作为煤化工企业职工培训及生产技术人员学习参考用书。

图书在版编目(CIP)数据

煤化工生产技术 / 王钰，茹立军主编. —重庆：重庆大学出版社，2017.1(2023.2 重印)

ISBN 978-7-5689-0398-1

Ⅰ.①煤… Ⅱ.①王… ②茹… Ⅲ.①煤化工—生产技术—高等职业教育—教材 Ⅳ.①TQ53

中国版本图书馆 CIP 数据核字(2017)第 021847 号

煤化工生产技术

主 编 王 钰 茹立军
参 编 郭文婷 徐 晶
主 审 李文有
策划编辑：鲁 黎
责任编辑：鲁 黎 版式设计：鲁 黎
责任校对：邹 忌 责任印制：张 策

*

重庆大学出版社出版发行
出版人：饶帮华
社址：重庆市沙坪坝区大学城西路 21 号
邮编：401331
电话：(023) 88617190 88617185(中小学)
传真：(023) 88617186 88617166
网址：http://www.cqup.com.cn
邮箱：fxk@cqup.com.cn (营销中心)
全国新华书店经销
POD：重庆新生代彩印技术有限公司

*

开本：787mm×1092mm 1/16 印张：18.5 字数：416 千
2017 年 1 月第 1 版 2023 年 2 月第 3 次印刷
ISBN 978-7-5689-0398-1 定价：43.00 元

前　言

《煤化工生产技术》是根据高职高专人才的培养目标和高职高专煤化工教材提纲结合我国煤化工行业特点编写的。

“缺油、少气、煤炭资源相对丰富”的资源禀赋决定了我国以煤为主体的能源结构，从国家战略需求看，发展现代煤化工是必然选择。“十二五”时期，在石油需求快速攀升和油价高企的背景下，我国以石油替代产品为主要方向的现代煤化工，随着一批示范工程的建成投产，快速步入产业化轨道，产业规模快速增长；技术创新取得重大突破，开发了一大批大型装备；园区化、基地化格局初步形成；技术创新和产业化均走在了世界前列，现代煤化工已经成为我国石油和化学工业“十二五”发展的最大亮点之一。煤化工行业的快速发展对煤化工技能人才的培养提出了较高要求。

本书在内容组织上突出理论够用，重视应用，以掌握概念、强化应用、培养技能为编写重点，旨在为高职高专煤化工及化工专业的学生提供一本认识煤化工的教材，也可作为煤化工企业职工培训及生产技术人员学习参考用书。

全书共分七章，内容包括煤炭的基础知识、煤焦化生产技术、煤气化技术、煤气净化技术、煤气脱硫与变换技术、煤基合成化学品技术、空气分离技术等。主要介绍了以上各工艺的工艺原理、工艺流程、主要设备、生产操作等。本书着重学生基本理论的应用，实际操作能力的培养，具有实用性、实际性和实践性。

本书由酒泉职业技术学院王钰、茹立军主编，参加编写的人员有：郭文婷、徐晶。其中：王钰编写第 3 至 6 章；茹立军编写绪论、第 1 章；郭文婷编写第 2 章；徐晶编写第 7 章。全书由王钰统稿，酒泉职业技术学院李文有教授主审，编写过程得到了许新兵、孔祥波副教授的关心和帮助，在此致以衷心的感谢。

本书在编写过程中参考了国内外出版的许多资料，在此谨向有关单位和作者深表谢意。限于编者水平和时间仓促，书中难免有不妥之处，祈望广大读者和同行赐教指正。

编　者

2016 年 5 月

目　录

绪论

煤化工是指以煤为原料，经化学加工使煤转化为气体、液体和固体燃料以及化学品的行业。根据生产工艺与产品的不同，主要分为煤焦化、煤气化和煤液化三条产品链。煤的焦化是应用最早的煤化工，至今仍然是重要的方法。在制取焦炭的同时副产煤气和焦油(其中含有各种芳烃化工原料)。电石乙炔化学在煤化工中占有重要地位，乙炔可以生产一系列有机化工产品和炭黑。煤气化在煤化工中占有特别重要的地位，煤气化主要用于生产城市煤气、各种工业用燃料气和合成气，在中国合成气主要用于制取合成氨、甲醇、二甲醚等重要化工产品。通过煤炭加氢液化和气化生产各种液体燃料和气体燃料，利用化学技术合成各种化工产品。随着世界石油和天然气资源的不断减少、煤化工技术的改进、新技术和新型催化剂的开发成功、新一代煤化工技术的涌现，现代煤化工将会有广阔的发展前景。煤化工产品链情况如图0.1所示。

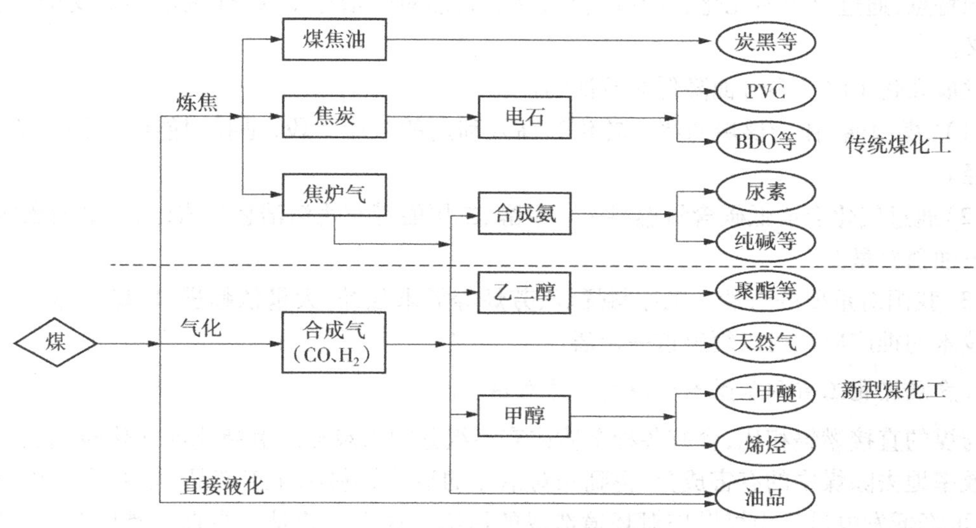

图0.1 煤化工产品链

一、发展煤化工的目的与意义

1. 我国的资源禀赋决定我国应当发展煤化工

我国是一个"富煤、少油、缺气"的国家,在已探明的能源储量中,煤炭、石油和天然气分别为94%、4%和2%;截至2006年底,煤炭、天然气、石油的储采比分别为48、41.8、12.1,而2003年世界煤炭、天然气和石油的储采比分别为192.0、67.1、41.0。基于中国的国情和资源状况,发展煤化工是我国的必然选择。中国煤化工经过几十年的发展,在化学工业中已经占有很重要的位置。20世纪90年代,煤化工的产量占化学工业(不包括石油和石化)大约50%,合成氨、甲醇两大基础化工产品主要以煤为原料。近年来,由于国际油价节节攀升,煤化工越来越显示出优势。中国资源特点决定了以煤为主的能源结构在相当长时间内不会改变,必须依靠科技进步,提高煤炭资源的勘探力度和生产的集中度,扩大新增煤炭产量,发展大容量、高效、低污染的煤炭直接燃烧发电技术。从长远看,要把发展以煤气化为基础的多联产技术作为战略选择,力争走出一条具有中国特色、洁净高效的开发与利用之路,实现"集约开发,循环利用,保护环境,协调自然"。

2. 发展煤化工是我国能源战略的重要组成部分

2007年我国石油表观消费量为3.46亿吨,原油净进口达1.59亿吨,对石油进口的依存度为46%;而2008年我国石油表观消费量为3.65亿吨,净进口达1.788 8亿吨,对石油进口的依存度已经达到49%。预计到2020年,我国石油消费量将超过4.5亿吨,石油对外依存度将从2010年的49%上升到2020年的60%。中国已成为世界第二大石油消费国和第三大石油进口国;石油已成为影响我国社会经济发展的瓶颈。因此,充分利用中国以煤为主的能源结构特点,通过寻求多元化石油替代品,降低石油对外依存度,确保国家能源安全有着重要意义。

发展煤化工将从多方面降低对石油的依赖。

(1)"煤制油"作为煤炭的清洁转化和高效利用的重要手段,是我国能源结构调整的重要途径。

(2)通过气化合成低碳含氧燃料——甲醇、二甲醚等车用清洁替代汽油、柴油的燃料,可降低石油消费量。

(3)我国对重要的石油化工原料烯烃、芳烃等需求强劲,大量依赖进口,煤制烯烃、煤制芳烃技术的推广应用可以缓解这一矛盾。

3. 发展煤化工有利于煤炭资源的清洁利用

与煤的直接燃烧相比,含有各种杂质或有害组分的煤炭经加氢液化或气化转化加工,可以高效率地去除煤中的有害成分,得到相对洁净的液体燃料和化工产品;如果采用IGCC工艺,也可降低发电过程中煤燃烧对环境造成的污染。煤中的硫是煤炭直接燃烧造成大气污染物的根源,在直接液化过程中部分硫起到了催化剂的作用,并在液化油的加工过程中除去了几乎全部硫;在间接液化技术中,合成原料气经净化也脱除了几乎全部的硫,两种液化工艺均在生产厂内设有硫回收装置,可回收煤中的硫作为副产品利用。因此液化技术使煤得到洁净转化,特别对某些高硫煤,液化技术是有效的洁净煤技术。而在煤经过气化过程再生产其他化工产品的过程中,通过合成气的净化,也降低了煤转化过程对大气的污染程度。

4. 发展煤化工的经济意义

煤化工的发展历程与石油价格的波动密切相关,每次石油危机的发生,都会引发煤化工发展的高潮,其原因除了与国家的能源政策相关外,与煤化工的经济性也密切相关。有关专家预测,如果原油价格维持在60美元/桶的话,煤化工的经济优势就能显现出来,在10年内煤化工将得到迅猛发展,其发展潜力总体取决于石油价格。综上所述,随着中国经济的高速发展,如何有效地发挥煤炭资源优势,优化能源结构,解决石油短缺及由此造成的能源安全问题,已经引起我国政府的高度重视。中国煤炭资源丰富,其中褐煤、低变质程度煤以及高硫煤的比例很大。如果直接利用,这些煤由于热值低、品质差、污染重而受到很大限制,市场需求日益萎缩。如果采用新型煤化工中的煤液化或气化技术,不仅可以降低煤燃烧对大气造成的污染,提高了煤的附加值,还能降低能源和化工产品对石油的依赖程度。所以,新型煤化工将是我国今后发展的主要方向和重点。

二、传统煤化工与新型煤化工

1. 传统煤化工

根据产业的成熟情况,煤化工可以分为传统煤化工和新型煤化工。传统煤化工主要是煤焦化产品链,包括电石乙炔和合成氨等行业,下游主要为钢铁、房地产和农业。我国传统煤化工发展较早,目前已经是全球最大的煤化工生产国,焦炭、电石、合成氨产能分别占全球的60%、93%和32%。由于重复建设严重,加上下游需求的不景气,传统煤化工各产品均处于产能过剩的局面,未来需经过漫长的整合和淘汰落后产能的过程。传统煤化工,未来发展的趋势是走向一体化、环保化和精加工,以实现对资源的有效利用及下游产业链的衍生和拓展。

煤焦化是指将煤炭在隔离空气条件下高温加热至1 000 ℃左右,分解为焦炭、煤焦油和焦炉气的过程。煤焦化产生的焦炭主要用于高炉炼铁。焦炉气有两种用途:一是作为燃料;二是做化工原料,主要用来合成氨、甲醇等化学品。煤焦油是一种含上万种组分的复杂混合物,主要用来加工生产轻油、酚油、萘油及改质沥青等,再经深加工后制取苯、酚、萘、蒽等多种化工原料,其产品数量众多,用途十分广泛。

未来炼焦企业要向煤—焦—化一体化方向发展,延长产业链,实现可持续发展;要求合理控制新增焦炭产能,彻底淘汰土焦和改良焦。煤焦化行业的发展方向主要有以下3点:

(1)注重规模效应,装置大型化。装置大型化,实现规模效应是实现炼焦行业节能减排、可持续发展的一条重要途径。

(2)注重煤焦油加工技术的开发,加大深加工产品和精细化工产品的研发投入。

(3)将焦炉煤气"吃干榨净"。采用焦炉气直接还原铁效益最佳,是钢铁联合企业焦炉煤气的发展方向;焦炉煤气生产甲醇技术成熟可靠,进而合成二甲醚,生产人造汽油,是独立焦化企业的最好选择;变压吸附制氢(PSA)值得关注和发展,是采用苯加氢精制技术企业的必选;利用焦炉煤气发电产生的效益也不容忽视。

2. 新型煤化工

新型煤化工主要包括煤制油、烯烃、天然气、乙二醇和醇醚(甲醇、二甲醚)几种产品。其中大部分产品是化工产业的重要原料和燃料,其发展受到国家政策支持。由于我国原油资源的匮乏,这些化工原料多数均依赖于进口。以烯烃为例,2010 年我国乙烯和丙烯的国内保障度分别为 48% 和 63%,而乙二醇的进口依赖度则接近 70%。因此,新型煤化工的产品需求空间大,有望顺利实现进口替代,有效降低大宗石化原料的进口依赖度。

(1)煤制天然气

煤制天然气是指煤经过气化产生合成气,再经过甲烷化处理,生产热值大于 8 000 kcal/m^3 的代用天然气(SNG)的技术。从宏观上讲,以煤为原料生产天然气,将会作为 LPG 和常规天然气的替代和补充。

天然气作为一种清洁绿色能源,其消费量越来越大,而且国内价格目前偏低,具有上涨空间。使用低质煤炭生产替代天然气(SNG),因其生产流程短,技术可靠、能源利用效率高等优点,具有广阔的发展前景。因此煤制天然气,是继煤制油、煤制烯烃之后引起煤化工行业关注的大型煤化工发展项目。

(2)煤制甲醇

甲醇是由一氧化碳与氢气(合成气)在催化剂存在的情况下进行化学反应而制得。煤、焦炭、天然气、炼厂气、石脑油(轻油)、渣油(重油)、焦炉气和乙炔尾气等均可用来制造一氧化碳和氢气(合成气),作为合成甲醇的原料。因此根据原料来源的不同,甲醇生产可以分为煤基甲醇、天然气基甲醇和石油基甲醇。在我国煤基甲醇产量占约 78%,而天然气基甲醇和石油基甲醇仅占 22%。由煤气化制得的合成气在一定条件下可合成甲醇,目前常用的甲醇合成工艺主要有 ICI 低压合成工艺和鲁奇低压法合成工艺。

甲醇工业的主要发展方向有以下两点:

①大力生产和发展甲醇下游产品

甲醇的下游产品种类很多,结合市场需求,发展国内市场紧缺,特别是可以替代石油化工产品的甲醇下游产品,是未来大规模发展甲醇生产,提高市场竞争能力的重要方向,不仅可以为当前甲醇装置的过剩产能寻找一条出路,而且可以为我国能源和化工原料提供一条煤炭基路线,缓解我国对石油资源的过分依赖。

②大力开发甲醇能源技术

积极推进甲醇掺烧汽油和柴油的应用,同时加快直接甲醇燃料电池的研发工作,为甲醇的应用开辟新的道路。

(3)煤制二甲醚

煤制二甲醚的工艺包括两种:一步法和两步法,其中两步法又分为甲醇气相脱水法和甲醇液相脱水法。一步法是指由煤气化生成的合成气直接生成二甲醚。两步法是先由煤气化生成的合成气(CO、H_2)制备甲醇,然后甲醇进一步脱水即生成二甲醚。其中,一步法二甲醚技术已经完成工业试验,但目前还没有工业化装置进行运转;二步法二甲醚制备技术尤其是二步法气相法甲醇脱水技术是目前工业界的主流技术。

阻碍燃料二甲醚发展的关键问题是二甲醚的价格问题。满足燃料生产大宗化、低成本的客观需要，未来燃料二甲醚参与市场竞争的唯一出路在于采用先进工艺，建设(超)大型化生产装置。

(4)煤制烯烃

煤制烯烃是指以煤为原料，先气化制成合成气，然后合成气在催化剂的作用下反应生成甲醇，然后由甲醇在一定条件下反应生成烯烃，以乙烯、丙烯为目的产物的工艺称为 MTO 工艺，以丙烯为目的产物的工艺称为 MTP 工艺。甲醇制烯烃技术目前正在进行工业试验。

甲醇制低碳烃类工艺的实现开创了丙烯生产的非石油路线，这是烯烃生产的巨大进步，尤其是在石油资源日益紧张的形势下，前景非常可观。

(5)煤制乙二醇

乙二醇(简称 EG)是一种重要的化工原料，其主要用途是作防冻剂和制造聚酯树脂的原料。以煤为原料，通过气化、变换、净化及分离提纯后分别得到一氧化碳和氢气，其中一氧化碳通过催化偶联合成及精制生产草酸酯，再经与氢气进行加氢反应并通过精制后获得聚酯级乙二醇的过程。

(6)煤的液化

煤的液化技术主要分为煤的直接液化和煤的间接液化两大类。煤直接液化是指煤在氢气和催化剂的作用下，催化加氢裂化生成液体烃类及少量气体烃，脱除煤中氮、氧和硫等杂原子的转化过程。裂化是一种使烃类分子分裂为几个较小分子的反应过程。因煤直接液化过程主要采用加氢手段，故又称煤的加氢液化法。煤的间接液化是指以煤为原料，先气化制成合成气，然后合成气在催化剂的作用下反应生成液体燃料的过程，该过程又称为费—托合成。

煤制油项目投资巨大，一个百万吨的煤制油工厂，其前期固定资产投入就要 100 亿元。煤制油在技术上也存在高风险，应坚持通过煤制油示范工程建设，全面分析论证，确定适合我国国情的煤制油技术发展主导路线，在总结成功经验的基础上再确定下一步工作。

(7)整体煤气化联合循环(IGCC)

整体煤气化联合循环(Integrated Gasification Combined Cycle，简称 IGCC)发电系统，是将煤气化技术和高效的联合循环相结合的先进动力系统。它由两大部分组成，即煤的气化与净化部分和燃气-蒸汽联合循环发电部分。第一部分的主要设备有气化炉、空分装置、煤气净化设备(包括硫的回收装置)，第二部分的主要设备有燃气轮机发电系统、余热锅炉、蒸汽轮机发电系统。IGCC 的工艺过程如下：煤经气化成为中低热值煤气，经过净化，除去煤气中的硫化物、氮化物、粉尘等污染物，变为清洁的气体燃料，然后送入燃气轮机的燃烧室燃烧，加热气体工质以驱动燃气透平做功，燃气轮机排气进入余热锅炉加热给水，产生过热蒸汽驱动蒸汽轮机做功。IGCC 工艺的优点是联合循环、效率高且提高的空间大，在转化过程中治理污染物、脱除效率高、可实现资源化回收，可实现近零排放。

煤炭除了可以用来发电，还可以用来大规模生产液体燃料和化学品，而 IGCC 多联产可以将这两个方面完美地结合起来，成为未来石油后时代过渡时期最主要的能源和化学品生产方式。发展IGCC多联产，将有助于能源和资源利用效率的大幅提升，同时减少水资源消耗和二氧化碳排放，实现循环经济。

三、我国煤化工产业现状及发展前景

1. 我国煤化工产业现状

(1)国家产业政策规范煤化工行业发展

截至2008年，国家已经发布的与煤化工相关的产业政策继续指导煤化工行业的发展。这些政策包括:2007年1月发布的《煤炭工业发展“十一五”规划》、2007年4月发布的《能源发展“十一五”规划》和《西部大开发”十一五”规划》。在2008年，煤化工行业的主管单位进一步落实。6月，工业与信息化部正式挂牌成立;同年8月，国家能源局正式挂牌成立。根据工业与信息化部公开发布的文件，“炼油、煤制燃料和燃料乙醇的行业管理由国家能源局负责，其他石油化工和煤化工的行业管理由工业和信息化部负责。”2008年7月18日，中国煤化工产业第一个行业协调机构——中国石油和化学工业协会新型煤化工协调工作委员会正式成立，旨在引导煤化工产业贯彻国家产业政策，做好煤化工发展的组织、协调、服务工作。合理的管理体制将促进煤化工产业更加科学、健康、有序发展。2008年9月，国家发改委发布《关于加强煤制油项目管理有关问题的通知》，要求除神华鄂尔多斯项目和神华宁煤项目外，一律停止实施其他煤制油项目。10月，工业和信息化部发布文件，要求进一步推进电石、铁合金和焦化行业结构调整，淘汰落后产能。

(2)需求疲软和价格下跌影响煤化工行业利润

由于全球金融危机带来的原油价格大幅下跌和下游需求大幅度下降，市场上大部分基础化工原料价格下跌了一半左右，煤化工行业也不例外。以华东市场为例，亚化咨询统计数据显示，甲醇从最高点的4 500元/吨下跌到了1 800元/吨，二甲醚从6 700元/吨下跌到了3 000元/吨左右，电石法PVC从8 800元/吨下跌到了5 000元/吨。在此形势下，煤化工企业纷纷降低开工率以减少损失，甲醇行业开工率从60%下降到了40%。焦炭企业由于设备特性不能停止生产。据焦炭企业透露，9、10两个月的亏损几乎抵消了前8个月的所有利润。原油价格的直接影响煤制油和煤制烯烃的盈利前景。煤制油和煤制烯烃的可行性研究大都是以油价不低于40美元/桶为前提的，随着美国WTI油价一度跌近40美元/桶，我国华东地区高密度聚乙烯价格也由16 400元/吨下跌到7 500元/吨左右，加深了人们对这些投资巨大的项目能否盈利的担忧。虽然目前还没有煤制油和煤制烯烃实现商业化运行，即使商业化运行，短期利润空间也不大。但是这些项目前景光明并且很有必要。首先，它们是保障我国能源安全的战略技术储备，不能简单地用商业盈利为评判标准;其次，由于原油的不可再生性，随着需求的复苏，其价格必将回升。

2. 我国煤化工发展前景预测

(1)新型煤化工将成为煤化工的发展主流

现有煤液化、煤制低碳烃类技术继续发展，虽然国家政策规定除神华鄂尔多斯项目和神华宁煤项目外，一律停止实施其他煤制油项目，但在煤液化工业示范装置相继取得成功的基础上，预计仍然会有一批企业继续保持对煤液化项目的高度关注。

（2）生产装置规模化

新型煤化工发展将以建设大型企业为主，包括采用大型反应器和建设大型现代化单元工厂，如百万吨级以上的煤直接液化、煤间接液化工厂以及大型联产系统等。通过建设大型工厂，应用高新技术，发挥资源与价格优势，资源优化配置，技术优化集成，资源、能源的高效合理利用等措施，减少工程建设的资金投入，降低生产成本，提高综合经济效益。现代煤化工生产工艺流程如图 0.2 所示。

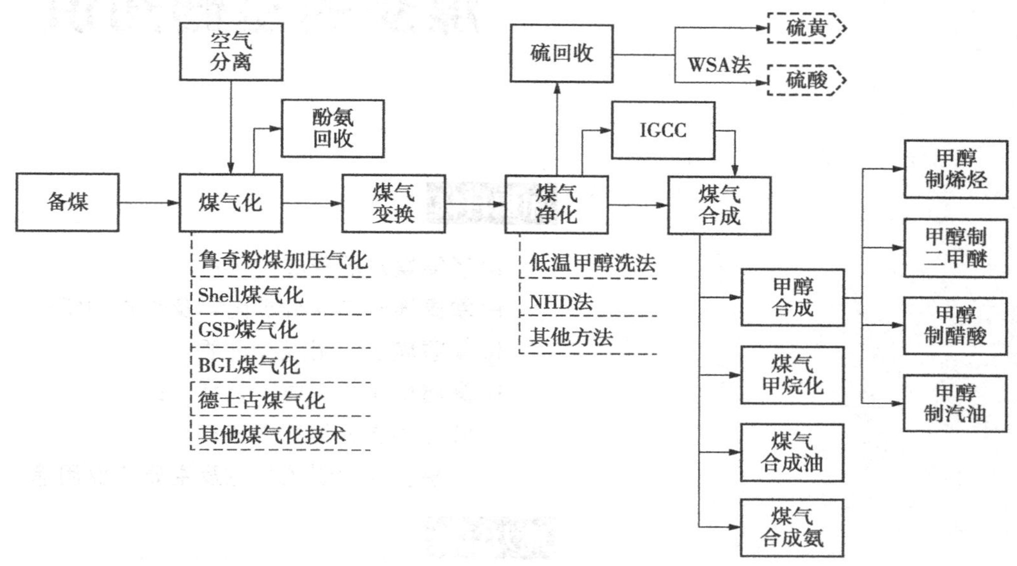

图 0.2 现代煤化工生产工艺流程

（3）多联产将成重要方向

煤化工项目园区化和多联产正在成为重要的发展方向。以大规模煤气化与 IGCC 多联产为龙头的煤化工园区可以为下游的醋酸、二甲醚、MTO 等装置提供蒸汽、电力以及一氧化碳、氢气和甲醇等基本原料，上下游一体化优势明显。

思考题及习题

1. 什么是煤化工？
2. 我国为什么要大力发展煤化工？
3. 传统煤化工主要包括哪些产业链？
4. 新型煤化工主要包括哪些产品的生产？
5. 我国煤化工发展前景如何？

第一章

煤炭的基础知识

知识目标

- 了解煤炭的形成过程；
- 掌握煤炭工业分析内容及煤炭的组成；
- 掌握煤灰的组成及性质；
- 掌握煤炭的主要工艺特性；
- 掌握煤炭分类的方法；
- 了解各种煤炭的特点及主要工业用途。

能力目标

- 能正确进行煤炭的分类；
- 能根据生产任务提出用煤质量要求；
- 能分析煤的特性对煤化工生产的影响；
- 能根据煤质分析结果调整生产工艺指标。

第一节 煤质分析

煤是古代植物埋藏在地下经历了复杂的生物化学和物理化学变化逐渐形成的固体可燃性矿物。是一种固体可燃有机岩,主要由植物遗体经生物化学作用,埋藏后再经地质作用转变而成,俗称煤炭。煤炭被人们誉为黑色的金子、工业的食粮,它是18世纪以来人类世界使用的主要能源之一。

煤是由碳、氢、氧、硫、氮和其他化学元素结合形成的有机化合物的混合物。不同煤种的组成和性质相差是非常大的,即使是同一煤种,由于成煤的条件不同,性质的差异也较大。煤结构、组成以及变质程度之间的差异,会直接影响和决定煤炭气化过程工艺条件的选择,也会影响煤炭气化的结果,如煤气的组成和产率,灰渣的熔点和黏结性以及焦油的产率和组成等。煤质分析对于煤化工生产十分重要。

一、煤的工业分析

煤的工业分析也叫技术分析或实用分析,包括煤中水分、灰分、挥发分的测定及固定碳的计算。煤的工业分析是了解煤质特征的基础指标也是评价煤质的基本依据,根据工业分析的各项测定结果可以初步判断煤的性质、种类及其利用途径。

1. 煤的水分

煤中的水分按其存在形态可分为三种:外在水分、内在水分和结晶水。

外在水分:在一定条件下煤样与周围空气湿度达到平衡时所含有的水分。它是在煤的开采、运输、储存过程中,由于机械作用,水分附着于煤颗粒表面或大的毛细管中。将煤放置在空气中,这类水分就会不断蒸发。外在水分与外在条件有关,而与煤质本身无关。

内在水分:在一定条件下煤样达到空气干燥状态时所保持的水分。这类水分吸附或凝聚在煤颗粒内部的毛细孔中,由于毛细孔的吸附力作用,内在水分比外在水分难蒸发。在室温条件下,内在水分不易除去。

煤的外在水分和内在水分的总和称为全水分。

结晶水:与矿物质结合的、除去全水分后仍保留下来的水分。如硫酸钙($CaSO_4 \cdot 2H_2O$)、高岭土($Al_2O_3 \cdot 2SiO_2 \cdot 2H_2O$)中所含的水分。结构水通常要在200 ℃以上才能析出。

煤中的水分对工业利用是不利的，它对运输、储存和使用都有一定影响。同一种煤，其发热量将随水分的升高而降低。煤在燃烧时，需要消耗很多热量来蒸发煤中的水分，从而增加了煤耗，水分高的煤，不仅增加了运输成本，同时给储存带来了一定困难。水分高还容易使煤碎裂。

2. 挥发分及固定碳

工业分析测定的挥发分，不是煤中原来固有的挥发性物质，而是煤样在高温条件（900 ℃）下隔绝空气加热，煤中的有机物质受热分解出一部分分子量较小的气态产物，该挥发物占煤样质量的百分数叫煤的挥发分。挥发分主要由热解水、氢、碳的氧化物和碳氢化合物组成，但煤中物理吸附水和矿物质 CO_2 不属挥发分之列。

挥发分随煤化程度增高而降低的规律十分明显，可用以初步估计煤的种类，而且挥发分测定方法简单、快速、易于标准化，所以，煤炭工业分类基本上都采用挥发分作为第一分类指标。

测定煤的挥发分时，以固体形式残留下来的有机质占煤样质量的百分数叫固定碳。固定碳含量可用计算方法算出：

$$FC_{ad}=100-(M_{ad}+A_{ad}+V_{ad})$$

式中 FC_{ad}——分析煤样的固定碳，%（质量分数）；

M_{ad}——分析煤样的水分，%（质量分数）；

A_{ad}——分析煤样的灰分，%（质量分数）；

V_{ad}——分析煤样挥发分，%（质量分数）；

煤化程度增加，则可挥发物减少，固定碳增加。固定碳与可挥发物之比称为燃料比，当煤化程度增加时，它也显著增加，因而成为显示煤炭分类及特性的一个参数。

煤中的挥发分高有利于煤的气化和碳转化率的提高，但是挥发分太高的煤种容易自燃，给储煤带来一定难度。

3. 煤的灰分

煤的灰分：煤样在规定条件下完全燃烧后所得的残渣。该残渣的质量占测定煤样质量的百分数称为灰分产率，简称为灰分。

灰分虽然不直接参加气化反应，但却要消耗煤在氧化反应中所产生的反应热，用于灰分的升温、熔化及转化。灰分含有率越高，煤的总发热量就越低，浆化特性也较差。根据资料介绍，同样反应条件下，灰分含量每增加 1%，氧耗增加 0.7% ~0.8%，煤耗增加 1.3% ~1.5%。

灰分含量的增高，不仅会增加废渣的外运量，而且会增加渣对耐火砖的侵蚀和磨损，还会使运行黑水中固含量增高，加重黑水对管道、阀门、设备的磨损，也容易造成结垢堵塞现象，因此应尽量选用低灰分的煤种，以保证气化运行的经济性。

4. 煤质分析中的基准

在煤质分析中得到煤质指标，根据不同需要，可采用不同的基准来表示，“基”表示化验结果是以什么状态下的煤样为基础而得出的；煤质分析中常用的基准如表 1.1.1 所示。

表 1.1.1　煤质分析中煤样的基准

名称	收到基	空气干燥基	干燥基	干燥无灰基	干燥无矿物质基
符号	ar	ad	d	daf	dmmf

①收到基(ar):是以收到状态的煤样为基准(包含了煤的全部组分)。用于销售煤,物料平衡、热平衡及热效率计算。

②空气干燥基(ad):是以与空气湿度达到平衡状态的煤样为基准(不包含煤的外在水分)。多用于试验室煤质分析项目测定的基础。

③干燥基(d):是以假想无水状态的煤样为基准(不包含煤的外在水分和内在水分)。主要用于比较煤的质量,用于表示煤的灰分、硫分、磷分、发热量等。

④干燥无灰基(daf):是以假想无水无灰状态的煤样为基准(不包含煤的外在水分和内在水分及灰分)。主要用于了解和研究煤的有机质。

⑤干燥无矿物质基(dmmf):是以假想无水无矿物质状态的煤样为基准(不包含煤的外在水分和内在水分及矿物质)。主要用于高硫煤的有机质研究。

二、煤的元素分析

元素分析是对组成煤的有机质主要元素的化验分析。煤中有机质主要由碳、氢、氧、氮、硫 5 种元素构成,碳是其中的主要元素。煤中的含碳量随煤化程度增加而增加。年轻的褐煤含碳量低,烟煤次之,无烟煤最高。氢和氧含量随煤化学程度加深而减少,褐煤最高,无烟煤最低。氮在煤中的含量变化不大,硫则随成煤植物的品种和成煤条件的不同而有较大的变化,与煤化程度关系不大。

1. 煤中的碳

煤中的碳是组成煤有机高分子的最主要元素,煤结构中的稠环(六碳环)就是由碳元素组成的。因而无论是煤化程度较低的褐煤,还是煤化程度中等的烟煤或是煤化程度高的无烟煤,所含碳元素的质量分数都是最大的。从褐煤、烟煤一直到无烟煤随着煤化程度的加深,煤中的碳含量不断增高。在我国泥炭中含碳量为 55% ~60% 范围内,成为褐煤后碳就增加。随变质作用的加深,碳含量不断提高,一直到高变质的无烟煤,因此变质作用的整个过程是增加碳含量的过程。所以煤的变质作用又可以说是增碳作用。

2. 煤中的氢

氢是煤中第二个重要组成元素,煤中的氢是随变质程度加深而减小。同时氢质量分数的变化范围不是很大的。但进一步分析表明,氢的原子量很小,只是碳原子量的 1/12。如果用各元素的原子百分数量度煤的元素组成,对一些褐煤来说,其氢的原子分数可能比碳的原子分数还多。但随着变质程度加深,氢原子的原子分数就愈来愈小。总之煤化程度愈浅的煤,其氢含量愈高;煤化程度愈深的煤,氢含量愈小。在煤的整个变质过程中总的规律是氢随碳的增高而降低。其中尤以碳的质量分数大于 90% ,即无烟煤阶段的更为明显,碳自

92%增至98%时，氢由4%降到1%以下。碳在85%以下的烟煤则氢的变化不很明显。对于褐煤，由于原始成煤植物的元素组分不同，明显影响其碳氢比例，所以在褐煤中碳和氢之间的相关关系比烟煤还差。

3.煤中的氧

氧也是组成煤有机质的一个主要元素，煤化程度越低的煤，氧的含量越高。氧含量多少对煤的性质影响很大。例如对于低变质程度的煤，它们的发热量常随氧含量增加而降低。煤中的氧含量随煤的变质程度加深而减少。对于煤中的氧含量和挥发分的关系，总的变化规律是随挥发分的降低而氧含量减少。

4.煤中的氮

氮在煤中的含量较少。氮也随煤化程度的增高而缓慢减少，因此也可以说，氮在煤中的含量随氢的增高而增大。煤中的氮含量与原始成煤物质有关，煤化程度浅的腐泥煤中氮含量常比腐植煤中的高。这是因为形成腐泥煤的菌、藻类等低等植物的含氮量比形成腐植煤的高等植物的含氮量高。煤中的氮含量还常常随挥发分的增高而增高，但增高的幅度则与成煤时代有关，一般在相同挥发分情况下，侏罗纪煤的含氮量比其他时代煤的含氮量明显偏低。

表1.1.2　煤中主要元素含量比较

煤种	C_{daf}%	H_{daf}%	O_{daf}%	N_{daf}%
褐煤	60～77	6～5	30～15	2.6～1
烟煤	75～92	5～4	15～2	2.2～0.7
无烟煤	89～98	4～1	3～1	1.5～0.4

5.煤中的硫

硫虽然也是煤中有机质的一个组成元素，但它在煤中含量多少，似乎与煤化程度无明显的关系。但是当煤中的有机硫较高时，其碳、氢、氧含量往往比低硫煤显著的低。因为硫取代有机结构中的碳、氢和氧。在燃烧和气化时，煤中的硫转变成的二氧化硫、硫化氢既腐蚀设备又污染环境，还使催化剂中毒，影响生产正常进行和产品质量。用于炼焦时，其中70%～80%的硫转入焦炭，焦炭用于冶金，使炼出的生铁含硫较多而具有热脆性，不仅使生铁的质量差，而且还使高炉的生产能力下降并严重腐蚀设备。煤中的硫含量越多，煤的质量越差，对煤加工利用带来的危害也越大。

硫是一种宝贵的资源。可用来生产硫酸和杀虫剂等；在橡胶、制药等工业上有着广泛的应用。故在选煤时回收煤中的黄铁矿；从燃烧的烟道中和煤气中回收各种含硫化合物；在燃煤中加脱硫剂以及从焦炉气中回收硫等都是有效利用途径。

根据煤的元素分析数据可大致推断煤的属性，例如对于炼焦煤，可以根据其元素分析测值来估算其化学产品的产率；对于动力用煤，可以用元素分析值来计算其发热量、理论燃烧温度和燃烧产物的组成，并为工业锅炉的设计提供依据；此外，煤的元素组成还可以为煤的科学分类提供参数等。

6. 其他微量元素

(1)氯是煤中常见的有害元素之一,一般认为煤中氯含量超过0.25%时,就会对设备造成腐蚀,并会在设备中产生结皮和堵塞。煤化工生产要求煤中氯含量越低越好。

(2)当煤中磷含量超过0.05%时,就会导致钢铁产生冷脆性。煤化工生产要求原煤中磷元素含量越低越好。

(3)煤在燃烧及气化时,其中的氟会以HF及少量的SiF_4、CF_4等气态形式排到大气中。HF是一种剧毒物质,它的毒性要比SO_2高出10~100倍,是危害动植物最为严重的一种污染物。由于氟化物的危害性极大,故煤化工生产要求煤中氟含量尽量低,以减少气化过程中气态氟化物的产生。

(4)煤中砷元素会对大气造成严重污染,还易引发皮肤癌及肝癌等疾病,从而危害操作人员的身心健康。煤化工生产要选用砷含量尽量低的煤种作为气化煤种,以最大程度降低气化过程中砷污染物的排放。

三、煤灰的组成及其性质

煤灰是煤中矿物质经过燃烧后剩余的残渣,煤中矿物质成分极其复杂,故煤经完全燃烧后,煤灰成分也变得复杂。煤灰的组成及性质对于煤气化过程有着重要影响。

1. 煤灰的矿物组成

煤中的无机矿物质,经高温灼热均变为金属和非金属的氧化物盐类,SiO_2、Al_2O_3、CaO和Fe_2O_3组分约占灰分组成的90%~95%,它们的含量相对变化对灰熔点影响极大,因此许多学者常用四元体系SiO_2-Al_2O_3-CaO-Fe_2O_3来研究灰的黏温特性。典型的煤灰组成见表1.1.3。

表1.1.3　典型的灰渣组成表　　单位:%(质量分数)

组分	SiO_2	Al_2O_3	TiO_2	Fe_2O_3	CaO	MgO	K_2O	Na_2O	P_2O_3
组成	37~60	16~33	0.9~1.9	4~25	3~15	1.2~2.9	0.3~3.6	0.2~1.9	0.1~2.4

2. 煤灰的熔融性

煤灰的熔融性是煤灰在高温下达到熔融状态的温度,习惯上称作灰熔点。煤灰的熔融性习惯上用4个温度来衡量,即煤灰的初始变性温度(T1)、软化温度(T2)、半球温度(T3)、流动温度(T4)。煤的灰熔点一般是指流动温度,它的高低与灰的化学组成密切相关。

(1)煤灰熔融性的测定

目前国内外大多采用角锥法,该方法主要是将煤灰制成一定尺寸的三角锥,在一定的气体介质中,以一定的升温速度加温,观察煤灰在受热过程中的形态变化,并记录它的四个特征温度,如图1.1.1所示。

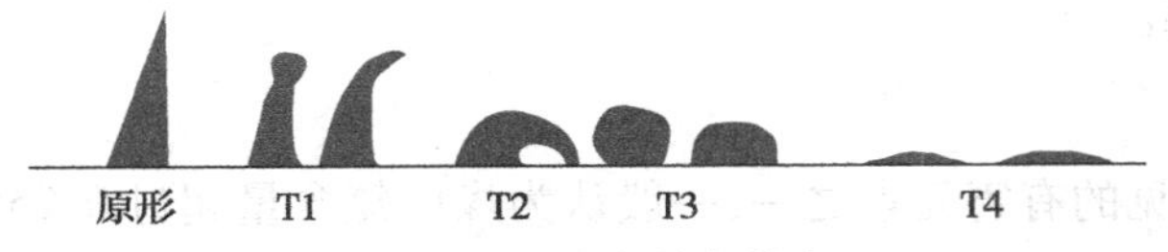

图 1.1.1 煤灰的灰熔点

(2)煤灰组成与煤灰熔融性

一般认为,灰分中 Fe_2O_3、CaO、MgO 的含量越多,灰熔点越低;SiO_2、Al_2O_3 含量越高,灰熔点越高。但灰分不是以单独的物理混合物形式存在,而是结晶成不同结构的混合物,结晶结构不同灰熔点差异很大,因此不能以此作为唯一的判别标准。通常酸碱比来粗略判断煤种灰分熔融的难易程度:酸碱比越大,灰熔点越高;反之,灰熔点越低。

$$\text{酸碱比}=\frac{\omega_{SiO_2}+\omega_{Al_2O_3}}{\omega_{Fe_2O_3}+\omega_{CaO}+\omega_{MgO}} \tag{1.1}$$

(3)助熔剂

液态排渣气化炉如果要气化灰熔点比较高的煤,就需要加入助熔剂,以降低煤的灰熔点。根据煤质中矿物质对灰熔点影响的有关研究表明,添加适当助熔剂降低酸碱比,可有效降低灰熔点。

助熔剂的种类及用量要根据煤种的特性确定,一般选用氧化钙(石灰石)或氧化铁作为助熔剂。石灰石及氧化铁特别适宜作助熔剂的原因在于,它们是煤的常规矿物成分,几乎对系统没有影响,流动性与一般的水煤浆相同,加入后又能有效地改变熔渣的矿物组成、降低灰熔点和黏度。视煤种的不同,氧化钙的最佳加入量为灰分总量的 20% ~25%,氧化铁为 15%左右即可对灰熔点降低起到明显作用。但助熔剂的加入量过大也会适得其反,另外灰渣成分不同对砖的侵蚀速率也会不同,因此还应根据渣的组成和向火面耐火材料的构成合理选择助熔剂。

加入助熔剂后气化温度的降低将使单位产气量和冷煤气效率提高、氧耗明显降低,但同时也会使碳转化率稍有降低,排渣量加大,过量加入石灰石还会使系统结垢加剧。

在筛选煤种时,宜选择灰熔点较低的煤种,这可有效地降低操作温度,延长炉砖的使用寿命,同时可以降低氧耗、煤耗和助熔剂消耗。

4. 煤灰的黏度

灰黏度是指煤灰在熔融状态下的内摩擦系数,表征煤灰在高温熔融状态下流动时的物理特性。煤灰的黏度对于液态排渣的气化炉来说是很重要的参数。

煤灰的黏度大小主要取决于煤灰的组成以及各组分间的相互作用,煤灰的黏度大小与温度的高低有着极其密切的关系。

煤的灰熔点在一定程度上可以粗略的判断煤灰的流动性。一般的对于大多数煤来说,灰熔点高的煤,其灰的流动性也差,灰熔点相近的煤,不一定具有相同的流动性。

5. 煤灰的黏温特性

灰渣黏温特性是指熔融灰渣的黏度与温度的关系。熔融灰渣的黏度是熔渣的物理特性，一旦煤种（灰分组成）确定，它只与实际操作温度有关。熔渣在气化炉内主要受自身的重力作用向下流动，同时流动的气流也向其施加一部分作用力，熔渣的流动特性可能是牛顿流体，也可能是非牛顿流体，这主要取决于煤种和操作温度的高低。为了顺畅排渣，专家认为熔渣行为处在牛顿流体范围内操作气化炉比较合适，一旦进入非牛顿流体范围区气化炉内容易结渣。在此并引入了临界温度的概念，即渣的黏度开始变为非牛顿流体特性时对应的温度，以此作为操作温度的下限。

煤种不同，渣的黏温特性差异很大。有的煤种在一定温度变化范围内其灰渣的黏度变化不大，也即对应的气化操作温度范围宽，当操作温度偏离最佳值时，也对气化运行影响不大；有的煤种当温度稍有变化时其灰渣的黏度变化比较剧烈，操作中应予以特别注意，以防低温下排渣不畅发生堵塞。可见，熔渣黏度对温度变化不是十分敏感的煤种有利于气化操作。

四、煤的工艺特性

煤的工艺性质是指在一定的条件下，煤加工转化成产物及其转化过程所呈现的特征。煤的工艺性质是选择煤的最佳加工利用途径、正确评价煤质及合理利用煤炭资源的依据。煤的工艺性质很多，主要有以下几类：

（1）燃烧和气化用煤的工艺性质：煤的发热量、煤的热稳定性、煤的化学反应性、煤的燃点、煤灰熔融性、煤的抗碎强度等。

（2）炼焦用煤的工艺性质：煤的黏结性和结焦性等。

（3）其他用煤的工艺性质：煤的低温干馏焦油产率、腐植酸产率、苯萃取物产率、煤的粒度组成、煤的密度组成、煤的可选性、煤的透光率等。

下面介绍煤质评价中与煤的工业分类有关的工艺性质：

1. 抗碎强度

煤的抗碎强度通常指煤对抗外力作用能力的大小。抗碎强度小，其块煤的破碎概率大，会产生较多的粉煤。

2. 可磨指数

一般多用哈氏可磨指数（Hardgrove index，简称 HGI）表示煤的可磨性，它是指煤样与美国一种粉碎性为 100 的标准煤进行比较而得到的相对粉碎性数值，指数越高越容易粉碎。煤的可磨指数决定于煤的岩相组成、矿质含量、矿质分布及煤的变质程度。易于破碎的煤容易制成浆，节省磨机功耗，一般要求煤种的哈氏可磨指数在 50～60。

3. 煤的化学活性

煤的化学活性指煤在一定温度下与二氧化碳、水蒸气或氧反应的能力。我国采用二氧化碳介质与煤进行反应，测定二氧化碳被还原成一氧化碳的能力，还原率越高，活性越大，煤的反应活性越强。它与煤的煤化程度、灰分组成、粒度大小以及反应温度等因素有关，反应活性高有利于气体质量、产气率和碳转化率的提高。

4. 发热量

发热量即热值,是煤的主要性能指标之一,其值与煤的可燃组分有关,热值越高每千克煤产有效气量就越大,要产相同数量的有效气煤耗量就越低。

5. 热稳定性

煤的热稳定性是指煤块在加热时能否保持原有粒度的性能,也就是煤在高温燃烧或气化等过程中对热的稳定程度。热稳定性好:煤在燃烧或气化过程中能保持原来的粒度烧掉或气化而不碎成小块,或破碎较少;热稳定性差的煤在燃烧或气化过程中则迅速裂成小块或煤粉。煤的热稳定性好坏和煤的变质程度有关。褐煤和某些变质程度很深的超无烟煤,它们的抗碎强度虽大,但其热稳定性却很差。超无烟煤热稳定性差,其中一个重要原因是内部孔隙大,含水分大,加热时因水分迅速析出而使块煤破裂,褐煤的耐热性差,主要是因为水分多,当加热时水分蒸发而破碎。

6. 黏结性和结焦性

煤在隔绝空气的条件下加热时,在不同温度下发生一系列物理变化和化学反应的复杂过程称为煤的热解(热分解或干馏)。

煤的黏结性是指煤在干馏时黏结本身或外加惰性物质的能力;煤的结焦性是指煤经干馏结成焦炭的性能。

煤的黏结性与结焦性关系密切:黏结性是结焦性的前提和必要条件,结焦性包括保证结焦过程能够顺利进行的所有性质。但黏结性好的煤,结焦性不一定就好(如肥煤);结焦性好的煤,黏结性一定好。

煤的黏结性和结焦性是炼焦用煤的重要工艺性质,炼焦用煤必须具有较好的黏结性和结焦性,才能炼出优质的冶金焦炭。

7. 煤的透光率($P_M\%$)

煤的透光率是指煤样在规定条件下,用硝酸和磷酸的混合液处理后所得溶液对可见光透过的百分率。随着煤化程度增高,经硝酸和磷酸处理后所得溶液的颜色逐渐变浅以至消失,因而煤的透光率逐渐增大,如表 1.1.4 所示。

表 1.1.4　透光率与煤化程度的关系

煤种	煤经硝酸和磷酸处理后所得溶液的颜色	透光率 P_M/%
年轻褐煤	深红色至红黄色	≤30
年老褐煤	浅红黄色至深黄色	30~50
长焰煤	黄色至浅黄色	>50
不黏煤	多呈浅黄色	50~90
弱黏煤至气煤	极浅的黄色至无色	90~100
肥煤至无烟煤	无色	100

五、煤质评价

煤炭质量的好坏、煤的性质如何，均需通过不同的煤质标准来评价。因此国家和煤炭行业标准，分别依据煤的全水分、灰分、挥发分、固定碳、发热量、硫分、可磨性、煤灰熔融性等主要煤质指标并按全国煤炭资源的实际情况对煤进行了分级，如表 1.1.5 所示。

表 1.1.5　煤的品质分级

	煤炭灰分分级（Ad，）			煤炭硫分分级（St，d）		
序号	级别名称	代号	灰分范围（Ad，%）	级别名称	代号	硫分范围（St，d%）
1	特低灰煤	SLA	≤5.00	特低硫煤	SLS	≤0.50
2	低灰分煤	LA	5.01～10.00	低硫分煤	LS	0.51～1.00
3	低中灰煤	LMA	10.01～20.00	低中硫煤	LMS	1.01～1.50
4	中灰分煤	MA	20.01～30.00	中硫分煤	MS	1.51～2.00
5	中高灰煤	MHA	30.01～40.00	中高硫煤	MHS	2.01～3.00
6	高灰分煤	HA	40.01～50.00	高硫分煤	HS	>3.00
	煤炭发热量分级（Qnet，ar）			煤的挥发分分级（GB/T212）		
序号	级别名称	代号	发热量范围（Qnet，ar KJ/kg）	级别名称	代号	分级范围（Vdaf，%）
1	低热值煤	LQ	8.50～12.50	特低挥发分煤	SLV	≤10.00
2	中低热值煤	MLQ	12.51～17.00	低挥发分煤	LV	10～20
3	中热值煤	MQ	17.01～21.00	中等挥发分煤	MV	20～28
4	中高热值煤	MHQ	21.01～24.00	中高挥发分煤	MHV	28～37
5	高热值煤	HQ	24.01～27.00	高挥发分煤	HV	37～50
6	特高热值煤	SHQ	>27.0	特高挥发分煤	SHV	>50
	煤的固定碳分级（GB/T 212）			煤炭全水分分级（GB/T 212）		
序号	级别名称	代号	分级范围（FCd，%）	级别名称	代号	分级范围（Mt，%）
1	特低固定碳煤	SLFC	≤45.00	特低全水分煤	SLM	≤6.0
2	低固定碳煤	LFC	45～55	低全水分煤	LM	6～8
3	中等固定碳煤	MFC	55～65	中等全水分煤	MLM	8～12
4	中高固定碳煤	MHFC	65～75	中高全水分煤	MHM	12～20
5	高固定碳煤	HFC	75～85	高全水分煤	HM	20～40
6	特高固定碳煤	SHFC	>85	特高全水分煤	SHM	>40

📖小资料

煤炭的形成

煤是由植物残骸经过复杂的生物化学作用和物理化学作用转变而成的。这个转变过程叫作植物的成煤作用。一般认为,成煤过程分为两个阶段泥炭化阶段和煤化阶段。前者主要是生物化学过程,后者是物理化学过程。

在泥炭化阶段,植物残骸既分解又化合,最后形成泥炭或腐泥。泥炭和腐泥都含有大量的腐植酸,其组成和植物的组成已经有很大的不同。

煤化阶段包含两个连续的过程:

第一个过程,在地热和压力的作用下,泥炭层发生压实、失水、肢体老化、硬结等各种变化而成为褐煤。褐煤的密度比泥炭大,在组成上也发生了显著的变化,碳含量相对增加,腐植酸含量减少,氧含量也减少。因为煤是一种有机岩,所以这个过程又叫作成岩作用。

第二个过程,是褐煤转变为烟煤和无烟煤的过程。在这个过程中煤的性质发生变化,所以这个过程又叫作变质作用。地壳继续下沉,褐煤的覆盖层也随之加厚。在地热和静压力的作用下,褐煤继续经受着物理化学变化而被压实、失水。其内部组成、结构和性质都进一步发生变化。这个过程就是褐煤变成烟煤的变质作用。烟煤比褐煤炭含量增高,氧含量减少,腐植酸在烟煤中已经不存在了。烟煤继续进行着变质作用。由低变质程度向高变质程度变化。从而出现了低变质程度的长焰烟、气煤,中等变质程度的肥煤、焦煤和高变质程度的瘦煤、贫煤。它们之间的碳含量也随着变质程度的加深而增大。整个成煤过程如下表所示:

<table>
<tr><td>成煤序列</td><td colspan="3">植物——————泥炭——————褐煤———烟煤———无烟煤</td></tr>
<tr><td>转变条件</td><td>水中、细菌,数千年到数万年</td><td>地下(不太深),数百万年</td><td>地下(深处),数千万年以上</td></tr>
<tr><td>主要影响因素</td><td>生化作用,氧供应情况</td><td>压力(加压失水),物化作用为主</td><td>温度压力时间,化学作用为主</td></tr>
<tr><td rowspan="2">转变阶段</td><td rowspan="2">第一阶段
(泥炭化阶段)</td><td colspan="2">第二阶段</td></tr>
<tr><td>成煤阶段</td><td>变质阶段</td></tr>
</table>

温度对于在成煤过程中的化学反应有决定性的作用。随着地层加深,地温升高,煤的变质程度就逐渐加深。高温作用的时间愈长,煤的变质程度愈高,反之亦然。在温度和时间的同时作用下,煤的变质过程基本上是化学变化过程。在其变化过程中所进行的化学反

应是多种多样的,包括脱水、脱羧(suō)、脱甲烷、脱氧和缩聚等。

压力也是煤形成过程中的一个重要因素。随着煤化过程中气体的析出和压力的增高,反应速度会愈来愈慢,但却能促成煤化过程中煤质物理结构的变化,能够减少低变质程度煤的孔隙率、水分和增加密度。

当地球处于不同地质年代,随着气候和地理环境的改变,生物也在不断地发展和演化。就植物而言,从无生命一直发展到被子植物。这些植物在相应的地质年代中造成了大量的煤。在整个地质年代中,全球范围内有3个大的成煤期:

(1)古生代的石炭纪和二叠纪,成煤植物主要是孢子植物,主要煤种为烟煤和无烟煤。

(2)中生代的株罗纪和白垩纪,成煤植物主要是裸子植物,主要煤种为褐煤和烟煤。

(3)新生代的第三纪,成煤植物主要是被子植物,主要煤种为褐煤,其次为泥炭,也有部分年轻烟煤。

第二节 煤炭的分类与选取

一、煤炭的分类

煤的分类是指依据煤的自然性质和煤在热加工过程中所表现的特性，将各种性质不同的煤分为若干类别，使同一类煤有相近的特性，不同类煤的性质有明显差异。为便于科学地研究和合理地利用煤炭资源，煤的分类由于内容和目的的不同，分类方法也有多种。

现行中国煤炭分类是中国煤炭分类国家标准（GB 5751—1986），分类参数有两类，即用于表征煤化程度的参数和用于表征煤工艺性能的参数。

用于表征煤化程度的参数：

——干燥无灰基挥发分：符号为 V_{daf}，以质量分数表示；

——干燥无灰基氢含量：符号为 H_{daf}，以质量分数表示；

——恒湿无灰基高位发热量：符号为 $Q_{gr,\ maf}$，单位为兆焦每千克（MJ/kg）；

——低煤阶煤透光率：符号为 P_M，以百分数表示。

用于表征煤工艺性能的参数：

——烟煤的黏结指数：符号为 $G_{R.I}$（简记为 G）；

——烟煤的胶质层最大厚度：符号为 Y，单位为毫米（mm）；

——烟煤的奥亚膨胀度：符号为 b，以百分数表示。

首先将所有的煤按煤化程度分为 3 大类：无烟煤、烟煤、褐煤。再把这 3 大类煤划分为 14 个大类，17 个小类。

在整个煤炭分类中，对每一类煤均可用汉语拼音代号表示，其代号采用两个汉语拼音的大写字母，如气肥煤的汉语拼音代号为 QF，瘦煤的代号为 SM，等等。采用汉语拼音代号的优点是既有利于数据库中贮存，又可用简单的符号来表示不同的煤种。

在煤分类方法中还采用了两位数的编码表示不同的煤类，如气煤的数字编码有 34、43、44、45，共 4 个，瘦煤的编码有 13、14，共 2 个，而贫煤的编码只有 11。数码越多的煤类，表示其分类指标的变化范围越宽。在各类煤的数码编号中，十位数字代表挥发分的大小，如无烟煤的挥发分最小，十位数字为 0，褐煤的挥发分最大，十位数字为 5，烟煤类的十位数字介于

1～4之间。个位数字对烟煤类来说,是表征其黏结性或结焦性好坏,如个位数字越大,表示其黏结性越强;个位数字为1的烟煤类,都是一些没有黏结性的煤,如贫煤、不黏煤和长焰煤,个位数字2～6的烟煤,它们的黏结性随着数码的增大而增强。对褐煤和无烟煤来说,每个数码编号代表一个小类别煤,如01～03分别代表1～3号无烟煤,51号及52号各代表1号及2号褐煤。但在烟煤阶段,每一数码编号并不代表1个小类煤,如瘦煤中的13号和14号,并不代表1号瘦煤和2号瘦煤,但可以看出,14号瘦煤的黏结性比13号的强。采用数码编号对指导生产和选择合适的煤源具有一定的实用意义。

表1.2.1　煤炭分类总表

类别	符号	数码	分类指标	
			V_{daf}/%	P_M/%
无烟煤	WY	01,02,03	≤10.0	
烟煤	YM	11,12,13,14,15,16 21,22,23,24,25,26 31,32,33,34,35,36 41,42,43,44,45,46	10.0～37.0	—
褐煤	HM	51,52	>37.0①	≤50②

注:①凡 V_{daf}>37.0%,G<5,再用透光率 P_M 来区分烟煤和褐煤(在地质勘探中,V_{daf}>37.0%,在不压饼的条件下测定的焦渣特征为1号～2号的煤,再用 P_M 来区分烟煤和褐煤)。

②凡 V_{daf}>37.0%、P_M>50%者,为烟煤,P_M 为30%～50%的煤,如恒湿无灰基高位发热量 $Q_{gr,\ maf}$>24 MJ/kg(5 700 cal/g),则划为长焰煤。

1. 无烟煤

主要是按照各小类的煤化程度和工艺利用特性的不同而划分的。煤化程度的参数采用干燥无灰基挥发分 V_{daf} 和干燥无灰基氢含量 H_{daf} 作为指标,以此来区分无烟煤的小类。

表1.2.2　无烟煤分类

类别	符号	数码	分类指标	
			V_{daf}/%	H_{daf}/%
无烟煤一号	WY1	01	0～3.5	0～2.0
无烟煤二号	WY2	02	3.5～6.5	2.0～3.0
无烟煤三号	WY3	03	6.5～10.0	>3.0

2. 烟煤

烟煤类别的划分,需同时考虑烟煤的煤化程度和工艺性能(主要是黏结性)。烟煤煤化程度的参数采用干燥无灰基挥发份作为指标;烟煤黏结性的参数,以黏结指数作为主要指标,并以胶质层最大厚度(或奥亚膨胀度)作为辅助指标,当两者划分的类别有矛盾时,以按胶质层最大厚度划分的类别为准。烟煤大类中由老到新共划分为贫煤、贫瘦煤、瘦煤、焦煤、肥煤、1/3 焦煤、气煤、1/2 中黏煤、弱黏煤、不黏煤和长焰煤等 12 个类别。其中除不黏煤、弱黏煤、长焰煤和贫煤为非炼焦煤以外,其他 8 个煤类均属炼焦用煤牌号。煤化程度的参数采用干燥无灰基挥发分 V_{daf} 作为指标。烟煤黏结性的参数,根据黏结性的大小不同选用黏结指数 G、胶质层最大厚度 Y(或奥亚膨胀度 b)作为指标,以此来区分烟煤中的类别。烟煤部分按挥发分 10% ~20%、20% ~28%、28% ~37%和大于 37%的四个阶段分为低、中、中高及高挥发分烟煤。关于烟煤黏结性,则按黏结指数 G 区分:0 ~5 为不黏结和微黏结煤;5 ~20 为弱黏结煤;20 ~50 为中等偏弱黏结煤;50 ~65 为中等偏强黏结煤;大于 65 则为强黏结煤。对于强黏结煤,又把其中胶质层最大厚度 $Y>25$ mm 或奥亚膨胀度 $b>150\%$(对于 $V_{daf}>28\%$ 的烟煤,$b>220\%$)的煤分为特强黏结煤。

表 1.2.3 烟煤的分类

类别	符号	数码	分类指标			
			$V_{daf}/\%$	G	Y/ mm	$B/\%$
贫煤	PM	11	10.0 ~20.0	≤5		
贫瘦煤	PS	12	10.0 ~20.0	5 ~20		
瘦煤	SM	13 14	10.0 ~20.0 10.0 ~20.0	20 ~50 50 ~65		
焦煤	JM	15 24 25	10.0 ~20.0 20.0 ~28.0 20.0 ~28.0	>65 50 ~65 >65	≤25.0 ≤25.0	≤150 ≤150
肥煤	FM	16 26 36	10.0 ~20.0 20.0 ~28.0 28.0 ~37.0	>85 >85 >85	>25 >25 >25	>150 >150 >220
1/3 焦煤	1/3JM	35	28.0 ~37.0	>65	≤25	≤220
气肥煤	QF	46	>37.0	>85	>25	>220
气煤	QM	33 43 44 45	28.0 ~37.0 >37.0 >37.0 >37.0	50 ~65 35 ~50 50 ~65 >65	≤25	≤220
1/2 中黏煤	1/2ZN	23 33	20.0 ~28.0 28.0 ~37.0	30 ~50 30 ~50		
弱黏煤	RN	22 32	20.0 ~28.0 28.0 ~37.0	5 ~30 5 ~30		
不黏煤	BN	21 31	20.0 ~28 28.0 ~37	≤5 ≤5		

续表

类别	符号	数码	分类指标			
			V_{daf}/%	G	Y/ mm	B/%
长焰煤	CY	41 42	>37.0 >37.0	≤5 5～35		

注:①G>85,再用 Y 值或 b 值来区分肥煤、气肥煤与其他煤类,当 Y>25.0 mm 时,应划分为肥煤或气肥煤,如 Y≤25 mm,则根据其 V_{daf} 的大小而划分为响应的其他煤类。按 b 值分类时,V_{daf}≤28%,暂定 b>150% 的为肥煤,V_{daf}>28%,暂定 b>220% 的为肥煤或气肥煤,如按 b 值和 Y 值划分的类别有矛盾时,以 Y 值划分的为准。

②V_{daf}>37%,G≤5 的煤,再以透光率 P_M 来区分其为长焰煤或褐煤。

③V_{daf}>37%,P_M 为 30%～50% 的煤,再测 $Q_{gr,maf}$,如其值大于 24 MJ/ kg,应划分为长焰煤。

3. 褐煤

褐煤的两个小类也是根据其煤化度和利用特征的不同而划分的。煤化程度的参数,采用透光率 P_M 作为指标,并采用恒湿无灰基高位发热量 $Q_{gr,maf}$ 为辅来区分烟煤和褐煤。

表 1.2.4　褐煤的分类

类别	符号	数码	分类指标	
			P_M/%	$Q_{gr,maf}$*/(MJ·kg^{-1})
褐煤一号	HM1	51	≤30	
褐煤二号	HM2	52	30～50	≤24.0

注:凡 V_{daf}>37.0%、P_M 为 30%～50% 的煤,如恒湿无灰基高位发热量 $Q_{gr,maf}$>24 MJ/kg(5 700 cal/g),则划为长焰煤。

二、各类煤的基本特征

1. 无烟煤(WY)

无烟煤的特点是固定碳高,挥发分低,无黏结性,燃点高,燃烧时不冒烟。这类煤又细分为 01 号(年老)、02 号(典型)和 03 号(年轻)3 个小类。无烟煤主要供民用和做合成氨造气的原料;低灰、低硫、且质软易磨的无烟煤不仅是理想的高炉喷吹和烧结铁矿石用的还原剂与燃料,而且还可作为制造各种碳素材料如碳电极、炭块、阳极糊和活性炭、滤料等原料;某些无烟煤制成的航空用煤还可用于飞机发动机和车辆马达的保温。

2. 贫煤(PM)

贫煤是烟煤中变质程度最高的一小类煤,不黏结或呈微弱的黏结,在层状炼焦炉中不结焦。发热量比无烟煤高,燃烧时火焰短,耐烧,但燃点也较高,仅次于无烟煤。主要作为电厂燃料,尤其是与高挥发分煤配合燃烧更能充分发挥其热值高而又耐烧的优点。一般可作民用及工业锅炉的燃料。

3. 贫瘦煤(PS)

贫瘦煤是炼焦煤中变质程度最高的一种,其特点是挥发分较低,但其黏结性仅次于典型瘦煤。单独炼焦时，生成的粉焦多；在配煤炼焦时配入较少比例时也能起到瘦煤的瘦化作用，对提高焦炭的块度起到良好的作用。这类煤也是发电、机车、民用及其他工业炉窑的燃料。

4. 瘦煤（SM）

瘦煤是具有中等黏结性的低挥发分炼焦煤。炼焦过程中能产生相当数量的胶质体。单独炼焦时能得到块度大、裂纹少、抗碎强度较好的焦炭，但其耐磨强度较差，以作为配焦炼焦使用较好。

5. 焦煤（JM）

焦煤是一种结焦性较强的炼焦煤，加热时能产生热稳定性很高的胶质体。单独炼焦时能得到块度大、裂纹少、抗碎强度和耐磨强度都很高的焦炭，但单独炼焦时膨胀压力大，有时易产生推焦困难。一般以作为配煤炼焦使用较好。

6. 肥煤（FM）

肥煤是中等挥发分及中高挥发分的强黏结性炼焦煤。加热时能产生大量的胶质体。单独炼焦时能生成熔融性好、强度高的焦炭，耐磨强度比相同挥发分的焦煤炼出的焦炭还好。它是配煤炼焦中的基础煤。但单独炼焦时焦炭有较多的横裂纹，焦根部分常有蜂焦。

7. 1/3 焦煤（JM）

1/3 焦煤是中等偏高挥发分的较强黏结性炼焦煤。它实质上是一种介于焦煤、肥煤和气煤之间的过渡煤。在单煤炼焦时能生成熔融性良好，强度较高的焦炭。焦炭的抗碎强度接近肥煤，耐磨强度则又明显地高于气肥煤和气煤。因此它既能单煤炼焦供中型高炉使用，也是良好的配煤炼焦的基础煤。在炼焦时其配入量可在较宽范围内波动而能获得高强度的焦炭。

8. 气肥煤（QF）

气肥煤是一种挥发分和胶质体厚度都很高的强黏结性炼焦煤。有人称之为液肥煤。结焦性高于气煤而低于肥煤，胶质体虽多但较稀薄（即胶质体的黏稠度小）。单独炼焦时能产生大量的煤气和液体化学产品。它最适合于高温干馏制造城市煤气，也可用于配煤炼焦以增加化学产品的收率。

9. 气煤（QM）

气煤是一种变质程度较低，挥发分较高的炼焦煤，结焦性较强，加热时能产生较高的煤气和较多的焦油。胶质体的热稳定性较差，也能单独结焦。但焦炭的抗碎强度和耐磨强度多低于其他炼焦用煤牌号。焦炭多呈细长条而易碎，并有较多的纵裂纹。一般在配煤炼焦时多配入气煤后可增多煤气和化学产品的收率。有的气煤也可单独高温干馏来制造城市煤气。

10. 1/2 中黏煤（1/2ZN）

相当于原分类中的一部分 1 号肥焦煤和 1 号肥气煤以及黏结性较好的一些弱黏煤，

因而它也是一种过渡煤。但这类煤的储量和产量都不多。它是一类挥发分变化范围较宽、中等结焦性的炼焦煤。其中有一部分煤在单煤炼焦时能结成一定强度的焦炭,故可作为配煤炼焦的原料。但单独炼焦时的焦炭强度差,粉焦率高。故主要可作为气化或动力用煤。

11. 弱黏煤(RN)

弱黏煤是一种黏结性较弱的从低变质到中等变质程度的非炼焦用烟煤。隔绝空气加热时产生的胶质体少。炼焦时有的能结成强度差的小块焦,有的只有少部分能凝结成碎屑焦,粉焦率很高。

12. 不黏煤(BN)

不黏煤是一种在成煤初期已经受到相当程度氧化作用的从低变质到中等变质程度的非炼焦用烟煤。焦化时不产生胶质体。煤的水分大,纯煤发热量仅高于一般褐煤而低于所有烟煤,有的还含有一定数量的再生腐植酸。主要可作为发电和气化用煤,也可作为动力及民用燃料,但由于这类煤的灰熔融性低,最好与其他煤类配合燃烧,可充分利用其低灰、低硫、收到基低位发热量较高的优点。

13. 长焰煤(CY)

长焰煤是变质程度最低的高挥发分非炼焦烟煤,其煤化程度仅稍高于褐煤而低于其他各类烟煤。煤的燃点低,纯煤热值也不高。从无黏结性到弱黏结性的均有,有的还含有一定数量的腐植酸。贮存时易风化碎裂。有的长焰煤加热时能产生一定数量的胶质体,也能结成细小的长条形焦炭,但焦炭强度差,粉焦率高。所以长焰煤一般不用于炼焦,多作为电厂、机车燃料以及工业炉窑燃料,也可作气化用煤。

14. 褐煤(HM)

褐煤是煤化度最低的矿产煤,其特点是水分大,孔隙度大,挥发分高,不黏结,热值低,含有不同数量的腐植酸。化学反应性强,热稳定性差。块煤加热时破碎严重,存放在空气中很易风化变质,碎裂成小块甚至呈粉末状,使热值更加降低。灰熔融性也普遍较低。褐煤主要用作发电燃料。

三、工业用煤的质量要求

煤的工业用途非常广泛,归纳起来主要是冶金、化工和动力三个方面。同时,在炼油、医药、精密铸造和航空航天工业等领域也有广阔的利用前景。各工业部门对所用的煤都有特定的质量要求和技术标准。简要介绍如下:

1. 炼焦用煤

炼焦是将煤放在干馏炉中加热,随着温度的升高(最终达到1 000 ℃左右),煤中有机质逐渐分解,其中,挥发性物质呈气态或蒸汽状态逸出,成为煤气和煤焦油,残留下的不挥发性产物就是焦炭。焦炭在炼铁炉中起着还原、熔化矿石,提供热能和支撑炉料,保持炉料透气性能良好的作用。因此,炼焦用煤的质量要求,是以能得到机械强度高、块度均匀、灰分和硫由于不同用途的焦炭质量要求是不同的,因此对于炼焦精煤的质量要求也就有所不同。如炼制冶金焦的精煤质量就应比炼制化工焦的精煤质量好。就炼焦用煤而言,结焦性和黏结性是最为重要的指标,即炼焦用煤首先要有较好的结焦性和黏结性。在我国新的煤炭分类 GB 5751—1986 中,1/2 中黏煤、气煤、气肥煤、1/3 焦煤、肥煤、焦煤、瘦煤、贫瘦煤均属炼焦煤范畴,都可作为炼焦(配)煤使用。

2. 气化用煤

煤的气化是以氧、水、二氧化碳、氢等为气体介质,经过热化学处理过程,把煤转变为各种用途的煤气。煤气化所得的气体产物可作工业和民用燃料以及化工合成原料。要求作为原料煤的固定碳>80%,灰分(Ag)<25%,硫分(SgQ)≤2%,要求粒度要均匀,机械强度>65%,热稳定性 S+13>60%,灰熔点(T_2)>1 250 ℃,挥发分不高于 9%,化学反应活性越高越好。

3. 炼油用煤

一般以褐煤、长焰煤为主,弱黏煤和气煤也可以使用,其要求取决于炼油方法。

(1)低温干馏法,是将煤置于 550 ℃左右的温度下进行干馏,以制取低温焦油,同时还可以得到半焦和低温焦炉煤气。煤种为褐煤、长焰煤、不黏煤或弱黏煤、气煤。对原料煤的质量要求是:焦油产率(Tf)>7%,胶质层厚度<9 mm,热稳定性 S+13>40%,粒度 6 ~ 13 mm,最好为 20 ~ 80 mm。

(2)加氢液化法,是将煤、催化剂和重油混合在一起,在高温高压下使煤中有机质破坏,与氢作用转化成低分子液态或气态产物,进一步加工可得到汽油、柴油等燃料。原料煤主要为褐煤、长焰煤及气煤。要求煤的碳氢化(C/H)<16,挥发分>35%,灰分(Ag)<5%,煤岩的丝炭含量<2%。

4. 燃料用煤

任何一种煤都可以作为工业和民用的燃料。不同工业部门对燃料用煤的质量要求不一样。蒸汽机车用煤要求较高,国家规定是:挥发分(Vr)≥20%,灰分(Ag)≤24%,灰熔点(T_2)≥1 200 ℃,硫分(SgQ)长隧道及隧道群区段≤1%,低位发热量为 $2.093\ 12\times10^7$ ~ $2.511\ 74\times10^7$ J/kg。发电厂一般应尽量用灰分(Ag)>30%的劣质煤,少数大型锅炉可用灰分(Ag)>20%的煤。为了将优质煤用于发展冶金和化学工业,近年来,我国在开展低热值煤的应用方面取得了较快的进展,不少发热量仅有 8 372. 5 J/ kg 左右的劣质煤和煤矸石也能用于一般工厂,有的发电厂已掺烧煤矸石达 30%。

煤的其他用途还很多。如:褐煤和氧化煤可以生产腐殖酸类肥料;从褐煤中可以提取褐煤蜡供电气、印刷、精密铸造、化工等部门使用;用优质无烟煤可以制造碳化硅、碳粒砂、人造刚玉、人造石墨、电极、电石和供高炉喷吹或作铸造燃料;用煤沥青制成的碳素纤维,其抗拉强度比钢材大千倍,且质量轻、耐高温,是发展太空技术的重要材料;用煤沥青还可以制成针状焦,生产新型的电炉电极,可提高电炉炼钢的生产效率,等等。总之,随着现代科学技术的不断进步,煤炭的综合利用技术也在迅速发展,煤炭的综合利用领域必将继续扩大。

思考题及习题

1. 什么是成煤作用？它包括几个阶段？
2. 煤中的 C、H、O 元素随煤化程度有什么变化规律？为什么？
3. 什么是煤的灰熔点？灰熔点与煤灰组成有什么关系？
4. 煤中的外在水分、内在水分分别指什么？
5. 煤的挥发分和固定碳指什么？它们与煤化工程度有什么关系？
6. 什么是煤的化学活性？它与哪些因素有关？
7. 中国煤炭分类国家标准对煤怎么分类？
8. 无烟煤有什么特点？怎么分类？
9. 烟煤有什么特点？怎么分类？
10. 褐煤有什么特点？怎么分类？
11. 气化用煤的特点是什么？
12. 燃烧用煤的特点是什么？

第二章

煤焦化生产技术

知识目标

- 了解煤焦化主要产品及用途；
- 了解配煤炼焦与炼焦新技术；
- 掌握煤焦化生产过程原理；
- 掌握炼焦设备及工艺；
- 掌握炼焦化学产品的回收与精制方法。

能力目标

- 能进行炼焦装置的运行与维护；
- 能分析操作条件对于炼焦过程的影响；
- 能初步分析炼焦生产中出现的问题并提出解决措施。

第一节 煤焦化过程分析

煤焦化又称煤炭高温干馏。以煤为原料，在隔绝空气条件下，加热到950 ℃左右，经高温干馏生产焦炭，同时获得煤气、煤焦油并回收其他化工产品的一种煤转化工艺。

一、煤焦化产品及用途

焦炭是炼焦最重要的产品，大多数国家的焦炭90%以上用于高炉炼铁，其次用于铸造与有色金属冶炼工业，少量用于制取碳化钙、二硫化碳、元素磷等。在钢铁联合企业中，焦粉还用作烧结的燃料。焦炭也可作为制备水煤气的原料制取合成用的原料气。焦油经加氢可制取汽油、柴油和喷气燃料，是石油的代用品，而且是石油所不能完全替代的化工原料。焦炉煤气是使用方便的燃料，可成为天然气的代用品，并用于化工合成。用热解的方法生产洁净

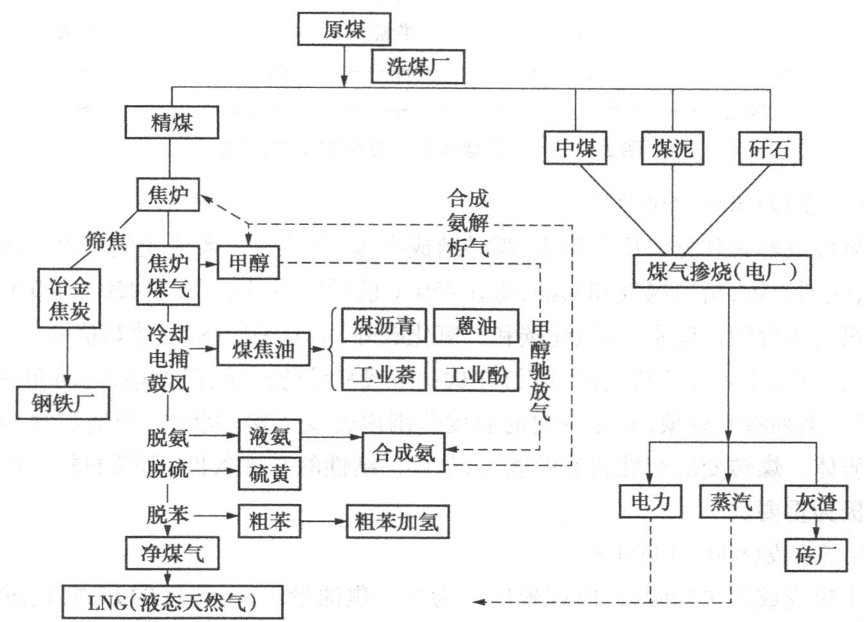

图2.1.1 炼焦业产业链延伸及循环经济发展模式图

或改质的燃料，既可减少燃煤造成的环境污染，又能充分利用煤中所含的较高经济价值的化合物，具有保护环境、节能和合理利用煤资源的广泛意义。烧焦业产业链延伸及循环经济发展模式如图 2.1.1 所示。

二、煤焦化生产过程原理

1.煤的热解过程

煤在隔绝空气下加热即炼焦过程中，煤的有机质随着温度的提高而发生一系列不可逆的化学、物理和物理化学变化，形成气态（煤气），液态（焦油）和固态（半焦或焦炭）产物。典型烟煤受热发生的变化过程见图 2.1.2。

从图 2.1.2 可见，煤的焦化过程大致可分为 3 个阶段。

（1）第一阶段（室温 ~300 ℃）

从室温到 300 ℃为炼焦初始阶段，煤在这一阶段一般没有什么变化，主要从煤中析出蓄存的气体和非化学结合水。脱水主要发生在 120 ℃前，而脱气（CH_4，CO_2 和 N_2）大致在 200 ℃前后完成。

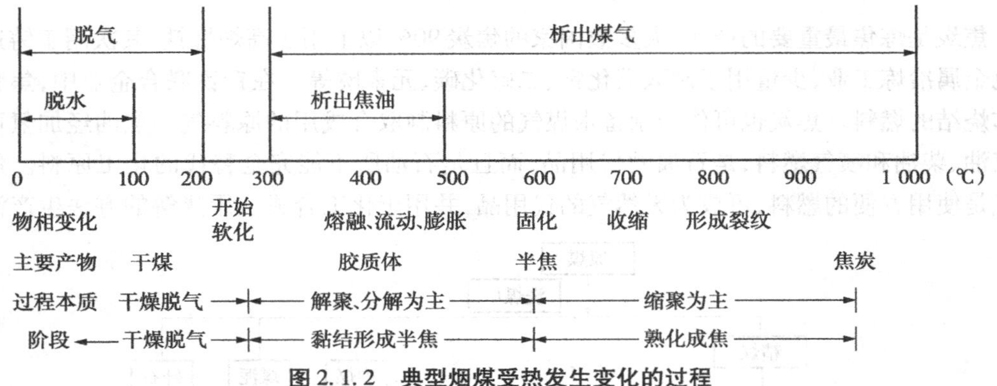

图 2.1.2 典型烟煤受热发生变化的过程

（2）第二阶段（300 ~600 ℃）

这一阶段以解聚和分解反应为主，煤黏结成半焦，并发生一系列变化。煤在 300 ℃左右开始软化，强烈分解，析出煤气和焦油，煤在 450 ℃前后焦油量最大，在 450 ~600 ℃气体析出量最多。煤气成分除热解水、一氧化碳和二氧化碳外，主要是气态烃，故热值较高。

烟煤（特别是中等变质程度的烟煤）在这一阶段从软化开始，经熔融，流动和膨胀到再固化，发生了一系列特殊现象，并在一定的温度范围内转变成塑性状态，产生了气、液、固三相共存的胶质体。煤转变成塑性状态的能力，是煤黏结性的基础条件，而煤的黏结性对制取的焦炭质量极为重要。

（3）第三阶段（600 ~1 000 ℃）

这是半焦变成焦炭的阶段，以缩聚反应为主。焦油量极少，温度的升高，促进了半焦脱气体挥发分，700 ℃后煤气成分主要是氢气。焦炭挥发分小于 2%，芳香晶核增大，排列规则化，结构致密，坚硬并有银灰色金属光泽。从半焦到焦炭，一方面析出大量煤气，挥发分降低,另一方面焦炭本身的重量损失、密度增加、裂纹及裂缝产生,形成碎块。焦炭的块度和强度与收缩情况有直接关系。

2. 煤热解工艺分类

煤热解工艺按照不同的工艺特征有多种分类方法。

(1)按气氛分为惰性气氛热解(不加催化剂),加氢热解和催化加氢热解。

(2)按热解温度分为低温热解即温和热解(500～650 ℃)、中温热解(650～800 ℃),高温热解(900～1 000 ℃)和超高温热解(>1 200 ℃)。

(3)按加热速度分为慢速(3～5 ℃/s)、中速(5～100 ℃/s)、快速(100～10^6℃/s)热解和闪蒸裂解(>10^6℃/s)。

(4)按加热方式分为外热式、内热式和内外并热式热解。

(5)根据热载体的类型分为固体热载体、气体热载体和固—气热载体热解。

(6)根据煤料在反应器内的密集程度分为密相床和稀相床两类。

(7)依固体物料的运行状态分为固定床、流化床、气流床、滚动床。

(8)依反应器内压强分为常压和加压两类。

煤热解工艺的选择取决于对产品的要求,并综合考虑煤质特点、设备制造、工艺控制技术水平以及最终的经济效益。慢速热解如煤的炼焦过程,其热解目的是获得最大产率的固体产品一焦炭;而中速、快速和闪速热解包括加氢热解的主要目的是获得最大产率的挥发产品一焦油或煤气等化工原料,从而达到通过煤的热解将煤定向转化的目的。表 2.1.1 列出了目标产品与一般所相应采用的热解温度、加热速度、加热方式和挥发物的导出及冷却速率等工艺条件。

表 2.1.1　目标产品与相应的工艺条件

目标产品	热解温度/℃	加热速度	加热方式	挥发物导出及冷却速率
焦油	500～600	快、中	内、外	快
煤气	700～800	快、中	内、外	较快
焦炭	900～1 000	慢	外	慢
BTX 等气态烃	750	快	内	快
乙炔等不饱和烃	>1 200	闪裂解	内	较快

三、配煤炼焦

1. 配煤的目的与意义

所谓配煤就是将两种以上的单种煤料,按适当比例均匀配合,以求制得各种用途所要求的焦炭质量。采用配煤炼焦,既可保证焦炭质量符合要求,又可合理利用煤炭资源,节约优质炼焦煤。同时增加炼焦化学产品产量。

高炉焦和铸造焦等要求灰分低、含硫少、强度大、各向异性程度高。在室式炼焦条件下，单种煤（焦煤除外）炼焦很难满足上述要求，各国煤炭资源也无法满足单种煤炼焦的需求，中国煤炭资源虽然十分丰富，但煤种和储量资源分布不均，因此必须采用配煤炼焦。

配煤方案的制定是焦化厂生产技术管理的重要组成部分，也是焦化厂规划设计的基础，在确定配煤方案时，应遵循下列原则：

（1）配合煤性质与本厂煤预处理工艺及炼焦条件相适应，焦炭质量按品种要求达到规定指标。

（2）符合本地区煤炭资源条件，有利于扩大炼焦煤源。

（3）有利于增加炼焦化学产品；防止炭化室中煤料结焦过程产生的侧膨胀压力超过炉墙极限负荷，避免推焦困难。

（4）缩短煤源平均运距，便于调配车皮，避免煤车对流，在特殊情况下有一定调节余地。

（5）来煤数量和质量稳定，最终达到生产满足质量要求的焦炭的同时，使企业取得可观的经济效益。

要确定炼焦配煤的配煤比，除了符合以上各点基本原则之外，首先要做配煤试验。在试验前，要将各单种煤的工业分析和胶质层厚度、G 值等有关指标测定完，再按一定配合比例对配煤中的水分、灰分、硫分、挥发分、y 值、G 值等进行加和计算，当发现有的指标有问题时，重新调整配合煤的配煤比，使配煤比满足配煤工艺指标的要求。

按比例配合好的炼焦煤进行小焦炉（或铁箱）试验。炼出的焦炭符合技术质量指标要求，即把这个配煤比定为焦炉生产的配煤比。在炼焦生产中，需要变更配煤比时，一般是根据实践经验适当增减某几种煤，或者按煤场贮存某种煤数量的情况调整配煤比。

2. 不同品种焦炭对配合煤的质量指标要求

不同用途的焦炭，对配煤的质量指标要求不同，为保证炼出质量合格的焦炭，必须保证配煤的质量。中国 20 世纪 50 年代初的配煤方案是以气煤、肥煤、焦煤和瘦煤 4 种煤为基础煤按照一定比例配合确定的。但由于中国炼焦煤资源分布不均衡，不可能在所有地区满足 4 种煤配合的原则，因而开发了各种配煤技术如用配煤质量指标确定配煤方案。在进行炼焦配煤操作时，对配合煤的主要质量指标要求包括化学成分指标即灰分、硫分和磷含量，工艺性质指标即煤化度和黏结性，煤的岩相组分指标和工艺条件指标即水分、细度、堆密度等。

四、炼焦新技术

常规配煤炼焦技术是以气煤、肥煤、焦煤和瘦煤 4 种煤为基础煤按照一定比例配合确定的，要求配合煤要有足够的戮结性和结焦性。由于优质炼焦煤资源的短缺和分布不平衡以及高炉大型化对焦炭质量的要求更高，因而开发了各种炼焦新技术，其中包括煤预热、捣固、配型煤、配添加剂、干燥、干法熄焦等。采用上述炼焦新技术可多配入高挥发分弱黏结煤或配入以往认为不能炼焦的煤种，生产出符合要求的焦炭，从而节约了宝贵的优质炼焦煤资源，扩大了炼焦煤资源及其合理利用。上述炼焦新技术除干法熄焦外均是在装炉前进行的，因此也称为炼焦煤料的新型预处理技术。

1. 煤预热炼焦技术

煤预热炼焦技术是将装炉煤在惰性气体热载体中快速加热到150～250 ℃，热煤装炉的一种炼焦技术。煤料入炭化室后，其堆密度比湿煤高10%～15%，由于装炉煤的升温速度加快，塑性温度间隔增宽，改善了煤料的塑性，装炉煤的膨胀压力增大。因此，该技术适用于膨胀压力较弱的高挥发分煤料。

2. 捣固炼焦技术

捣固炼焦技术是将配合煤在捣固机内捣固成煤饼后，推入炭化室内炼焦的技术措施。煤料经过捣固后，由于煤粒间的距离缩小，堆积相对密度提高，由散装法的0.75～0.85 t/m^{3}提高到捣固法（湿基）的1.05～1.15 t/m^3。该技术可以使入炉煤料粒间所需填充液态产物的数量相对减少，热解气体产物不易逸出，并增加胶质体的不透气性和膨胀压力，可以达到改善煤料结焦性能和提高焦炭质量的目的。

捣固炼焦工艺比较简单，只需增加一个捣固、推焦装煤联合机。工艺流程主要由粉碎、配合、捣固、装炉炼焦等工序组成。粉碎好的煤料，按预先安排好的配比充分混合均匀后，经捣固装人炉中。为了使煤料能够捣固成型，煤料的水分要保持在9%～11%。当水分偏低时，需在制备过程中适当喷水。煤料的粉碎细度（<3 mm粒级含量）要求达到90%以上。为了提高煤料的粉碎细度，往往需要进行两次粉碎。对挥发分较高的捣固煤料，一般需要配一定比例的瘦化剂。如焦粉、石油焦粉和无烟煤粉等。瘦化剂经单独细磨处理后与煤配合。焦粉用作瘦化剂时，如水分偏大，还要先进行干燥。

3. 配型煤炼焦技术

配型煤工艺是将一部分装炉煤在装人焦炉前配人勃结剂加压成型块，然后与散状装炉煤按比例混合后装炉的一种特殊技术措施。配型煤工艺能改善焦炭质量和减少强勃结性煤的配用量。这是因为：

（1）型煤内部煤粒接触紧密，在炼焦过程中促进了勃结组分和非猫结组分的结合，从而改善了煤的结焦性。

（2）型煤与粉煤混合炼焦时，在软化熔融阶段，型煤本身体积膨胀，产生大量气体压缩周围粉煤，其膨胀压力较散状煤料显著提高，使煤粒间的接触更加紧密，形成结构坚实的焦炭。

（3）配型煤的炼焦煤料，散密度高，炼焦过程中半焦收缩小，因而焦炭裂纹少。

（4）装炉煤成型时添加了一定量的黏结剂，改善了黏结性能，提高了焦的强度指标。

4. 配添加剂炼焦技术

配添加物工艺是在装炉煤中配人适量的勃结剂和抗裂剂等非煤添加物，以改善其结焦性的一种特殊技术措施。

配黏结剂工艺适用于低流动度的弱黏结性煤料，有改善焦炭机械强度和焦炭反应性的功效。常用的配煤黏结剂为煤焦油、煤焦油沥青、石油沥青、煤和石油煤混合黏结剂、溶剂精制煤以及煤的液化和萃取产物等。配黏结剂工艺的技术要点是：选用适宜的黏结剂（可同时配用几种薪结剂），确定最优化配用量和采用可靠的配匀方法。

配抗裂剂工艺适用于高流动度的高挥发分煤料，可增大焦炭块度、提高焦炭机械强度、改善焦炭气孔结构。常用的配煤抗裂剂有焦粉、半焦粉、延迟焦、无烟煤粉等含碳惰性物。配抗裂剂工艺的技术要求是：选用适宜的抗裂剂，确定最优化粒度与配用量，采用可靠的配合方法。

配黏结剂工艺和配抗裂剂工艺也可同时并用，相辅相成，例如在炼制优质铸造焦时，必须配入足够数量的低灰、低硫石油焦等抗裂剂，同时配入数量匹配的黏结剂，才能使铸造焦达到块度大、强度高、灰分低、硫分低、气孔率低，反应性低等全面优质指标。

5. 干法熄焦技术

干法熄焦技术是采用惰性气体熄灭赤热焦炭的熄焦方法。以惰性气体冷却红焦，吸收了红焦热量的惰性气体作为二次能源，在热交换设备（通常是余热锅炉）中给出热量而重新变冷，冷的惰性气体再去冷却红焦。

与湿熄焦相比，干熄后的焦炭机械强度、耐磨性、筛分组成、反应后强度均有明显提高，反应性降低，并且干法熄焦回收了大量的热量。

第二节　炼焦设备及工艺

一、焦炉发展概况

煤焦化技术的应用已有200多年的历史，其炉子的结构形式经历了许多变化。初期炼焦仿造烧木炭的过程采用成堆干馏。18世纪中期，开始演变成砖砌的半封闭式长窑炉。1763年开始采用全封闭式圆窑即蜂窝炉。成堆干馏和窑炉干馏共同的特点是内部加热，即炭化和燃烧在一起，靠燃烧一部分煤和干馏煤气直接加热其余的煤而干馏成焦。19世纪中期，焦炉技术发生转折性变革，从窑炉发展到外部加热的炭化室炼焦阶段，出现倒焰炉。这种焦炉是将成焦的炭化室和加热的燃烧室用墙隔开，在隔墙上部设有通道，炭化室内煤的干馏气经此通道直接流入燃烧室，与来自燃烧室顶部风道的空气混合，自上而下地流动燃烧，这种炉子已经具备了现代焦炉最基本的特征。19世纪70年代建成了回收化学产品的焦炉，使炼焦走向生产多种产品的重要阶段。此后不久，1883年建成了利用烟气废热的蓄热式焦炉，至此，焦炉在总体上基本定型。

二、焦炉的结构

1. 焦炉炉型的分类

现代焦炉分类方法很多，可以按照装煤方式、加热用煤气种类、空气和加热用煤气的供入方式、燃烧室火道形式以及拉长火焰方式等进行分类。

(1)按装煤方式

有顶装焦炉和侧装焦炉。侧装焦炉又称捣固焦炉。捣固焦炉是先将炉煤用捣固机捣成煤饼，然后从焦炉机侧将煤饼送入炭化室内。顶装焦炉是将装炉煤从炉顶经装煤孔装入炭化室，它又可以分为装煤车装煤焦炉、管道化装煤焦炉和埋刮板装煤焦炉。各国主要采用装煤车装煤焦炉炼焦。后两种焦炉用于预热煤炼焦。

(2)按加热用煤气种类

有复热式焦炉和单热式焦炉。复热式焦炉既可以用贫煤气(热值较低)加热，又可以用富煤气(热值较高)加热，这种焦炉多用于钢铁厂和城市煤气。单热式焦炉又可分为单用富煤气加热的焦炉和单用贫煤气加热的焦炉。

(3)按空气和加热用煤气的供入方式分类

有侧入式焦炉和下喷式焦炉。侧入式焦炉加热用的富煤气由焦炉机、焦两侧的水平砖煤气道引入炉内,空气和贫煤气则从交换开闭器和小烟道从焦炉侧面进入炉内。下喷式焦炉加热用的煤气(或空气)由炉体下部垂直进入炉内。

(4)按气流调节方式分类

有上部调节式焦炉和下部调节式焦炉。上部调节式焦炉从炉顶更换调节砖(牛舌砖)来调节空气和贫煤气量。下部调节式焦炉是更换小烟道顶部的调节砖来调节煤气量和空气量。

(5)按火道结构形式分类

可分为两分式、四分式、跨顶式和双联式等。

2. 现代焦炉的结构

现代焦炉虽有多种炉型,但都有共同的基本要求:

(1)焦炉长向和高向加热均匀,加热水平适当,以减轻化学产品的裂解损失。

(2)劳动生产率和设备利用率高。

(3)加热系统阻力小,热工效率高,能耗低。

(4)炉体坚固、严密、衰老慢、炉龄长。

(5)劳动条件好,调节控制方便,环境污染少。

现代焦炉炉体由炉顶、炭化室和燃烧室、斜道区、蓄热室及烟道和烟囱组成,并用混凝土作焦炉炉体的基础。其最上部是炉顶,炉顶之下为相间配置的燃烧室和炭化室。斜道区位于燃烧室和蓄热室之间,它是连接燃烧室和蓄热室的通道。每个蓄热室下部的小烟道通过废气开闭器与烟道相连。烟道设在焦炉基础内或基础两侧,烟道末端通向烟囱。如图 2.2.1

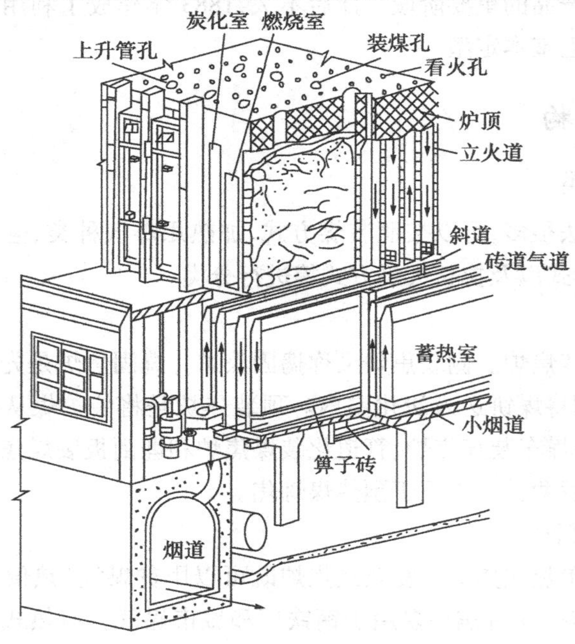

图 2.2.1 焦炉炉体结构

所示。

(1)炭化室

炭化室是煤隔绝空气干馏的地方,是由两侧炉墙、炉顶、炉底和两侧炉门合围起来的。炭化室的有效容积是装煤炼焦的有效空间部分;它等于炭化室有效长度、平均宽度及有效高度的乘积。炭化室的容积、宽度与孔数对焦炉生产能力、单位产品的投资及机械设备的利用率等均有重大影响。炭化室顶部还设有 1 个或 2 个上升管口,通过上升管、桥管与集气管相连。

炭化室锥度:为了推焦顺利,焦侧宽度大于机侧宽度,两侧宽度之差叫作炭化室锥度。炭化室锥度随炭化室的长度不同而变化,炭化室越长,锥度越大。在长度不变的情况下,其锥度越大越有利于推焦。生产几十年的炉室,由于其墙面产生不同程度的变形,此时锥度大就比锥度小利于推焦,从而可以延长炉体寿命。

(2)燃烧室

燃烧室位于炭化室两侧,煤气和空气在这里混合燃烧加热炭化室。燃烧室是焦炉温度最高区域,并在推焦时受机械撞击,故一般选用荷重软化点高,导热性好的硅砖砌筑。燃烧室由若干火道组成,以便于控制从机侧到焦侧的温度分布。同时,相邻火道隔墙也起着增加焦炉结构强度的作用。对于双联火道带废气循环的焦炉,每对火道的隔墙上部有跨越孔,下部有废气循环孔。废气循环是改善焦炉高向加热的主要措施之一。

(3)斜道区

燃烧室与蓄热室相连接的通道称为斜道。斜道区位于炭化室及燃烧室下面、蓄热室上面,是焦炉加热系统的一个重要部位,进入燃烧室的焦炉煤气、空气及排出的废气均通过斜道,斜道区是连接蓄热室和燃烧室的通道区。由于通道多、压力差大,因此斜道区是焦炉中结构最复杂,异形砖最多,在严密性、尺寸精确性等方面要求最严格的部位。斜道出口处设有火焰调节砖及牛舌砖,更换不同厚度和高度的火焰调节砖,可以调节煤气和空气接触点的位置,以调节火焰高度。移动或更换不同厚度的牛舌砖可以调节进入火道空气。

(4)蓄热室

蓄热室位于斜道下部,通过斜道与燃烧室相通,是废气与空气进行热交换的部位。在蓄热室里装有格子砖,当由立火道下降的炽热废气经过蓄热室时,其热量大部分被格子砖吸收,每隔一定时间进行交换进入冷空气,格子砖又将热量传递给空气。在焦炉整个生产周期内,蓄热室就是这样不断交替进行着蓄热和放热的热交换。使废气由 1 200 ℃左右经过蓄热室降低到 400 ℃以下,而经过蓄热室的上升气体(空气或高炉煤气)被预热到 1 000 ℃以上,这样可以回收废热并提高煤气与空气在立火道内燃烧温度,使焦炉热效率提高。一座没有蓄热室的废热室焦炉,大约要烧掉本身所发生焦炉煤气的 80%;而带有蓄热室的焦炉一般只烧掉自身所发生焦炉煤气的 45% 左右。

(5)炉顶

炼焦炉炭化室盖顶砖以上的部位称为炉顶区。在该区有装煤孔,上升管孔,看火孔,烘炉孔及烘炉道,拉条沟等。烘炉孔只是在烘炉时使用,在焦炉即将投产以前,用涂有泥浆的塞子砖堵严。炼焦煤一般由装煤孔装入炭化室。捣固式焦炉是将预先捣制成的煤饼由机侧炉门推进炭化室。双集气管焦炉每个炭化室有两个上升管孔,单集气管只有一个上升管孔。

焦炉炉顶一般都用黏土砖砌成。为了减少散热和改善炉顶操作条件,在炉顶区没有孔洞或不承受压力的部位,用绝热砖砌筑。炉顶表面应用耐磨性好的缸砖砌筑。

(6)小烟道

小烟道位于蓄热室的底部,是蓄热室连接废气盘的通道,上升气流时进冷空气,下降气流时汇集废气。

(7)焦炉基础平台,烟道与烟囱

焦炉炉顶平台位于焦炉地基之上。在焦炉炉幅方向的两端部都设有钢筋土的抵抗墙,抵抗墙上留有纵拉条孔。焦炉砌在顶板基础平台之上,依靠抵抗墙及纵拉条紧固炉体。

烟道与烟囱虽不属于焦炉砌体的组成部分,炉体燃烧产生的废气通过烟道由烟囱排出。

炭化室中煤料在隔绝空气条件下受热变成焦炭。一座焦炉有几十个炭化室和燃烧室相间配置,用耐火材料(硅砖)隔开。每个燃烧室有20~30个立火道。来自蓄热室的经过预热的煤气(高热值煤气不预热)和空气在立火道底部相遇燃烧,从侧面向炭化室提供热量。蓄热室位于焦炉的下部,利用高温废气来预热加热用的煤气和空气。斜道区是连接蓄热室和燃烧室的斜通道。炭化室、燃烧室以上的炉体称炉顶,其厚度按炉体强度和降低炉顶表面温度的需要确定。炉顶区有装煤孔和上升管孔通向炭化室,用以装入煤料和导出煤料干馏时产生的荒煤气。还设有看火孔通向每个火道,供测温、检查火焰之用,根据检测结果,调节温度和压力。整座焦炉砌筑在坚固平整的混凝土基础上,每个蓄热室通过废气盘与烟道连接,烟道设在基础内或基础两侧,一端与烟囱连接。

三、炼焦工艺

1. 备煤

炼焦所用精煤,一方面由外部购入,另一方面由原煤经洗煤后所得,洗精煤由皮带机送入精煤场。精煤经受煤坑下的电子自动配料称将四种煤按相应的比例送到带式输送机上除铁后,进入可逆反击锤式粉碎机粉碎后(小于3 mm占90%以上),经带式输送机送至焦炉煤塔内供炼焦用。

2. 炼焦

由备煤车间来的配合煤,经输煤栈桥皮带运输机运入煤塔,装煤车行至煤塔下方,由摇动给料机均匀逐层给料,用8组24锤固定捣固机分层捣实,然后将捣好的煤饼从机侧装入炭化室。煤饼在标准温度下干馏,经过25.5 h(设计能力)后,成熟的焦炭被推焦车从炭化室推出经拦焦车导焦栅落入熄焦车内,由熄焦车送至熄焦塔用低水分熄焦工艺熄焦,熄焦后的焦炭由熄焦车送至凉焦台,经凉焦后,由放焦刮板机放至皮带机输送至筛焦楼进行筛分装车或送焦场。熄焦塔设自动控制器,通过高位水槽、气动阀、手动阀控制熄焦水量、水量分布和熄焦时间,保证红焦完全熄灭并达到要求水分。

干馏过程中产生的荒煤气经炭化室顶部空间、上升管、桥管入集气管。在桥管用压力为

0.2 MPa,温度为78 ℃左右的循环氨水喷洒冷却,使700~800 ℃的荒煤气冷却到85 ℃左右,再经过吸气弯管和吸气管抽吸至冷鼓工段。在集气管冷凝下来的焦油、氨水和荒煤气一起经吸气管到气液分离器分离后入冷鼓工段进一步处理。

焦炉加热用焦炉煤气由回炉煤气管道将净化后的煤气引入至焦炉地下室煤气预热器,预热后的煤气分别经过流量调节翻板加减旋塞、流量孔板、交换旋塞进入横管,再经异径四通、小流量孔板、立管和砖煤气道从焦炉下部喷入立火道。同时空气经废气瓣、小烟道、篦子砖进入蓄热室与蓄热室中的格子砖换热,预热后的空气经斜道进入立火道,与煤气汇合使煤气在立火道燃烧。相邻火道的部分燃烧废气经废气循环孔进入立火道底部,将煤气与空气冲淡实现拉长火焰,使高向加热更加均匀合理。燃烧室标准温度根据焦饼中心温度确定。

装煤过程中逸散的荒煤气在高压氨水的作用下,由炉顶设的导烟车通过车上的连通管导入炭化室共同通过各自的上升管导入集气槽。另外,机侧炉门顶部装煤过程中逸散的荒煤气通过顶部设置的排烟装置导入地面除尘站的除尘系统进行处理。

赤热的焦炭从炭化室推出后跌落入熄焦车,推焦过程产生的烟气及焦尘通过拦焦车上的集尘罩收集后通过接口阀、除尘管道导入除尘地面站进行处理。

燃烧后的废气通过立火道顶部跨越孔进入下降气流的立火道,再经过斜道进入蓄热室,由格子砖把废气的部分显热吸收后,经小烟道、废气开闭器、分烟道、总烟道、烟囱排入大气。炼焦、熄焦工艺流程如图2.2.2、图2.2.3所示。

3.冷鼓

由焦炉送来的80~83 ℃的荒煤气,沿吸煤气管道入气液分离器。经气液分离后,煤气进入初冷器进行两段间接冷却;上段用32 ℃循环水冷却煤气,下段用16~18 ℃低温水冷却煤气,使煤气冷却至22 ℃,然后经捕雾器入电捕焦油器除去悬浮的焦油雾后进入鼓风机,煤气由鼓风机加压送至脱硫工段。在初冷器下段用含有一定量焦油、氨水的混合液进行喷洒,以防止初冷器冷却水管外壁积萘,提高煤气冷却效果。

由气液分离器分离出的焦油氨水混合液自流入机械化氨水澄清槽,进行氨水、焦油和焦油渣的分离。分离后的氨水自流入循环氨水中间槽,用泵送到焦炉集气管喷洒冷却荒煤气,多余的氨水(即剩余氨水)送入剩余氨水槽,焦油自流入焦油中间槽,然后用泵将焦油送至焦油贮槽,静置脱水后外售,分离出的焦油渣定期用车送至煤场掺入精煤中炼焦。

4.脱硫

来自冷鼓工段的粗煤气进入脱硫塔下部与塔顶喷淋下来的脱硫液逆流接触洗涤后,煤气经捕雾段除去雾滴后全部送至硫铵工段。从脱硫塔中吸收了H_2S的脱硫液送至再生塔下部与空压站来的压缩空气并流再生,再生后的脱硫液返回脱硫塔塔顶循环喷淋脱硫,硫泡沫则由再生塔顶部扩大部分排至硫泡沫槽,再由硫泡沫泵加压后送熔硫釜连续熔硫,生产硫黄外售。熔硫釜内分离的清液送至溶液循环槽循环使用。

5.蒸氨

来自冷鼓工段的剩余氨水经与从蒸氨塔底来的蒸氨废水在氨水换热器中换热并加入含NaOH 40%的碱液后,进入蒸氨塔。在蒸氨塔中被蒸汽直接蒸馏,蒸出的氨汽入氨分缩器,

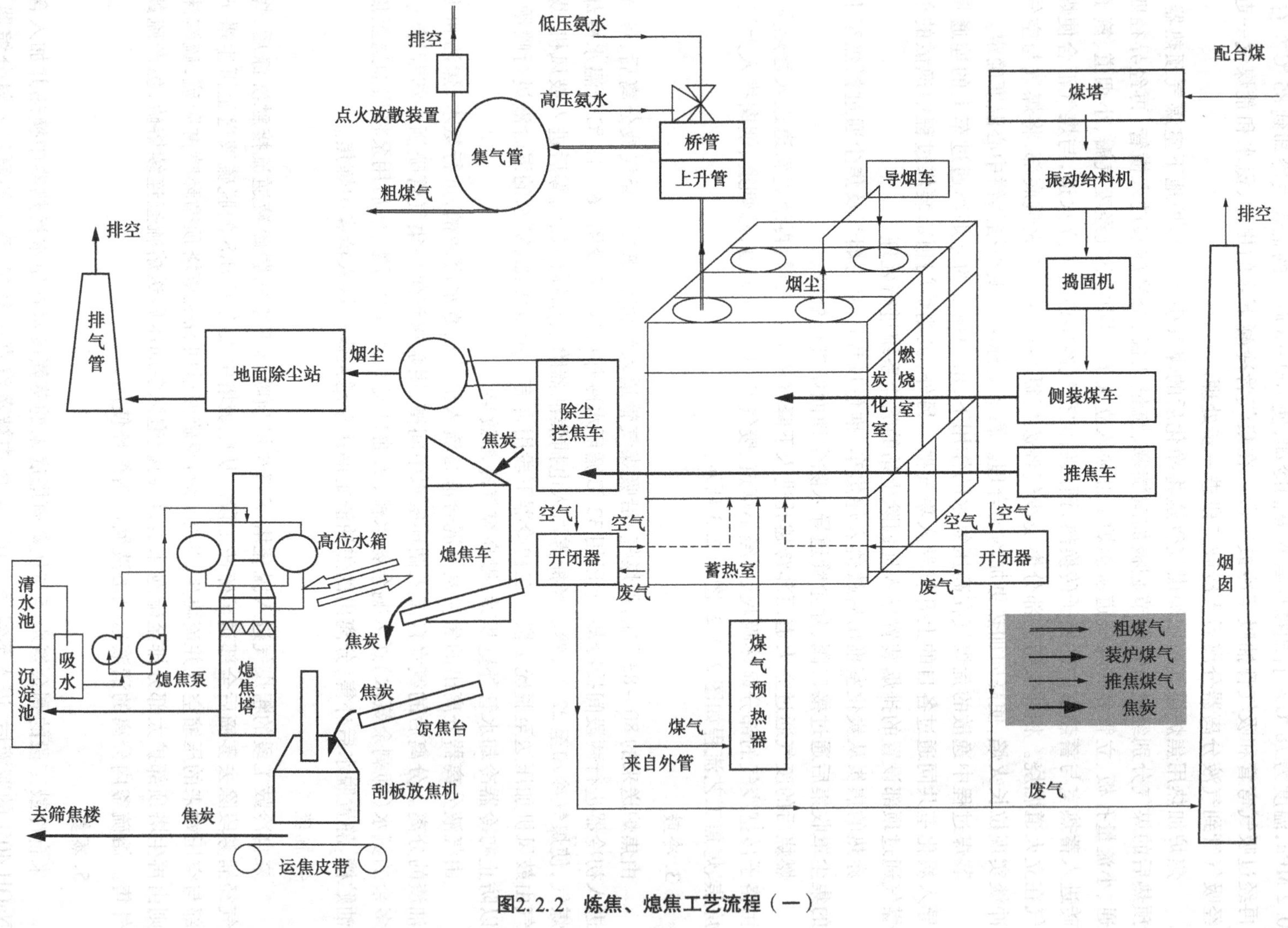

图2.2.2　炼焦、熄焦工艺流程（一）

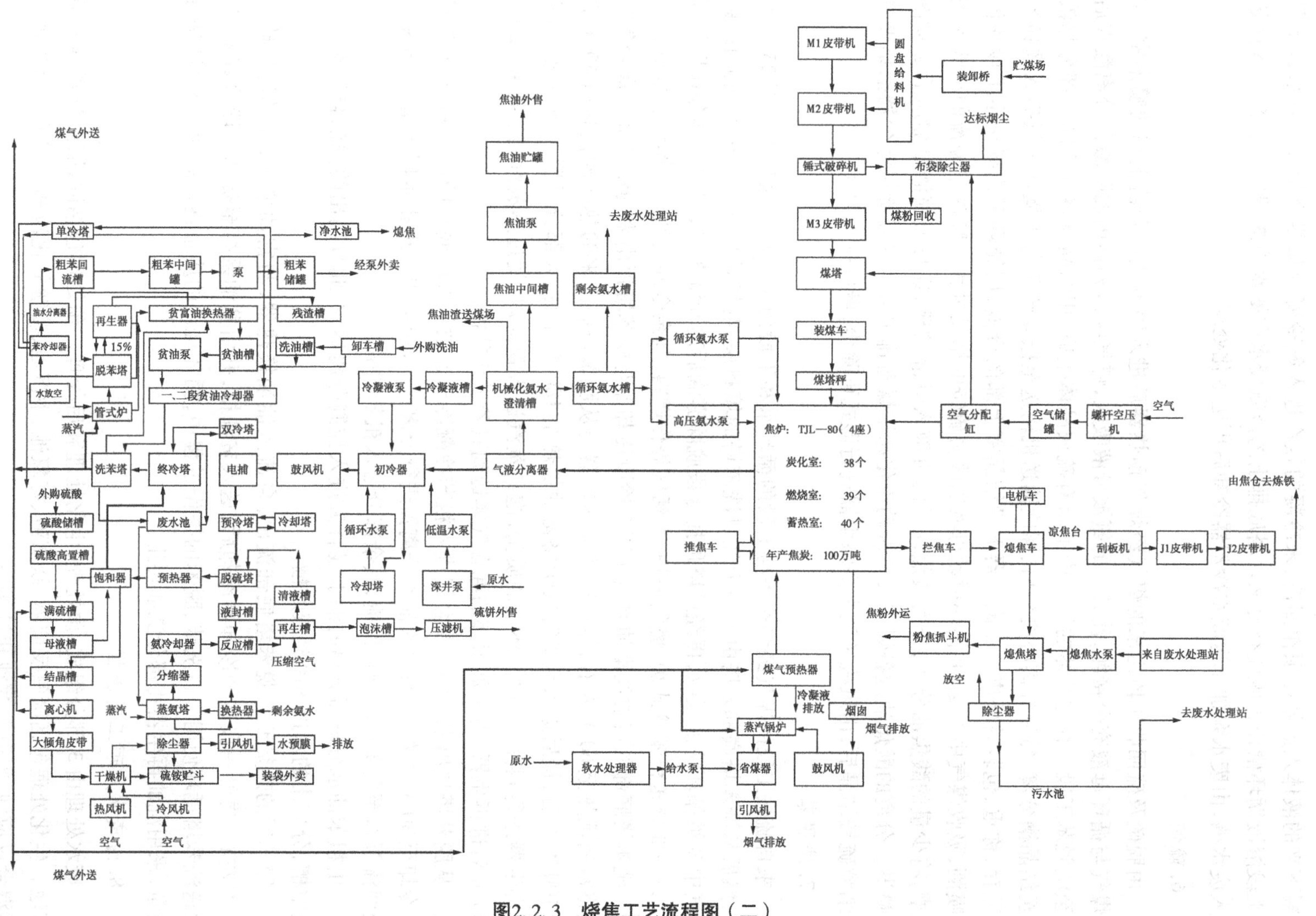

图2.2.3　烧焦工艺流程图（二）

冷凝下来的液体入蒸氨塔顶作回流,未冷凝的氨汽进入氨冷凝冷却器冷凝成浓氨水送至脱硫工段溶液循环槽作为脱硫补充液。塔底排出的蒸氨废水在氨水换热器中与剩余氨水换热后入废水槽,由废水泵加压送废水冷却器冷却后再送生化处理。

6. 硫铵

由脱硫及硫回收工段送来的煤气经煤气预热器后进入喷淋式饱和器上端的喷淋室,在此煤气与循环母液充分接触,使其中的氨被母液吸收,煤气经饱和器内的除酸器分离酸雾后送至洗脱苯工段。在饱和器的母液中不断有硫铵晶体生成,用结晶泵将其连同一部分母液送至结晶槽分离,然后经离心机分离、螺旋输送机输送至振动流化床干燥器干燥后入硫铵贮斗贮存、称重、包装后外售。在饱和器下段结晶室上部的母液,用循环泵连续送至上段喷淋室喷洒,吸收煤气中的氨,并循环搅动母液以改善硫铵的结晶过程。喷淋室溢流的母液入满流槽,将少量的酸焦油分离,分离酸焦油后的母液入母液贮槽,经母液喷洒泵加压后送喷淋室喷淋。分离的酸焦油送备煤工段。振动流化床干燥器排出的尾气经旋风除尘器捕集夹带的细粒硫铵结晶后,由风机送至水浴除尘器进行湿式再除尘,最后排入大气。

7. 洗脱苯

来自硫铵工段的煤气经终冷塔与上段的循环水和下段的制冷水将煤气冷却至 25 ℃左右,然后从洗苯塔底部入塔由下而上经过洗苯塔的填料层,与塔顶部的循环洗油逆流接触,煤气中苯被循环洗油吸收,再经过塔顶捕雾段脱除雾滴后离开洗苯塔,其中一部分作回炉煤气,另一部分送粗苯管式炉、燃气锅炉、生活区等作燃料,其余全部放散点火燃烧后排空。

洗苯塔底部的富油经富油泵送至粗苯冷凝冷却器与脱苯塔顶出来的粗苯油水混合气换热将富油预热至 60 ℃左右,然后进油油换热器与从脱苯塔底出来的热贫油换热由 60 ℃升至 100 ℃左右,最后进入粗苯管式炉将富油加热至 180 ℃左右,大部分进脱苯塔,一少部分进再生器进行再生,确保循环洗油质量,饱和蒸汽进入管式炉,使过热蒸汽温度达到 350 ~ 400 ℃后进再生器,再生器顶部的混合气体送到脱苯塔作热源。

从脱苯塔顶出来的油水混合气进入粗苯冷凝冷却器被从洗塔底来的富油和 16 ℃制冷水冷却至 30 ℃左右,然后进入油水分离器进行分离,分离出的粗苯进粗苯回流槽,部分粗苯经回流泵送至脱苯塔塔顶作回流,其余部分进入粗苯贮槽。

由粗苯油水分离器分离的油水混合液进入控制分离器,在此分离出的洗油自流至地下放空槽,分离出的水进入冷凝液贮槽。

脱苯后的热贫油从脱苯塔底部流出,自流入油油换热器,与富油换热,使其温度降至 90 ℃左右,再经一段贫油冷却器冷却后,送入贫油槽,并由贫油泵打至贫油二段冷却器,然后送洗苯塔循环使用。在洗苯、脱苯的操作过程中,循环洗油的质量逐渐恶化,为保证洗油质量,采用洗油再生器将部分洗油再生。

8. 污废水处理工艺流程

废水处理由 3 部分组成:预处理、生化处理和后处理。预处理包括除油池、气浮池和调节池。生化处理包括厌氧反应器、缺氧池、好氧池、中沉池、接触氧化池和二沉池。后处理包括混合反应池、混凝沉淀池和过滤器。

蒸氨废水和经过水泵提升的无压废水，首先进入除油池，除去轻重油后自流入气浮池。废水在气浮池中除去乳化油后进入调节池，以调节水量，均化水质。经过调节池的废水再经提升泵送至厌氧反应器，进行水解酸化反应，以提高废水的可生化性并降解部分有机物。厌氧反应器出水进入硝化液回流池并与从中沉池出水回流的消化液相混合，再经回流泵提升至缺氧池进行反硝化反应，将亚硝酸氮和硝酸氮还原为氮气，并同时降解有机物。缺氧池出水进入好氧池进行脱碳和硝化反应，废水在硝化池中首先大幅度降解有机物，然后将氨氮氧化为亚硝酸氮和硝酸氮。好氧出水进入中沉池，进入固液分离，上清液大部分回流。中沉池出水进入接触氧化池进一步降解有机物，然后进入终沉池进行沉淀，出水经提升泵送至过滤器进行过滤，过滤器出水送至厂内回用。

第三节 炼焦化学产品回收与精制

炼焦化学产品在国民经济中占有重要的地位,炼焦化学工业是国民经济的一个重要部门,是钢铁联合企业的主要组成部分之一,是煤炭的综合利用工业。煤在炼焦时,除有75%左右变成焦炭外,还有25%左右生成多种化学产品及煤气,见表2.3.1。

表2.3.1 高温炼焦主要产品的组成和产率(按炼焦干煤的质量百分数)

项目名称	焦炭	焦油	热解水	粗苯	氨	净煤气	硫等其他
质量分数/%	75~78	2.4~2.5	2~4	0.8~1.4	0.25~0.35	15~19	0.9~1.1

一、焦炭的种类及性质

1.焦炭的种类

焦炭通常按用途分为冶金焦(包括高炉焦、铸造焦和铁合金焦等)、气化焦、电石用焦以及上述焦炭在储运和使用过程中产生的焦粉等。

(1)冶金焦

冶金焦是高炉焦、铸造焦、铁合金焦和有色金属冶炼用焦的统称。由于90%以上的冶金焦均用于高炉炼铁,因此高炉焦又称为冶金焦。

(2)高炉焦

高炉焦是专门用于高炉炼铁的焦炭。高炉焦在高炉中的作用主要有以下4个方面:

①作为燃料,提供矿石还原、熔化所需的热量,对于一般情况下的高炉,每1 t生铁需焦炭500 kg左右,焦炭几乎供给高炉所需的全部热能。

②作为还原剂,提供矿石还原所需的还原气体CO。

③对高炉炉料起支撑作用并提供一个炉气通过的透气层。

④供碳作用,生铁中的碳全部来源于高炉焦炭,进入生铁中的碳约占焦炭中含碳量的7%~10%。

(3)铸造焦

铸造焦是专门用于化铁炉熔铁的焦炭。铸造焦是化铁炉熔铁的主要燃料。其作用是熔化炉料并使铁水过热，支撑料柱保持其良好的透气性。因此，铸造焦应具备块度大、反应性低，气孔率小、具有足够的抗冲击破碎强度，灰分和硫分低等特点。

(4)铁合金焦

铁合金焦是用于矿热炉冶炼铁合金的焦炭。铁合金焦在矿热炉中作为固态还原剂参与还原反应，反应主要在炉子中下部的高温区进行。硅铁合金生产对焦炭的要求是：固定碳含量高，灰分低，灰中有害杂质 Al_2O_3 和 P_2O_5 等的含量要少，焦炭反应性好，焦炭电阻率特别是高温电阻率要大，挥发分要低，有适当的强度和适宜的块度，水分少而稳定等。

(5)气化焦

气化焦是专用于生产煤气的焦炭，主要用于固态排渣的固定床煤气发生炉内，作为气化原料，生产以 CO 和 H_2 为可燃成分的煤气。气化焦要求灰分低，灰熔点高、块度适当和均匀。

(6)电石用焦

电石用焦是在生产电石的电弧炉中作导电体和发热体用的焦炭。电石用焦应具有灰分低、反应性高、电阻率大和粒度适中等特性，还要尽量除去粉末和降低水分。

2. 焦炭的组成

焦炭的成分主要用焦炭工业分析和元素分析数据来加以体现。

(1)焦炭工业分析

焦炭工业分析包括焦炭水分、灰分和挥发分的测定以及焦炭中固定碳的计算。按焦炭工业分析，其成分为灰分 10% ~18%，挥发分 1% ~3%，固定碳 80% ~85%。中国标准(GB/T 2001—91)规定了焦炭工业分析测定方法。

(2)焦炭元素分析

焦炭元素分析是指焦炭所含碳、氢、氧、氮和硫等元素的测定，按焦炭元素分析，焦炭成分为碳 92% ~96%，氢 1% ~1.5%，氧 0.4% ~0.7%，氮 0.5% ~0.7%，硫 0.7% ~1.0%，磷 0.01% ~0.25%。中国标准(GB/T 2286—91)规定了焦炭全硫含量的测定方法，其他元素分析沿用煤的元素分析方法。

二、煤焦油及深加工

煤焦油是煤炭干馏时生成的、具有刺激性臭味的黑色或黑褐色勃稠状液体，简称焦油。煤焦油是主要由芳香烃组成的复杂混合物，它的产率、质量和组成取决于炼焦配煤的性质和炼焦过程的技术操作条件。通常情况下，煤焦油的产量为装炉煤的 3% ~4%。

1. 煤焦油的组成与性质

高温煤焦油是一种主要由芳烃组成的复杂混合物，煤焦油是一个组分上万种的复杂混合物，目前已从中分离并认定的单种化合物有 500 余种，约占煤焦油总量的 55%，其中包括苯、二甲苯、萘等 174 种中性组分，酚、甲酚等 63 种酸性组分和 113 种碱性组分。煤焦油中的很多化合物是塑料、合成橡胶、农药、医药、耐高温材料及国防工业的贵重原料，也有一部分多环烃化合物是石油化工所不能生产和替代的。

2. 煤焦油的加工

煤焦油中估计含有上万种有机物质，绝大部分为带侧链或不带侧链的多环、稠环化合物和含氧、硫、氮的杂环化合物，并含有少量的脂肪烃、环烷烃和不饱和烃。因此，从煤焦油中提取各种单组分产品的方法是先对煤焦油进行蒸馏切取各种馏分，使单组分产品浓缩集中到相应的馏分中去再经过精馏、结晶、过滤及化学处理等方法加工提取各种单组分产品。对煤焦油进行蒸馏切取的各种馏分，既可以作为产品直接出售或使用，也是进一步加工的原料。其加工生产系统流程如图 2.3.1 所示。

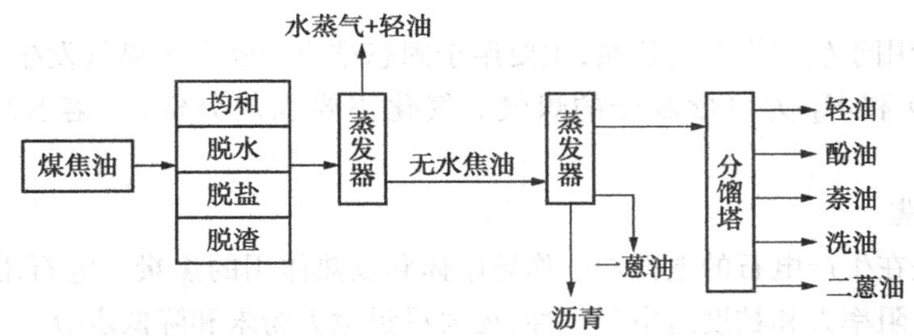

图 2.3.1　煤焦油加工生产系统流程

(1)煤焦油脱渣

粗煤气中带有较多的煤粉、焦粉和炭黑等固体颗粒，它们在煤气冷却过程中进入煤焦油，使煤焦油中固体沉淀物含量急剧增加。这不但导致煤焦油和沥青质量恶化，还会在煤焦油蒸馏过程中堵塞设备和管道。因此，焦油渣必须先予以脱除。

(2)焦油脱水

粗焦油是在荒焦炉煤气用循环氨水喷洒和在初冷器中冷凝冷却加以回收的，因此含有大量的水。焦油含水量多，会使焦油蒸馏系统的压力显著提高，能耗增加，设备的生产能力降低，而且伴随水分带入的腐蚀性介质，还会引起设备和管道的腐蚀。

焦油脱水可分为初步脱水和最终脱水。焦油的初步脱水是在焦油贮槽内加热静置脱水，焦油温度维持在 70 ~ 80 ℃，静置 36 h 以上，水和焦油因密度不同而分离。静置脱水可使焦油中水分初步脱至 2% ~ 3%。焦油最终脱水方法是在管式炉的对流段及一次蒸发器内进行。当焦油在管式炉对流段被加热到 120 ~ 130 ℃，然后在一次蒸发器内闪蒸脱水，使油水分可脱至 0.5% 以下。

(3)焦油脱盐

焦油中所含的水实际为氨水，其中所含的挥发铵盐在最终脱水阶段即被除去，而占绝大部分的固定铵盐仍留在脱水焦油中。当加热到 220 ~ 250 ℃时，固定铵盐会分解成氨和游离酸：

$$NH_4Cl \longrightarrow HCl + NH_3 \uparrow$$

产生的酸存于焦油中，会严重腐蚀管道和设备，因此必须尽量减少焦油中的固定铵盐，为此采取了脱盐措施。

焦油的脱盐，是在焦油入管式炉前连续加入碳酸钠溶液，使之与固定铵盐中和，以生成稳定的钠盐。

(4)焦油蒸馏

煤焦油蒸馏是根据煤焦油中各组分沸点的不同,采用蒸馏的方法,将煤焦油切割成若干馏分的加工过程。焦油在连续蒸馏系统中切取轻油、酚油、萘油、洗油、一蒽油馏分、二蒽油、沥青等馏分,其主要组成和用途见表2.3.2。

表2.3.2　煤焦油蒸馏主要馏分的组成与用途

馏分名称	馏分范围/℃	产率/%	主要组成	用途
轻油馏分	<170	0.4～0.8	主要含苯族烃,并含有少量的酚及古马隆和茚等不饱和化合物,此外有微量的萘	加工制取苯类产品
酚油馏分	170～210	1.4～2.3	主要组分是酚类物质,还含有吡啶碱、古马隆和茚等	提取酚和吡啶碱
萘油馏分	210～230	10～13	主要组分是萘类物质,其他组分还有甲基萘、硫茚、酚和吡啶碱	生产工业萘
洗油馏分	230～300	4.5～6.5	甲基萘、二甲基萘、苊、联苯、芴、喹啉、吲哚、高沸点酚等	生产洗油
一蒽油馏分	300～330	14～20	含有蒽、萘、高沸点酚类、重吡啶碱类等,其余为蒽油	分离制取粗蒽
一蒽油馏分	330～360	4～10	主要含苯基萘、芘、屈、荧蒽等	提取芘、屈、荧蒽等
沥青	>360	54～56	组成极为复杂,大多数为三环以上的芳香族烃类	建材、铺路、碳素等

焦油连续蒸馏工艺流程如图2.3.2所示。

经焦油贮槽静置脱水后的焦油在管式炉一段加热至120～160 ℃,进入一段蒸发器。将焦油中的大部分水分和轻油蒸发出来,混合蒸汽以105～125 ℃的温度自一段蒸发器顶部逸出,经冷凝冷却和油水分离后得到一次轻油和氨水。由一段蒸发器底部出来的无水焦油入器底的无水焦油槽。无水焦油用二段焦油泵送入管式炉辐射段(二段),加热至380～420 ℃后,进入二段蒸发器进行分馏。沥青由二段蒸发器底部排出,油汽上升进入上部精馏段。温度为320～335 ℃的二蒽油自精馏段上数第八层塔板侧线引出,经冷却后送至油库。其余馏分的混合蒸汽自顶部逸出进入馏分塔下数第五层塔板。由馏分塔底切取温度为210～250 ℃的一蒽油,经冷却后,其中一部分用于二段蒸发器顶部打回流,回流量为0.15～0.2吨/吨无水焦油,以保持二段蒸发器顶部温度为(315±5) ℃,其余送结晶工序生产工业蒽。由第29层塔板侧线切取为(210±5) ℃的酚萘洗三混馏分,经冷却后导入中间槽,然后送洗涤工序处理。轻油及水的混合蒸汽110～130 ℃的温度自塔顶逸出,经冷凝冷却及油水分离后,部分轻油送塔顶打回流,回流量为0.35～0.4吨/吨无水焦油,其余送回收车间粗苯工序处理。

焦油蒸馏所用的直接蒸汽,是饱和蒸汽经过管式炉加热至400～550 ℃,分别送入二段蒸发器和馏分塔塔底。

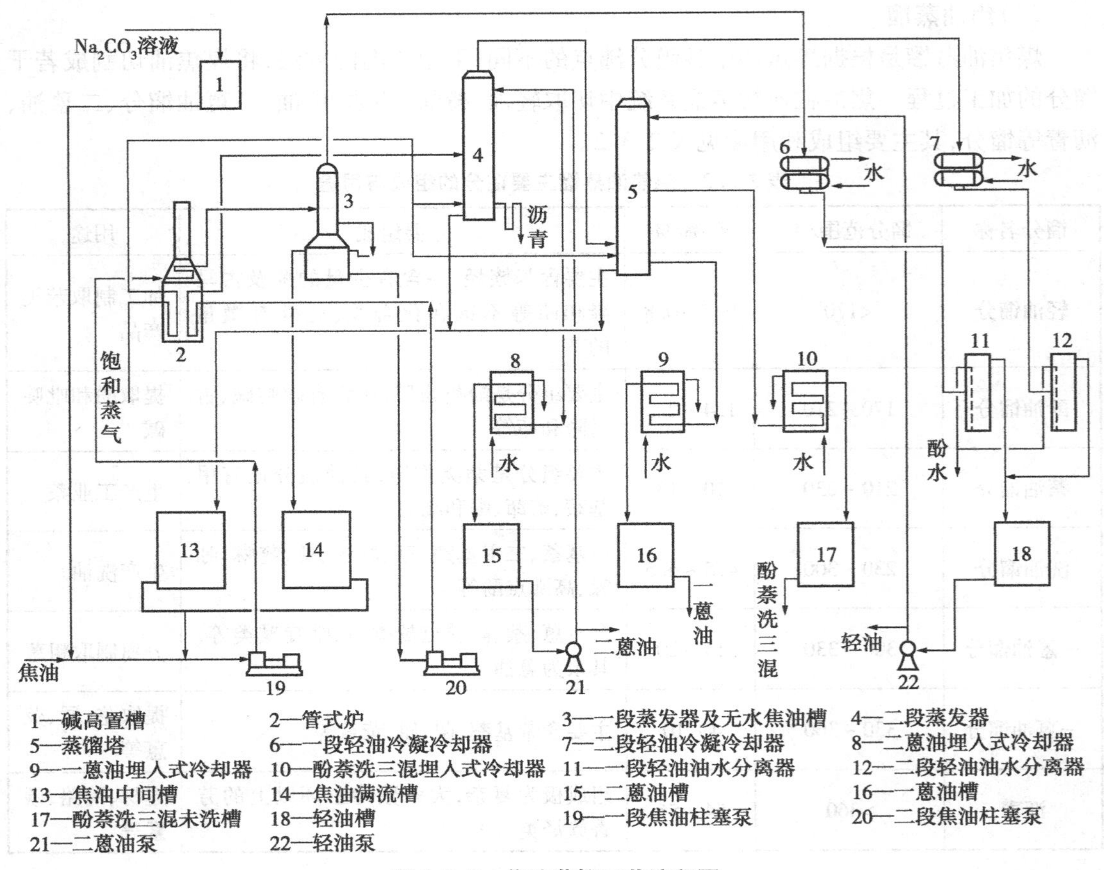

图 2.3.2　焦油蒸馏工艺流程图

3. 煤焦油加工主要产品的性质及用途

(1)酚类产品

酚是带有羟基的芳香烃。煤焦油中含有的酚俗称焦油酸,目前已查明的有 60 余种,占煤焦油的 1% ~3%,酚类产品按其中沸点不同,分布在各馏分中。从煤焦油中提取分离的酚类产品主要有苯酚、邻位甲酚、间位甲酚、二甲酚、三甲酚及少量萘酚。酚类都具有特殊臭味,有腐蚀性和毒性,暴露在空气中和阳光下色泽会逐渐变深,如苯酚变成微红色。苯酚、甲酚、二甲酚等低级酚多存在于酚油馏分和萘油馏分中。从煤焦油馏分中提取酚时,先用 NaOH 溶液对各馏分进行洗涤,使酚变成酚钠盐得以脱除,然后用 CO 或稀硫酸对酚钠盐进行分解,得到粗酚,粗酚进一步精制得到焦化苯酚、工业酚、间甲酚、对甲酚、混合甲酚、工业二甲酚等产品。

(2)吡啶及喹啉类产品

吡啶类和喹啉类化合物是高温煤焦油中的碱性物质,统称为焦油碱。吡啶类化合物又称吡啶碱,是指吡啶及其同系物,系含氮单(杂)环化合物。吡啶是良好的溶剂,也是有机合成的重要原料。纯吡啶可用作溶剂、纺织助剂和腐蚀抑制剂等,有机合成中用作能与酸结合的试剂以及用于磺胺噻唑和磺胺嘧啶的合成等；吡啶经加氢、氧化、卤化或羟基化等反应，可生成各种用于有机合成的吡啶衍生物。

喹啉类化合物是指喹啉及其同系物，系含氮（杂）双环芳烃，俗称重吡啶。喹啉类化合物可用于制取医药、染料、感光材料、橡胶、溶剂和化学试剂等。

（3）萘系产品

萘是由两个苯环构成的最简单的稠环芳香烃，它在煤焦油中的含量约为10%，是煤焦油加工的主要产品之一。萘是染料、塑料、油漆、医药和农药等工业的基本原料之一，主要用于生产苯酐、萘酚、H酸、拉开酚、减水剂等。

（4）沥青及其加工产品

煤沥青是煤焦油加工的主要产品之一，是煤焦油蒸馏提取馏分后的残留物。煤沥青常温下为黑色固体，无固定的熔点，呈玻璃相；受热后软化继而熔化，密度为1.25～1.35 g/m^3。按其软化点高低可分为低温、中温和高温沥青3种。中温沥青产率为煤焦油的54%～56%。

煤沥青的用途较广，低温沥青（俗称软沥青）用于建筑、铺路、电极碳素材料和炉衬黏结剂，也可以用于制炭黑和作燃料用。中温沥青用于生产油毡、建筑物防水层、高级沥青漆、改质沥青和沥青焦等产品。沥青经过特殊处理还可用来制取针状焦和沥青炭纤维等新型碳素材料。

三、焦炉煤气的加工与利用

来自焦炉的荒煤气，经冷却和用各种吸收剂处理后，可以提取出煤焦油、氨、萘、硫化氢、氰化氢及粗苯等化学产品，并得到净焦炉煤气。

1.焦炉煤气的组成与性质（见表2.3.3、表2.3.4）

表2.3.3 典型焦炉煤气主要成分

项目名称	H_2	CO	CO_2	N_2	CH_4	C_nH_m	O_2
组成（体积分数）/%	75～78	2.4～2.5	2～4	0.8～1.4	0.25～0.35	15～19	0.9～1.1

表2.3.4 出炉荒煤气杂质含量

项目名称	水蒸气	焦油气	粗苯	氨	硫化氢	氰化物	吡啶	萘	其他
组成/(g·m^{-3})	250～450	80～120	30～45	8～12	6～20	1～2.5	0.4～0.	10	2～2.5

2.焦炉煤气的用途

（1）焦炉煤气用作气体燃料

焦炉煤气是优质的中热值气体燃料，其热值为17～19 MJ/m^3，因此将焦炉煤气作为气体燃料是焦炉煤气利用的一个主要方面。

民用方面：焦化厂生产的焦炉煤气经过净化后，作为燃气可供居民直接使用。一直以来，许多独立焦化企业的焦炉煤气用于城市供气，部分消除了中小型焦化企业剩余焦炉煤气燃烧放散的现象。焦炉煤气用于城市供气的优点是燃烧值高、燃气资源丰富、价格便宜以及易于输送等，是人工煤气中最适合作为城市居民煤气的副产气。但是与天然气相比，焦炉煤气燃烧值明显不如天然气高，并且焦炉煤气中含有硫、氨等元素，作为民用燃气对煤气净化要求比较高。

用于工业燃料，焦炉煤气作为气体燃料，可用于焦炉加热、轧钢加热炉、高炉热风炉、烧结点火等。

(2)用于发电

将焦炉煤气用于发电，是近几年来家炉煤气的主要利用途径之一。我国焦炉煤气发电一般有 3 种方式：蒸汽发电、燃气轮机发电和内燃机发电。

(3)焦炉煤气用于生产化工原料

焦炉煤气制氢气，焦炉煤气中，氢气是焦炉煤气的主要成分，达 54% ~59%，适合用于分离氢气，制取纯氢。利用焦炉煤气提取或合成天然气，在焦炉气组成中，甲烷含量为 24% ~28%，一氧化碳和二氧化碳含量有近 10%，其余为氢和少量氮。因此焦炉气通过甲烷化反应，可以使绝大部分一氧化碳和二氧化碳转化成甲烷。

思考题及习题

1. 什么是煤的高温干馏？
2. 简述煤受热分解的过程。
3. 为什么要配煤炼焦？
4. 什么是煤的黏结性和结焦性？
5. 什么是捣固炼焦技术？
6. 什么是干法熄焦？
7. 简述焦炉的结构。
8. 简述炼焦的工艺流程。
9. 简述焦炭的分类和用途。
10. 煤焦油加工的主要产品有哪些？
11. 简述焦炉煤气的用途。

第三章

煤气化技术

知识目标

- 了解煤气的主要用途；
- 掌握煤气化技术的分类方法；
- 掌握煤气化基本过程和气化原理；
- 掌握操作条件和煤的性质对于气化生产的影响；
- 掌握鲁奇煤气化技术工艺特点、主要操作条件、气化炉结构和工艺；
- 掌握德士古煤气化技术工艺特点、主要操作条件、气化炉结构和工艺；
- 掌握 SHELL 煤气化技术工艺特点、主要操作条件、气化炉结构和工艺；
- 了解其他煤气化工艺的流程和主要特点。

能力目标

- 能比较各种气化技术的优缺点；
- 能分析操作条件对气化生产的影响；
- 能初步按照操作规范进行气化炉的开、停车及正常操作；
- 能进行气化炉的日常维护工作；
- 能分析气化生产过程中出现的问题并提出解决措施。

第一节　煤气化技术分类与选用

煤气化是一个热化学过程。以煤或煤焦为原料，以氧气（空气、富氧或纯氧）、水蒸气或氢气等作气化剂，在高温条件下通过化学反应将煤或煤焦中的可燃部分转化为气体燃料的过程。气化时所得的可燃气体称为煤气，对于做化工原料用的煤气一般称为合成气，进行气化的设备称为煤气发生炉或气化炉。

一、煤气的应用

煤炭气化技术广泛应用于下列领域：

1. 作为工业燃气

作为工业燃气时，一般热值为比较低，采用常压固定床气化炉、流化床气化炉均可制得。主要用于钢铁、机械、卫生、建材、轻纺、食品等部门，用以加热各种炉、窑，或直接加热产品或半成品。

2. 作为民用煤气

作为民用煤气时，一般热值比较高，要求 CO 小于 10%，除焦炉煤气外，用直接气化也可得到，采用鲁奇炉较为适用。与直接燃煤相比，民用煤气不仅可以明显提高用煤效率和减轻环境污染，而且能够极大地方便人民生活，具有良好的社会效益与环境效益。出于安全、环保及经济等因素的考虑，要求民用煤气中的 H_2、CH_4 及其他烃类可燃气体含量应尽量高，以提高煤气的热值；而 CO 有毒，其含量应尽量低。

3. 作为化工合成和燃料油合成原料气

第二次世界大战时，德国等就采用费托工艺（Fischer-Tropsch）合成航空燃料油。随着合成气化工和碳-化学技术的发展，以煤气化制取合成气，进而直接合成各种化学品的路线已经成为现代煤化工的基础，主要包括合成氨、合成甲烷、合成甲醇、醋酐、二甲醚以及合成液体燃料等。

化工合成气对热值要求不高，主要对煤气中的 CO、H_2 等成分有要求，一般选用德士古气化炉、Shell 气化炉比较合适。

4. 作为冶金还原气

煤气中的 CO 和 H_2 具有很强的还原作用。在冶金工业中，利用还原气可直接将铁矿石还原成海绵铁；在有色金属工业中，镍、铜、钨、镁等金属氧化物也可用还原气来冶炼。

5. 作为联合循环发电燃气

整体煤气化联合循环发电（简称 IGCC）是指煤在加压下气化，产生的煤气经净化后燃烧，高温烟气驱动燃气轮机发电，再利用烟气余热产生高压过热蒸汽驱动蒸汽轮机发电。用于 IGCC 的煤气，对热值要求不高，但对煤气净化度，如粉尘及硫化物含量的要求很高。与 IGCC 配套的煤气化一般采用固定床加压气化（鲁奇炉）、气流床气化（德士古）、加压气流床气化（Shell 气化炉），煤气热值为 2 200 ~ 2 500 大卡。

6. 煤炭气化制氢

氢气广泛用于电子、冶金、玻璃生产、化工合成、航空航天、煤炭直接液化及氢能电池等领域，目前世界上 96% 的氢气来源于化石燃料转化。而煤炭气化制氢起着很重要的作用，一般是将煤炭转化成 CO 和 H_2，然后通过变换反应将 CO 转换成 H_2 和 H_2O，将富氢气体经过低温分离或变压吸附及膜分离技术，即可获得氢气。

7. 作煤炭气化燃料电池

燃料电池是由 H_2、天然气或煤气等燃料（化学能）通过电化学反应直接转化为电的化学发电技术。目前主要有磷酸盐型（PAFC）、熔融碳酸盐型（MCFC）、固体氧化物型（SOFC）等。它们与高效煤气化结合的发电技术就是 IG-MCFC 和 IG-SOFC，其发电效率可达 53%。

二、煤气化工艺分类

煤气化技术已有悠久的历史，尤其自 20 世纪 70 年代石油危机的出现，世界各国广泛开展了煤炭气化技术的研究，迄今为止，已开发出近百种气化技术。工业技术的分类常是依据分类方法或具体技术指标来进行的。一种技术或工艺，能被不同的分类方法归于特定的界定范围之内，对煤炭气化技术，常见的分类方法有如下 4 种。

1. 按气化炉内煤炭与气化剂的反应形式分类

此分类方法是工业上对气化技术分类的主要方法。按此方法分类，气化技术可分为固定床（移动床）气化炉、流化床（沸腾床）气化炉、气流床气化炉及熔融床气化炉。

（1）固定床气化

固定床气化也称移动床气化，固定床一般以块煤或焦煤为原料。煤由气化炉顶加入，气化剂由炉底加入。流动气体的上升力不致使固体颗粒的相对位置发生变化，即固体颗粒处于相对固定状态，床层高度亦基本保持不变，因而称为固定床气化。另外，从宏观角度看，由于煤从炉顶加入，含有残炭的炉渣自炉底排出，气化过程中，煤粒在气化炉内逐渐并缓慢往下移动，因而又称为移动床气化。

固定床气化的特性是简单、可靠。同时由于气化剂与煤逆流接触，气化过程进行得比较完全,且使热量得到合理利用,因而具有较高的热效率。

固定床气化炉常见有间歇式气化(UGI)和连续式气化(鲁奇 Lurgi)。

(2)流化床气化

流化床气化又称为沸腾床气化。其以小颗粒煤为气化原料,这些细颗粒在自下而上的气化剂的作用下,保持着连续不断和无秩序的沸腾和悬浮状态运动,迅速地进行着混合和热交换,其结果导致整个床层温度和组成的均一。

流化床气化炉常见有温克勒(Winkler)、灰熔聚(U-Gas)、循环流化床(CFB)、加压流化床(PFB 是 PFBC 的气化部分)等。

(3)气流床气化

气流床气化是一种并流式气化。从原料形态分有水煤浆、干煤粉两类。前者是先将煤粉制成煤浆,用泵送入气化炉,气化温度为 1 350 ~1 500 ℃;后者是气化剂将煤粉夹带入气化炉,在 1 500 ~1 900 ℃高温下气化,残渣以熔渣形式排出。在气化炉内,煤炭细粉粒经特殊喷嘴进入反应室,会在瞬间着火,直接发生火焰反应,同时处于不充分的氧化条件下。因此,其热解、燃烧以吸热的气化反应,几乎是同时发生的。随气流的运动,未反应的气化剂、热解挥发物及燃烧产物裹夹着煤焦粒子高速运动,运动过程中进行着煤焦颗粒的气化反应。这种运动状态,相当于流化技术领域里对固体颗粒的"气流输送",习惯上称为气流床气化。

气流床对煤种(烟煤、褐煤)、粒度、含硫、含灰都具有较大的兼容性,国际上已有多家单系列、大容量、加压厂在运作,其清洁、高效代表着当今技术发展潮流。

干粉进料的主要有 K-T(Koppres-Totzek)炉、Shell-Koppres 炉、Prenflo 炉、Shell 炉、GSP 炉、ABB-CE 炉,湿法煤浆进料的主要有德士古(Texaco)气化炉、Destec 炉。

(4)熔融床气化

熔融床气化的特点是有一温度较高且高度稳定的熔池,煤粉和气化剂以切线方向高速喷入熔池内,池内熔融物保持高速旋转。此时,气、液、固三相密切接触,在高温条件下完成气化反应,生成以 H_2 和 CO 为主要成分的煤气。熔融床气化技术相对落后,未进行商业化生产,目前已被淘汰。

2. 按煤气成因分类

一般可分为天然气、人工煤气和液化石油气。人工煤气根据制气原料和制气方法可分为 3 种:

(1)固体燃料干馏煤气,系利用焦炉等对煤进行干馏所获得的煤气。

(2)固体燃料气化煤气,主要指以煤的完全气化技术制得的煤气,包括压力气化煤气、水煤气、发生炉煤气等。

(3)油制气,指以重油为原料制得的煤气。按制取方法不同可分为重油蓄热催化裂解煤气和重油蓄热热裂解煤气两种。

3. 按气化剂分类

气化方法按使用气化剂的不同可分为如下 5 种。

(1)空气气化　一般以空气(或富氧空气)为气化剂制得的煤气。主要为大量氮气、二氧化碳和一定量的一氧化碳和氢气。

（2）蒸汽气化　一般以水蒸气为气化剂制得的煤气称水煤气，主要成分为一氧化碳、氢气、二氧化碳及甲烷。

（3）空气-蒸汽气化　以空气和水蒸气的混合物为气化剂制得的煤气称为混合煤气。此外，合成氨工业中将（$CO+H_2$）/$N_2 \approx 3:1$ 的煤气称为半水煤气。

（4）氧气-蒸汽气化　以工业氧和水蒸气为气化剂。现代煤气化生产，几乎都是以工业氧和高压水蒸气为气化剂的。

（5）氢气气化　煤气化过程中用氢气或富含氢气的气体作为气化剂可生成富含 CH_4 的煤气，该法亦称加氢气化法。

4. 其他分类方法

（1）以入炉煤的粒级为主进行分类，有块煤气化（6 ~ 50 mm）、小颗粒煤气化（0.5 ~ 6 mm）、煤粉气化（小于 0.1 mm）等。此外，入炉燃烧以煤/油浆或煤/水浆形成的，均归入小粒煤和煤粉气化法中。

（2）以气化过程的操作压力为主进行分类，有常压和加压气化（气化压力大于 2 MPa）。

（3）以排渣方式为主进行分类，有固态排渣气化炉和液态排渣气化炉。

（4）以气化过程供热方式进行分类，有外热式气化（气化所需热量通过外部加热装置由气化炉内部释放出来）和热载体（气、固或液渣载体）气化。

第二节 煤气化过程分析

煤炭气化过程是一个热化学过程，它包括煤的热解和煤的气化反应两部分。煤在加热时会发生一系列复杂的物理变化和化学变化，显然，这些变化主要取决于煤种，同时也受温度、压力，加热速率和气化炉型式等影响。

煤炭气化反应是指气化剂(空气、水蒸气、富氧空气、工业氧气以及其相应混合物等)与碳质原料之间的反应，以及反应产物与原料、反应产物之间的化学反应。

一、煤炭气化过程中煤的热解

1.煤的热解

热解是煤受热后，自身发生一系列物理和化学变化的复杂过程。对此过程的命名尚未统一。除热解这一名称外，习惯上长期应用“干馏”作传统名称，还有热分解也常被采用。炼焦过程是典型而完整的在隔绝空气条件下的煤热解例子。由于煤是矿物质，有机大分子化合物等组成的极复杂的混合物质，受热之后所发生的变化与煤自身的化学特性、孔隙结构以及热条件等密切相关。

煤炭气化过程中煤的热解有别于炼焦和煤液化过程中煤的热解行为，其主要区别在于：

①块状或大颗粒状煤存在的固定床气化过程中，热解温度较低，按煤焦加工惯例，属低温热解(干馏〕的区段了。

②热解过程中，床层中煤粒间有较强烈的气流流动，不同于炼焦炉中自身生成物的缓慢流动；其对煤的升温速率及热解产物的二次热分解反应影响较大。

③在粉煤气化(沸腾床和气流床)工艺中，煤炭中水分的蒸发、煤热解以及煤粒与气化剂之间的化学反应几乎是同时并存，且在短暂的时间内完成。

2.煤热解过程的物理形态变化

在煤热解阶段，煤中的有机质随温度的提高而发生一系列变化，其结果为逸出煤中的挥发分，并残存半焦或焦炭.煤的热解过程大致分为3个阶段。

(1)第一阶段(从室温到350 ℃)

从室温到活泼热分解温度为干燥脱气阶段，煤的外形无变化。150 ℃前主要为干燥阶段。在 150～200 ℃时，放出吸附在煤中的气体。主要为甲烷、二氧化碳和氮气。当温度达 200 ℃以上时，即可发现有机质的分解。如褐煤在 200 ℃以上发生脱羧基反应，300 ℃左右时开始热解反应。烟煤和无烟煤的原始分子结构仅发生有限的热作用（主要是缩合作用）。

(2)第二阶段(350～550 ℃)

在这一阶段，活泼分解是主要特征。以解聚和分解反应为主，生成大量挥发物（煤气及焦油），煤黏结成半焦。煤中的灰分几乎全部存在于半焦中，煤气成分除热解水、一氧化碳和二氧化碳外，主要是气态烃。烟煤（尤其是中等煤阶的烟煤）在这一阶段经历了软化、熔融、流动和膨胀直到再固化。出现了一系列特殊现象，并形成气液固三相共存的胶质体。在分解的产物中出现烃类和焦油的蒸气，在 450 ℃左右时焦油量最大，在 450～554 ℃温度范围内，气体析出量最多。黏结性差的气化用煤，胶质体不明显，半焦不能黏连为大块，而是松散的原粒度大小，或因受压受热而碎裂。

(3)第三阶段(550 ℃以上)

在这一阶段，以缩聚反应为主，又称二次脱气阶段。半焦变成焦炭，析出的焦油量极少，挥发分主要是多种烃类气体、氢气和碳的氧化物。

3. 煤热解过程的化学反应

煤热解的化学反应异常复杂，其间反应途径甚多。煤热解反应通常包括裂解和缩聚两大类反应。在热解前期以裂解反应为主，热解后期以缩聚反应为主。一般来讲，热解反应的宏观形式为：

$$\text{煤}\xrightarrow{\text{加热}}\text{煤气}(CO_2, CH_4, H_2, CO, H_2O, NH_3, H_2S)+\text{焦油(液体)}+\text{焦炭} \tag{3.1}$$

4. 原料煤对煤热解的影响

煤的煤化程度、岩相组成、粒度等都对煤热解过程有影响。其中煤化程度是最重要的影响因素之一。它直接影响煤热解起始温度、热分解产物等。随着煤化程度的增加，热解起始温度逐渐升高。

年轻煤热解时，煤气、焦油和热解水产率高，煤气中 CO，CO_2 和 CH_4 含量多，残炭没有黏结性；中等变质程度的烟煤热解时，煤气和焦油的产率比较高，热解水少，残炭的黏结性强，而年老煤（贫煤以上）热解时，煤气和焦油的产率很低，残炭没有黏结性。

5. 加热条件对煤热解的影响

加热条件如最终温度、升温速度对煤的热解过程均有影响。从煤的热解过程来看，由于最终温度的不同，可以分为低温干馏（最终温度 600 ℃ ）、中温干馏（最终温度 800 ℃）和高温干馏（最终温度 1 000 ℃）。但在气化炉中，煤基本是低温干馏。显然，这三种干馏所得产品产率、煤气组成都不相同。低温干馏时煤气产率较低，而煤气中甲烷含量高。

根据热解过程升温速度的不同，可以分为 4 种类型：

①慢速加热，加热速度<5 K/s。

②中速加热，加热速度 5～100 K/s。

③快速加热，加热速度 100～10^6 K/s。

④闪蒸加热,加热速度>10^6 K/s。

固定床气化属于慢速加热。流化床与气流床气化则具有快速加热裂解的特点。

二、气化过程中的气化反应与化学平衡

使用不同的气化剂可制取不同种类的煤气,主要反应都相同。煤炭气化过程可分为均相和非均相反应两种类型。即非均相的气-固相反应和均相气-气相反应。生成煤气的组成取决于这些反应的综合过程。由于煤结构很复杂,其中含有碳、氢、氧和硫等多种元素,在讨论基本化学反应时,一般仅考虑煤中主要元素碳和在气化反应前发生的煤的干馏或热解,即煤的气化过程仅有碳、水蒸气和氧参加,碳与气化剂之间发生一次反应,反应产物再与燃料中的碳或其他气态产物之间发生二次反应。主要反应如下:

(1)一次反应

$$C+O_2 \longrightarrow CO_2 \qquad \Delta H=-394.1\ kJ/mol \tag{3.2}$$

$$C+H_2O \longrightarrow CO+H_2 \qquad \Delta H=+135.0\ kJ/mol \tag{3.3}$$

$$C+\frac{1}{2}O_2 \longrightarrow CO \qquad \Delta H=-110.4\ kJ/mol \tag{3.4}$$

$$C+2H_2O \longrightarrow CO_2+2H_2 \qquad \Delta H=+96.6\ kJ/mol \tag{3.5}$$

$$C+2H_2 \longrightarrow CH_4 \qquad \Delta H=+84.3\ kJ/mol \tag{3.6}$$

$$H_2+\frac{1}{2}O_2 \longrightarrow H_2O \qquad \Delta H=-245.3\ kJ/mol \tag{3.7}$$

(2)二次反应

$$C+CO_2 \longrightarrow 2CO \qquad \Delta H=+173.3\ kJ/mol \tag{3.8}$$

$$2CO+O_2 \longrightarrow 2CO_2 \qquad \Delta H=-566.6\ kJ/mol \tag{3.9}$$

$$CO+H_2O \longrightarrow H_2+CO_2 \qquad \Delta H=-38.4\ kJ/mol \tag{3.10}$$

$$CO+3H_2 \longrightarrow CH_4+H_2O \qquad \Delta H=-219.3\ kJ/mol \tag{3.11}$$

$$3C+2H_2O \longrightarrow CH_4+2CO \qquad \Delta H=-185.6\ kJ/mol \tag{3.12}$$

$$2C+2H_2O \longrightarrow CH_4+CO_2 \qquad \Delta H=-12.2\ kJ/mol \tag{3.13}$$

根据以下反应产物,煤炭气化过程可用下式表示:

$$煤 \xrightarrow[气化剂]{高湿、加压} C+CH_4+CO+CO_2+H_2+H_2O \tag{3.14}$$

在气化过程中,如果温度、压力不同,则煤气产物中碳的氧化物即一氧化碳与二氧化碳的比率也不相同。在气化时,氧与燃料中的碳在煤的表面形成中间碳氧配合物 C_xO_y,然后在不同条件下发生热解,生成 CO 和 CO_2。即:

$$C_xO_y \longrightarrow mCO_2+nCO \tag{3.15}$$

因为煤中有杂质硫存在,气化过程中还可能同时发生以下反应:

$$S+O_2 \longrightarrow SO_2$$

$$SO_2+3H_2 \longrightarrow H_2S+2H_2O$$

$$SO_2+2CO_2 \longrightarrow S+2CO_2$$

$$2H_2S+SO_2 \longrightarrow 3S+2H_2O$$

$$C+2S \longrightarrow CS_2$$

$$CO+S \longrightarrow COS$$

$$N_2+3H_2 \longrightarrow 2NH_3$$

$$N_2+H_2O+2CO \longrightarrow 2HCN+\frac{3}{2}O_2$$

$$N_2+xO_2 \longrightarrow 2NO_x$$

在以上反应生成物中生成许多硫及硫的化合物，它们的存在可能造成对设备的腐蚀和对环境的污染。在后面的章节中，还要详细介绍硫及其化合物对煤气的危害及净化方法。

前已述及。煤炭与不同气化剂反应可获得空气煤气、水煤气、混合煤气、半水煤气等。其反应后组成见表 3.2.1。

表 3.2.1 工业煤气组成

种类	气体组成						
	$\varphi(H_2)/\%$	$\varphi(CO)/\%$	$\varphi(CO_2)/\%$	$\varphi(N_2)/\%$	$\varphi(CH_4)/\%$	$\varphi(O_2)/\%$	$\varphi(H_2S)/\%$
空气煤气	0.9	33.4	0.6	64.6	0.5		
水煤气	50.0	37.3	6.5	5.5	0.3	0.2	0.2
混合煤气	11.0	27.5	6.0	55.0	0.3	0.2	
半水煤气	37.0	33.3	6.6	22.4	0.3	0.2	0.2

三、气化过程的化学平衡

煤的气化过程是一个热化学过程，影响其化学过程的因素很多，除了气化介质、燃料接触方式影响外，其工艺条件的影响也必须考虑。为了清楚地分析、选择工艺条件，现首先分析煤炭气化过程中的化学平衡及反应速度。

在煤炭气化过程中，有相当多的反应是可逆过程。特别是在煤的二次气化中，几乎均为可逆反应。在一定条件下，当正反应速度与逆反应速度相等时，化学反应达到化学平衡。

$$mA+nB \longrightarrow pC+qD$$

$$V_{正}=k_{正}[p_A]^m[p_B]^n$$

$$V_{逆}=k_{正}[p_C]^p[p_D]^q$$

化学平衡时：

$$k_{正}[p_A]^m[p_B]^n=k_{逆}[p_C]^p[p_D]^q$$

$$K_p=\frac{k_{正}}{k_{逆}}=\frac{[p_C]^p[p_D]^q}{[p_A]^m[p_B]^n} \tag{3.16}$$

式中 K_p——化学反应平衡常数；

p_i——各气体组分分压（i 分别代表 A、B、C、D），kPa；

$k_{正}$、$k_{逆}$——分别为正、逆反应速度常数。

1. 温度的影响

温度是影响气化反应过程煤气产率和化学组成的决定性因素。温度对化学平衡的关系如下：

$$\lg K_p = \frac{-\Delta H}{2.303RT} + C \tag{3.17}$$

式中 R——气体常数，8.314 kJ/(kmol·K)；

T——绝对温度，K；

ΔH——反应热效应，放热为负，吸热为正；

C——常数。

从上式可以看出：若 ΔH 为负值时，为放热反应，温度升高，K_p 值减小，对于这类反应，一般来说降低反应温度有利于反应的进行。反之，若 ΔH 为正值时，即吸热反应，温度升高，K_p 值增大，此时升高温度有利于反应的进行。

例如气化反应式(3.3)、式(3.8)其反应如下：

$$C + H_2O \longrightarrow H_2 + CO \qquad \Delta H = +135.0\ \text{kJ/mol}$$

$$C + CO_2 \longrightarrow 2CO \qquad \Delta H = +173.3\ \text{kJ/mol}$$

两反应过程均为吸热反应，在这两个反应进行过程中，升高温度，平衡向吸热方向移动，即升高温度对主反应有利。

C 与 CO_2 反应生成 CO，反应如式(3.8)所示，反应在不同温度下 CO_2 与 CO 的平衡组成见表 3.2.2，如图 3.2.1 所示。

表 3.2.2 在不同温度下的反应中 CO_2 与 CO 的平衡组成

温度/℃	450	650	700	750	800	850	900	950	1 000
$\varphi(CO_2)$/%	97.8	60.2	41.3	24.1	12.4	5.9	2.9	1.2	0.9
$\varphi(CO)$/%	2.2	39.8	58.7	75.9	87.6	94.1	97.1	98.8	99.1

从表 3.2.2 中可以看到，随着温度升高，其还原产物 CO 的含量增加。当温度升高到 1 000 ℃时，CO 的平衡组成为 99.1%。

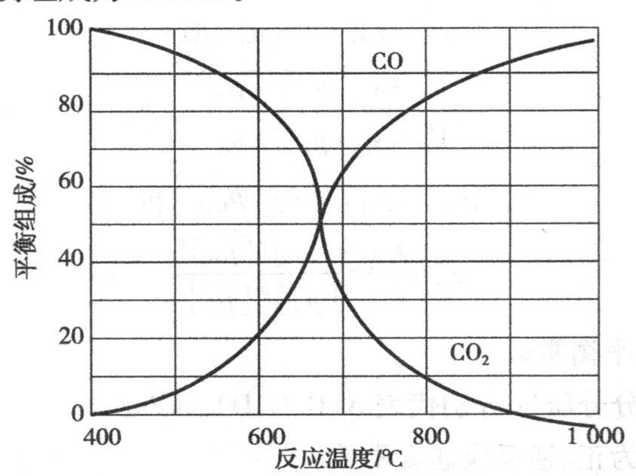

图 3.2.1 不同温度下的反应中 CO 与 CO_2 的平衡组成

2.压力的影响

平衡常数 K_p 不仅是温度函数,而且随压力变化而变化。压力对于液相反应影响不大,而对于气相或气液相反应平衡的影响是比较显著的。CO_2 还原反应的平衡常数曲线如图3.2.2所示。根据化学平衡原理,升高压力平衡向气体体积减小的方向进行;反之,降低压力,平衡向气体体积增加方向进行。在煤炭气化的一次反应中,所有反应均为增大体积的反应,故增加压力,不利于反应进行。可由下列公式得出:

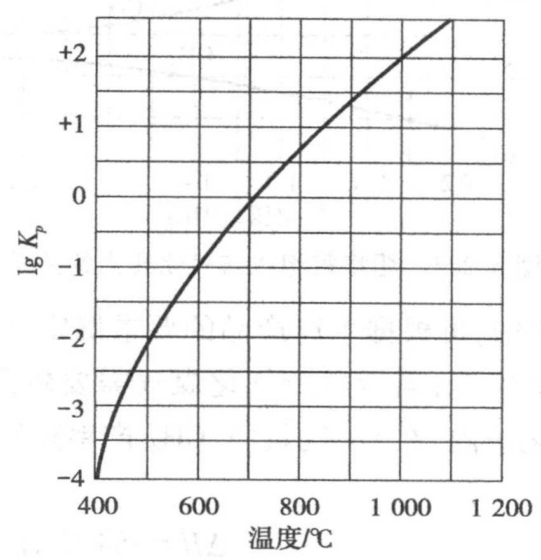

图3.2.2 CO_2 还原反应的平衡常数曲线

$$K_p = K_N \cdot gp^{\Delta u} \tag{3.18}$$

式中 K_p——用压力表示的平衡常数;

K_N——用物质的量表示的平衡常数;

Δu——反应过程中气体物质分子数的增加(或体积的增加)。

理论产率决定于 K_N,并随 K_N 的增加而增大。当反应体系的平衡压力 p 增加时的 $p^{\Delta u}$ 值由 Δu 决定。

如果 $\Delta u<0$,增大压力 p 后,$p^{\Delta u}$ 减小。则由于 K_p 是不变的,如果 K_N 保持原来的值不变,就不能维持平衡,所以当压力增高时 K_N 必然增加,因此加压有利,即加压使平衡向体积减少或分子数减小的方向移动。

如果 $\Delta u>0$,则正好相反,加压将使平衡向反应物方向移动,因此,加压对反应不利,这类反应适宜在常压甚至减压下进行。

如果 $\Delta u=0$,反应前后体积或分子数无变化,则压力对理论产率无影响。

例如,在下列反应中:

$$C+CO_2 \longrightarrow 2CO \qquad \Delta H=+173.3\ \text{kJ/mol}$$

$\Delta u=2-1=1$,此时 $\Delta u>0$,即反应后气体体积或分子数增加,如增大压力,则使 $p^{\Delta u}$ 增大,平衡向左移动;相反,如此时减小压力,平衡则向右移动;因此上述反应适宜在减压下进行。

图3.2.3为粗煤气组成与气化压力的关系图,从图3.2.3中可见,压力对煤气中各气体组成的影响不同,随着压力的增加,粗煤气中甲烷和二氧化碳含量增加,而氢气和一氧化碳

含量则减少。因此,压力越高,一氧化碳平衡浓度越低,煤气产率随之降低。

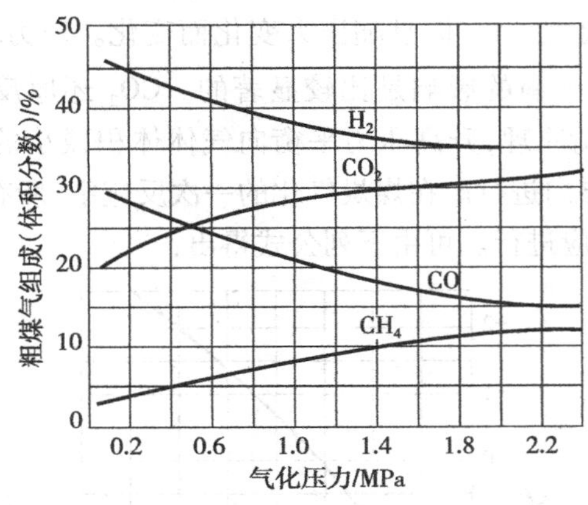

图 3.2.3　粗煤气组成与气化压力的关系

由上述可知,在煤炭气化中,可根据生产产品的要求确定气化压力,当气化炉煤气主要用作化工原料时,可在低压下生产;当所生产气化煤气需要较高热值时,可采用加压气化。这是因为压力提高后,在气化炉内,在 H_2 气氛中,CH_4 产率随压力提高迅速增加,发生如下反应:

$C+2H_2 \longrightarrow CH_4$　　$\Delta H=-84.3$ kJ/mol

$CO+3H_2 \longrightarrow CH_4+H_2O$　　$\Delta H=-219.3$ kJ/mol

$CO_2+4H_2 \longrightarrow CH_4+2H_2O$　　$\Delta H=-162.8$ kJ/mol

$2CO+2H_2 \longrightarrow CO_2+CH_4$　　$\Delta H=-247.3$ kJ/mol

上述反应均为缩小体积的反应,加压有利于 CH_4 生成,而甲烷生成反应为放热反应,其反应热可作为水蒸气分解、二氧化碳等吸热反应热源,从而减少了碳燃烧中氧的消耗。也就是说,随着压力的增加,气化反应中氧气消耗量减少;同时,加压可阻止气化时上升气体中所带出物料的量,有效提高鼓风速度,增大其生产能力。

在常压气化炉和加压气化炉中,假定带出物的数量相等,则出炉煤气动压头相等,可近似得出,加压气化炉与常压气化炉生产能力之比如下式所示:

$$\frac{V_2}{V_1}=\sqrt{\frac{T_1p_2}{T_2p_1}} \tag{3.19}$$

对于常压气化炉,p_1 通常略高于大气压,当 $p_1=0.1078$ MPa 左右时,常压、加压炉的气化温度之比 $T_1/T=1.1\sim1.25$,可得:

$$\frac{V_2}{V_1}=3.19\sim3.41\sqrt{p_2} \tag{3.20}$$

例如气化压力为2.5~3 MPa 的鲁奇加压气化炉,其生产能力将比常压下高5~6倍;又如(鲁尔-100)气化炉,当把压力从2.5 MPa 提高到9.5 MPa 时,粗煤气中甲烷含量从9%增至17%,气化效率从8%提高到85%。煤处理量增加一倍. 氧耗量降低10%~30%。但是,从下列反应:

$$C+H_2O \longrightarrow H_2+CO \qquad \Delta H=+135.0\ kJ/mol$$

可知，增加压力，平衡左移，不利于水蒸气分解，即降低了氢气生成量。故增加压力，水蒸气消耗量增多。

四、气化反应的反应速率

气化反应动力学的任务在于研究气化反应的速度和机理，以及各种因素对反应速度的影响。煤的气化反应主要是非均相反应，其中既包含了化学过程—化学反应，又包含了物理过程—吸附、扩散、流体力学、热传导等，同时也有气体反应物之间的均相反应。因此对气化反应动力学的研究也就包括化学反应机理及物理因素两个方面。

1. 煤气化反应模型

在气化炉中煤首先进行脱挥发分和热分解，得到固体残留物—半焦。随着热分解进行，将发生半焦与气体间的反应。这种反应可以分为两类颗粒反应模式，即整体反应（或称容积反应）模型和表面反应（或称收缩未反应芯）模型。整体反应主要在煤焦内表面进行，而表面反应则是反应气体扩散到固体颗粒外表面就反应了，很难扩散到煤焦内部。两者都属于气固相反应。通常当温度高时或反应进行得极快时，容易发生表面反应，如氧化反应、燃烧反应，而整体反应主要发生在多孔固体及反应速度较慢的情况下。

在整体反应模型中，反应气体扩散到颗粒的内部，分散渗透了整个固体，反应自始至终同时在整个颗粒内进行，产生的灰层在颗粒的孔腔壁表面逐渐积累起来。固体反应物逐渐消失。

在表面反应模型中，反应气体很难渗透到固体颗粒的内部，流体一开始就与颗粒外表面发生反应。随着反应的进行，反应表面不断向固体内部移动，并在已反应过的地方产生灰层。未反应的核（即未反应芯）随时间变化不断收缩，反应局限于未反应核的表面。整个反应过程中，反应表面是不断变小的。

2. 气固相反应历程

对于气固相的气化反应，其总的气化历程通常必须经过如下 7 个步骤。

①反应气体由气相扩散到固体碳表面（外扩散）。

②反应气体再通过颗粒内孔道进入小孔的内表面（内扩散）。

③反应气体分子被吸附在固体碳的表面，形成中间络合物。

④吸附的中间络合物之间，或吸附的中间络合物和气相分子之间进行反应，其称为表面反应。

⑤吸附态的产物从固体表面脱附。

⑥物分子通过固体的内部孔道扩散出来（内扩散）。

⑦物分子由颗粒表面扩散到气相中（外扩散）。

由此可见，在总的反应历程中包括了扩散过程①、②、⑥、⑦和化学过程③、④、⑤，扩散过程又分为外扩散与内扩散；化学过程包括了吸附、表面反应和脱附等过程。上述各步骤的阻力不同，反应过程的总速度将取决于阻力最大的步骤，亦称速度最慢的步骤，该步骤就是速度控制步骤。

当总反应速度受化学过程控制时,称为化学动力学控制;反之,当总反应速度受扩散过程控制时,称为扩散控制。

在气化过程中,当温度很低时,气体反应剂与碳之间的化学反应速度很低,气体反应剂的消耗量很小,则碳表面上气体反应剂的浓度就增加,接近于周围介质中气体的浓度。在此情况下,单位时间内起反应的碳量是由气体反应剂与碳的化学反应速度来决定的,而与扩散速度无关,即总过程速度取决于化学反应速度。此时,传质系数 β 远大于化学反应速度常数 K,即 $\beta \ll K$,则:

$$K_{总}=\frac{\beta K}{\beta+K}=K$$

该区间称为化学动力学控制区。

随着温度的升高,在碳粒表面的化学反应速度增加。温度越高,化学反应速度越快。直至当气体反应剂扩散到碳粒表面就迅速被消耗,从而使碳粒表面气体反应剂的浓度逐渐下降而趋于零,此时扩散过程对总反应速度起了决定作用。其化学反应速度常数远大于传质系数,即 $K \ll \beta$,则:

$$K_{总}=\frac{\beta K}{\beta+K}=\beta$$

该区间称为扩散控制区。在扩散控制区,碳表面上反应剂的浓度趋近于零,但不等于零。因为当反应剂浓度等于零时,化学反应将停止。

气化反应的动力学控制区与扩散控制区是反应过程的两个极端情况,实际气化过程有可能是在中间过渡区或者邻近极端区进行。如果操作条件介于扩散控制区和化学动力学控制区之间,即所谓两方面因素同时具有明显控制作用的过渡区间(或称中间区间),此时物理和化学作用同样重要,则应考虑两种阻力对总速度的影响。

3.气化生产过程的强化措施

对于外扩散控制的过程,气化过程进行的总速度取决于气体向表面的质量传递速度。增加气体的线速度和减小煤炭颗粒粒度,也即增加单位体积内的反应表面积,可达到强化过程的目的。

对内扩散控制的过程,颗粒外表面和部分内表面参加反应,这时减小颗粒尺寸和提高反应温度是强化反应过程的关键。

对于动力学控制的过程,反应物向颗粒表面的扩散阻力较小,反应总速率取决于气体在煤炭的内、外表面化学反应的速度。在这种情况下提高温度可以显著强化反应过程。

不论在哪一种控制条件下,减小固体颗粒粒度,即采用小颗粒煤炭,均可提高反应速度,且能较快地达到高的转化率,因此是有效的强化措施。

关于采用加压气化方法,对处于过渡型或扩散控制的工况,随着压力的增加,虽然分子扩散阻力增加,是不利的,但较高的压力却有利于提高反应物的浓度,而且不论在何种工况中,反应速率总是随着反应物浓度增加而增加的。

温度是强化生产的重要因素。一般情况下,提高温度能急剧增加表观速度,从而提高反应物的转化率。仅在外扩散控制的情况下,温度对反应表观速率的影响较小。

五、煤气化技术主要评价指标

煤气化技术的主要评价指标有冷煤气效率、气化效率、碳转化率和有效气体产率等。

1. 冷煤气效率

用于衡量原料中的化学能转化成产品化学能的效率,其定义为:

$$冷煤气效率=\frac{产品气体的热值}{原料煤的热值}$$

2. 气化效率

用于衡量原料中化学能转化为可回收的能量的效率,其定义为:

$$气化效率=\frac{产品气体的热值+可回收的热量}{原料的热值}$$

3. 碳转化率

用于衡量原料中的化学能转化成产品化学能的效率,其定义为:

$$碳转化率=1-\frac{气化残碳中的碳}{原料中的碳}$$

4. 有效气体体积(重量)产率

用于衡量单位原料可以产生有效气体量,其定义为:

$$有效气体产率=\frac{产品气中氢气和二氧化碳的量}{气化用煤量}$$

第三节 鲁奇气化炉的运行与维护

鲁奇炉加压气化是加压固定床气化的代表,是世界上最早采用的加压气化法,属第一代煤气化工艺。该法由德国鲁奇公司首先提出,并于1936年投产,技术成熟可靠,是目前世界上建厂数量最多的煤气化技术。20世纪80年代以来,我国已引进多套现代化鲁奇气化装置,在设计、安装和运行方面均已取得丰富经验。鲁奇炉采用固态排渣,炉温偏低,煤与气化剂逆向运动,煤气中甲烷含量高,特别适合于作为城市煤气;另外粗煤气中含有一定量的焦油、酚、氨等有害物,需脱除这些有害物质。

一、鲁奇气化技术原理

1.气化炉内料层分布

原料煤由煤锁通过煤分布器进入到气化炉中,并与气化剂逆流流动,原料由上往下,气化剂由下而上,逐渐完成煤炭由固态向气态的转化。随着反应的进行反应热的放出或吸收,使料层纵向温度分布不均匀,根据料层各区域的不同的反应特征,大致将料层分为以下6层:

(1)灰渣层

该层位于料层的最底部。该层中碳基本耗尽,气化反应已经结束,因而温度急剧下降。灰渣层保护了气化炉底部炉箆不被灼热的碳层烧坏或变形,同时对刚入炉的气化剂起到了气体分布和预热作用。

(2)燃烧层(氧化层)

在该层内主要进行碳的氧化反应,即 $C+O_2 \longrightarrow CO_2$ 反应,生成大量的二氧化碳和少量的一氧化碳,该反应是强放热反应,释放出的热供给其他各层反应需求。

(3)气化层

该层是主要生成煤气组分的层带,又可分为还原层和甲烷层。

在还原层中氧气已全部消耗,因此在此层中主要发生还原反应。水蒸气开始大量分解,二氧化碳被还原,一氧化碳、氢气量增加,二氧化碳和水蒸气量逐步减少。该反应层进行的还原反应为吸热反应,因而上部料层温度逐渐下降。

在甲烷层中进行的主要反应是碳与氢及一氧化碳和氢之间生成甲烷的反应,生成甲烷的速度比氧化层和还原层反应速度小得多。因此可以通过该层厚度的调整来调节煤气中甲烷的含量。

(4)干馏层

在干馏层内主要发生煤的热解反应,生成的烃类、焦油、酚、氨等挥发分进入气化炉顶部空间,剩下的焦炭或半焦成为下部反应层的反应原料。

(5)干燥层

在该层内,入炉原料煤在上升热煤气流的对流传热作用下,失去外在水分并逐渐升温。

(6)空层

空层是指气化炉内煤层顶部空间区域,来自底部各层的气体在这里充分混合,保证了气化炉出口煤气组成连续均匀。

不少研究工作者曾在加压气化的半工业试验中,研究燃料床中各层的分布状况和温度间的关系,其结果如图 3.3.1 所示。

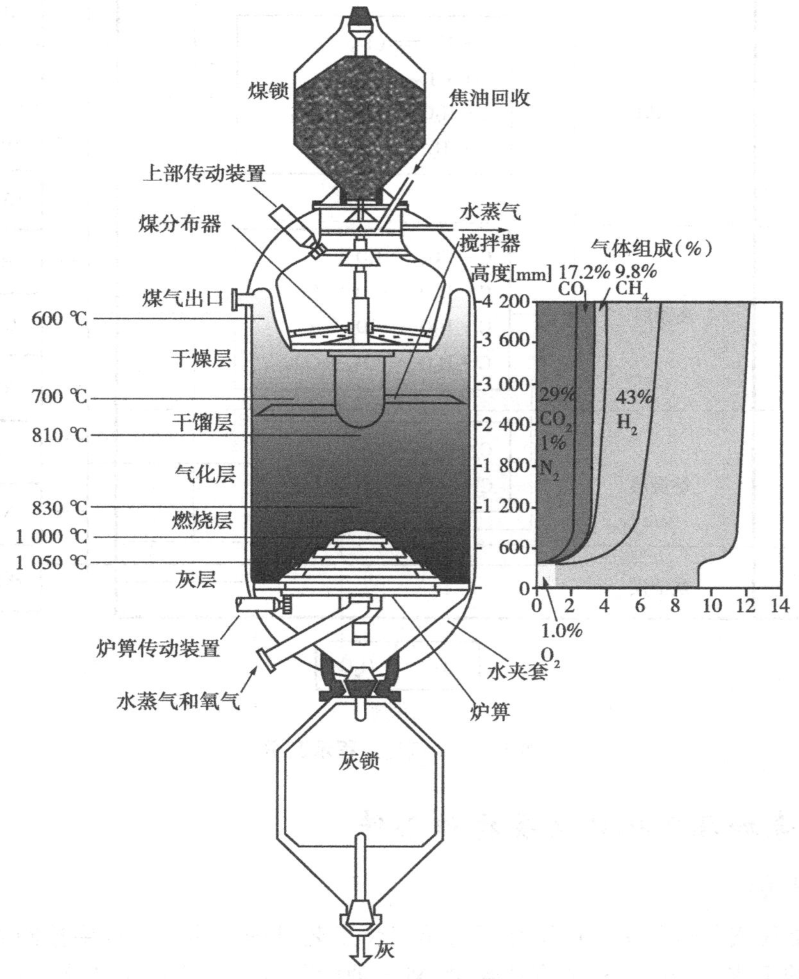

图 3.3.1 鲁奇加压气化炉

2. 气化炉内各层主要反应

气化过程示意图如图 3. 3. 2 所示。

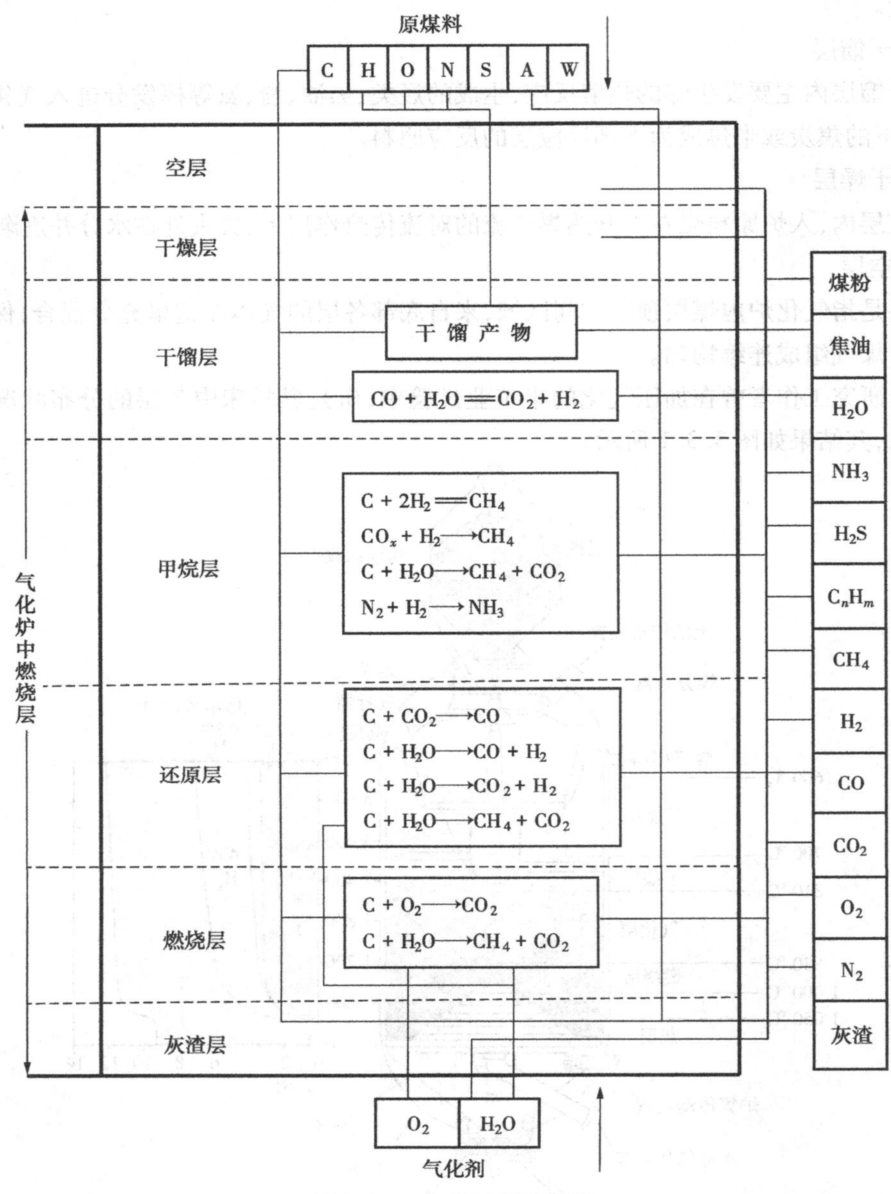

图 3. 3. 2　气化过程示意图

二、鲁奇加压气化的主要操作条件

1. 气化压力

在鲁奇加压气化过程中生产操作压力是气化工艺过程中的一个重要控制参数，气化压力对于煤气的组成、煤气产率、蒸汽消耗量、氧气消耗量以及气化炉生产能力都有不同程度的影响。

(1)压力对煤气组成及煤气产率的影响

随着气化压力的升高,有利于气体体积缩小的反应进行,煤气中的 CH_4 和 CO_2 含量增加,煤气的热值提高。煤气组成随气化压力的变化如图 3.3.3 所示。

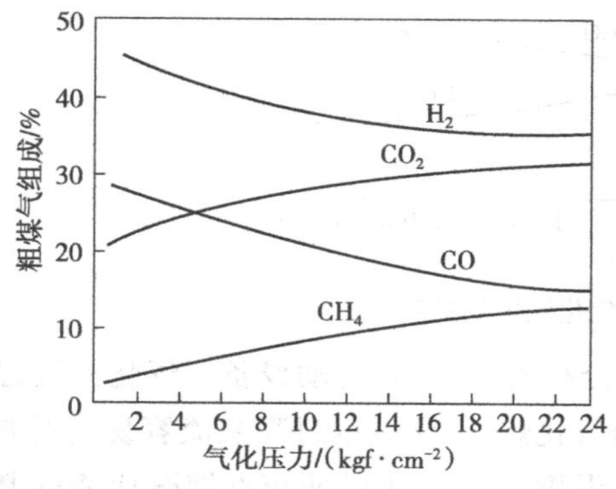

图 3.3.3　粗煤气组成与气化压力的关系

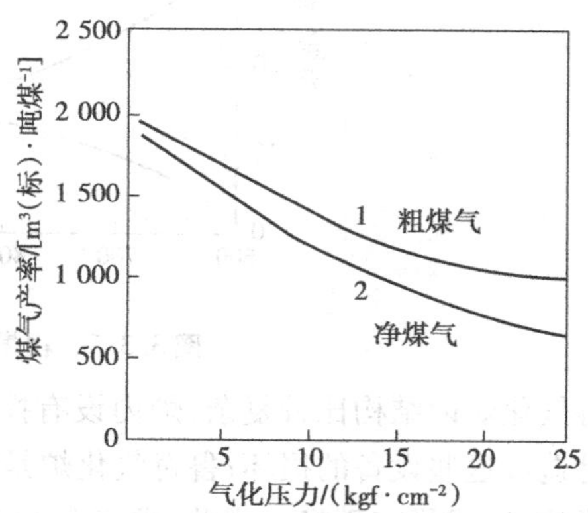

图 3.3.4　煤气产率与气化压力的关系

(2)压力对煤气产率的影响

如图 3.3.4 所示,随着气化压力的升高,煤气组成中,大分子物质 CH_4 和 CO_2 比例增多,小分子物质 CO 和 H_2 减少,从而使得煤气总体积减少,煤气的产率降低。

(3)压力对氧气和水蒸气消耗量的影响

随着压力升高,甲烷化反应增多,放出的热量增多,供给整个气化炉热量需求,从而可降低碳燃烧反应的热量供给,使得氧气的消耗量降低。

随着压力升高,甲烷化反应增多,甲烷中的氢主要来自于气化剂水蒸气,因而,水蒸气的绝对消耗量增多,但加压却抑制了反应 $C+H_2O \longrightarrow CO+H_2$ 向正反应方向进行,从而降低了水蒸气的绝对分解率。

(4)压力对气化炉生产能力的影响

随着压力的升高,气体的扩散速度和反应速率均加快,使得气化炉的生产能力提高,通常,加压气化的生产能力是常压气化生产能力的$\sqrt{P}$倍。

2. 气化温度

气化温度对气化过程的热力学和动力学均产生影响,生产证明提高操作温度是强化生产的最重要手段,可减少投资,降低成本。

(1)温度对煤气组成的影响

升高温度,有利于吸热反应的进行,因此,煤气中 H_2 和 CO 的含量增大,而 CH_4 和 CO 的含量减小。如图 3.3.5 所示。

(2)温度对气化炉生产能力的影响

升高温度,提高了气化反应的反应速率,并使得碳的燃烧反应进行得更加充分,碳转化率提高,从而提高了气化炉的生成能力。

虽然提高温度对强化气化过程是有利的,但鲁奇炉气化温度却受到设备和排渣的制约。

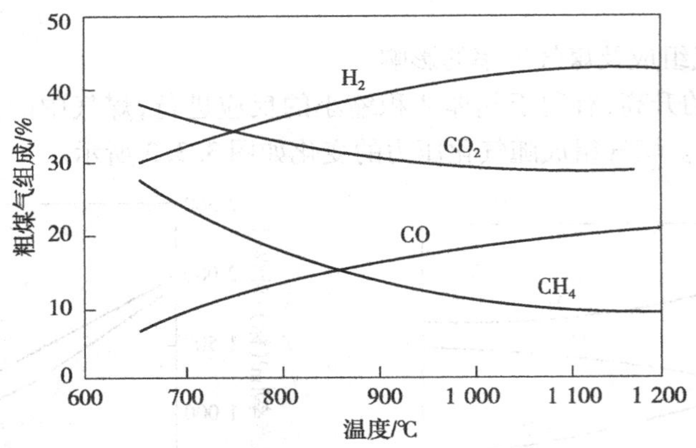

图 3.3.5 粗煤气组成与气化温度的关系

鲁奇气化炉内结构比较复杂，炉内设有搅拌器、煤分布器、炉箅等转动设备。气化温度过高容易造成这些设备的损坏；鲁奇气化炉是固态排渣气化炉，气化温度过高灰渣容易熔融并黏结成块，造成排灰不畅。因此，鲁奇气化炉的操作温度应该是在保证灰不熔融成渣的基础上，维持足够高的温度以保证煤完全气化，目前工业运行的鲁奇气化炉一般为 1 000 ~ 1 150 ℃。

3. 汽氧比

加压气化煤气生产中汽氧比是一个重要操作条件，汽氧比是指气化剂中水蒸气与氧气的组成比例，改变汽氧比的过程实际是调整和控制气化温度的过程。在鲁奇气化炉中，氧气的用量会影响燃烧层厚度，一般应根据气化炉的生产负荷进行调整。而汽氧比的调整主要是调整气化剂中水蒸气的用量。在气化过程中，水蒸气的用量是过量的，一方面，可以促进水蒸气分解反应向正反应方向进行；另一方面，水蒸气的温度比气化层温度低得多，加入过量的水蒸气相当于加入了"冷却剂"。因此，汽氧比提高，气化温度降低；反之，则上升。

汽氧比过大会使得气化温度降低，从而使得碳转化率、有效气体产率、气化强度等气化指标都下降，而且，过多的蒸汽不能分解，会使得煤气中蒸汽含量增加，增加了后续煤气水分离的负荷，因此，应保证燃烧层最高温度低于灰熔点的前提下，维持较低的汽氧比。

三、煤种及煤的性质对鲁奇加压气化的影响

原料煤是影响煤气产量、质量及生产操作条件的重要因素，不同煤种对煤气化会产生不同的影响，即使同种煤各性能参数不同也会对煤气化产生不同的影响，由于各种煤变质程度的不同，其本身物化性质不同，在加压气化反应中煤气产率、煤气组成均有不同。

1. 煤种对加压气化的影响

(1)煤种对煤气组成和产率的影响

鲁奇气化炉出炉煤气由干馏层产生的干馏煤气和气化层产生的气化煤气两部分组成。煤化程度加深，煤中的挥发分含量减少，固定碳含量增加，则出炉煤气中干馏煤气比例下降，

而气化煤气比例上升。干馏煤气中 CH_4 和 CO_2 含量较高，气化煤气中则主要含有 CO 和 H_2，因此，煤化程度越深的煤气化所得煤气中，CO 和 H_2 的比例越大。

煤气的产率与煤中碳的转化方向有关，煤中挥发分越高，转变为焦油的有机物就越多，转入到焦油中的碳也就越多，进行气化的碳就少，煤气的产率就会下降。

(2)煤种对气化剂消耗的影响

煤化程度变深，会使气化过程所消耗的氧气和水蒸气用量越多，可从如下几方面解释。煤化程度加深，煤中挥发分含量减少，固定碳含量增加，用于气化的碳多了，消耗的气化剂就多。此外，煤化程度加深，煤中氢和氧元素比例减少，碳元素比例增大，造气反应需要更多氢和氧，则气化剂的消耗量增加。

(3)煤种对气化能力的影响

煤化程度变深，煤的气化反应活性减小，气化反应率度下降，碳转化率也会降低，气化炉的生产能力会显著降低。

2. 水分对加压气化的影响

鲁奇加压气化中，煤中的水分在干燥层中被蒸发出来成为水蒸气进入气化炉顶部空间。因此，煤中水分如果过高，会增加干燥所需要的热量，从而增加了氧气消耗，降低了气化效率；水分过高，还会增加燃料层中干燥层厚度，使得其他各料层变薄，影响各层中气化反应的正常进行；此外，水分过多，还会增大后续煤气水分离负荷。

3. 灰分对加压气化的影响

鲁奇加压气化中，煤中的灰分含量对气化反应一般影响不大，但随着煤中灰分的增大，灰渣中的残碳总量增大，燃料的损失增加。另外灰分增大后，带出的显热增加，从而使气化过程的热损失增大，热效率降低。

随着煤中灰分的增大，加压气化的各项消耗指标，如氧气消耗、原料消耗、原料煤消耗等指标上升，而煤气产率下降。

4. 灰熔点对加压气化的影响

由于鲁奇加压气化技术是固态排渣气化炉，一般要求灰熔点越高越好。低灰熔点的煤，在气化炉燃烧层易形成灰渣熔融，即通常所说的灰结渣。结成的渣块导致床层透气性差，造成气化剂分布不均，致使工况恶化，气化床层紊乱，煤气成分大幅度波动，严重时将导致恶性事故的发生。另外，灰结渣易将未反应的炭包裹，使炭未完全反应即被带出炉外，使炭转化率下降。

5. 煤的黏结性对气化过程的影响

煤的黏结性是指煤在高温干馏时的黏结性能。黏结性煤在气化炉内进入干馏层时会产生胶体，这种胶体黏度较高，它将较小的煤块黏结成大块，这使得干馏层的透气性变差，从而导致床层气流分布不均和阻碍料层的下移，使气化过程恶化。因此，鲁奇气化炉不适合气化黏结性较强的煤。

6. 煤的化学活性的影响

煤的化学活性是指煤同气化剂反应时的活性，也就是指碳与氧气，二氧化碳和水蒸气反应的难易程度。煤种不同,其反应活性是不同的。一般煤化程度越浅,煤的反应活性越高,则发生反应的起始温度就越低。在气化温度相同时,煤的反应活性越高,则气化反应速度越快,反应接近平衡的时间越短,炭转化率越高。鲁奇气化炉受到排灰等因素的限制,气化温度不是太高,因此,鲁奇炉适合气化反应活性较高的煤。

四、鲁奇气化炉主要设备

第三代鲁奇加压气化炉是目前世界上使用最为广泛的一种炉型。其内径为 $\phi3.8$ m,外径 $\phi4.128$ m,炉体高为 12.5 m,气化炉操作压力为 3.05 MPa。该炉生产能力高,炉内设有搅拌装置,可气化强黏结性烟煤外的大部分煤种。第三代加压气化炉如图 3.3.1 所示。

1. 筒体

加压气化炉的炉体不论何种炉型均是一个双层筒体结构的反应器。其外筒体承受高压,一般设计压力 3.6 MPa;温度 260 ℃;内筒体承受低压,即气化剂与煤气通过炉内料层的阻力,一般设计压力为 0.25 MPa(外压),温度 310 ℃。内、外筒体的间距一般为 40 ~ 100 mm,其中充满锅炉水,以吸收气化反应传给内筒的热量产生蒸汽,经气液分离后并入气化剂中。这种内、外筒结构的目的在于尽管炉内各层的温度不一,但内筒体由于有锅炉水的冷却,基本保持在锅炉水在该操作压力下的蒸发温度,不会因过热而损坏。

2. 搅拌器与布煤器(见图 3.3.6)

为了气化有一定黏结性的煤种,第三代气化炉在炉内上部设置了布煤器与搅拌器,它们安装在同一空心转轴上,搅拌器安装在布煤器的下面,其搅拌桨叶一般设有上、下两片桨叶。桨叶深入气化炉的干馏层,以破除干馏层形成的焦块。桨叶的材质采用耐热钢,其表面堆焊硬质合金,以提高桨叶的耐磨性能。桨叶和搅拌器、布煤器都为壳体结构,外供锅炉给水通过搅拌器、布煤器,最后从空心轴内中心管,首先进入搅拌器最下底的桨叶进行冷却,然后再依次通过冷却上桨叶、布煤器,最后从空心轴与中心管间的空间返回夹套形成水循环。该锅炉水的冷却循环对布煤搅拌器的正常运行非常重要。因为搅拌桨叶处于高温区工作,水的冷却循环不正常将会使搅拌器及桨叶超温烧坏造成漏水,从而造成气化炉运行中断。

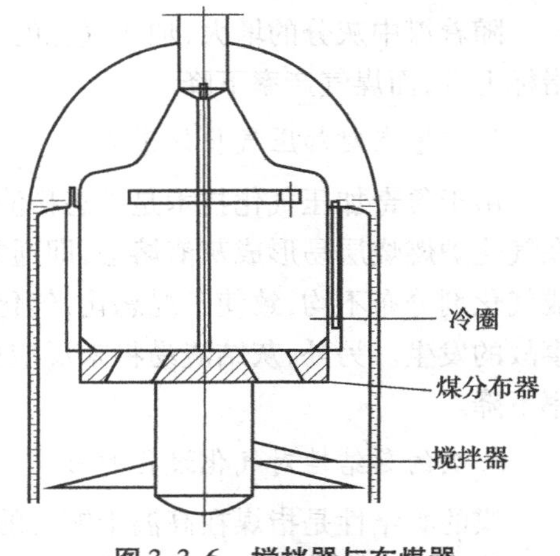

图 3.3.6　搅拌器与布煤器

该炉型也可用于气化不黏结性煤种。此时,不安装布煤搅拌器,整个气化炉上部传动机构取消,只保留煤锁下料口到炉膛的储煤空间,结构简单。

3. 炉篦

炉篦设在气化炉的底部,它的主要作用是支撑炉内燃料层,均匀地将气化剂分布到气化炉横截面上,维持炉内各层的移动,将气化后的灰渣破碎并排出,所以炉篦是保证气化炉正常连续生产的重要装置。

如图 3. 3. 7 所示,炉篦分为五层,从下到上逐层叠合固定在底座上,顶盖呈锥形,炉篦材质选用耐热、耐磨的铬锰合金钢铸造。最底层炉炉篦的下面设有 3 个灰刮刀安装口,灰刮刀的安装数量由气化原料煤的灰分含量来决定,灰分含量较少时安装 1 ~2 把刮刀,灰分含量较高时安装 3 把刮刀。支承炉篦的止推轴承体上开有注油孔,由外部高压注油泵通过油管注入止推轴承面进行润滑。该润滑油为耐高温的过热缸油。炉篦的传动采用液压电动机(采用变频电动机)传动。液压传动具有调速方便,结构简单,工作平稳等优点。但为液压传动提供动力的液压泵系统设备较多,故障点增多。由于气化炉直径较大,为使炉篦受力均匀,采用两台电动机对称布置。

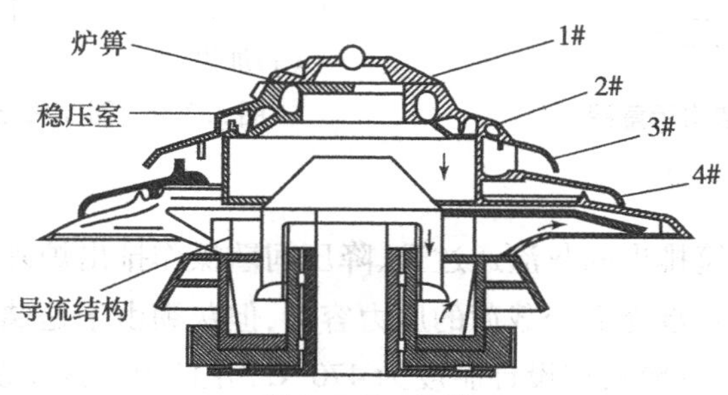

图 3. 3. 7 炉箅

由于炉篦工作环境为高温灰渣,所以炉篦的材质一般选用耐磨、耐热、耐灰渣腐蚀的铬锰铸钢 16 Mo5,在其表面堆焊有硬质合金 E20-50-2CT,并焊有一些硬质合金耐磨条。在最下层炉篦下设有用于排灰的刮刀,可将大块灰渣破碎,并从炉内刮至灰锁。刮刀安装位置在铸造时留好的三个位置,根据所气化煤的灰分决定实际安装的数量。

支撑炉篦的止推轴承形如圆盘,为滑动摩擦。为减小摩擦系数,一般用高压润滑油泵将耐高温的润滑油经油管导入止推轴而进行润滑,以保证炉篦的安全平稳运行。

4. 煤锁

煤锁是用于向气化炉内间歇加煤的压力容器,它通过泄压、充压循环将存在于常压煤仓中的原料煤加入高压的气化炉内。以保证气化炉的连续生产。煤锁包括两部分:一部分是连接煤仓与煤锁的煤溜槽,它由控制加煤的阀门——溜槽阀及煤锁上锥阀组成;另一部分是煤锁及煤锁下阀,它将煤锁中的煤加入气化炉内。煤锁的结构示意图如图 3. 3. 8 所示。

溜槽阀为一圆筒,两侧孔正好对准溜煤通道,煤就会通过上阀上部的圆筒流入煤锁。煤锁上阀阀杆上也固定有一个圆筒,它的直径比溜槽阀的圆筒小,两侧也开有溜煤孔。当上阀向下打开时,圆筒以外的煤锁空间流不到煤,当上阀提起关闭时,圆筒内的煤流入煤锁。圆筒阀结构示意图如图 3. 3. 9 所示。

煤锁本体是一个承受交变载荷的压力容器,操作设计压力与气化炉相同,设计温度为 200 ℃,材质为锅炉钢或普通低合金钢制作,壁厚一般在 50 mm 以上。

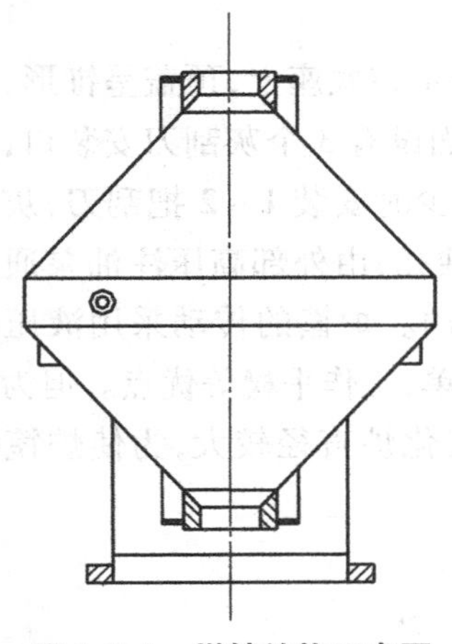

图 3.3.8　煤锁结构示意图

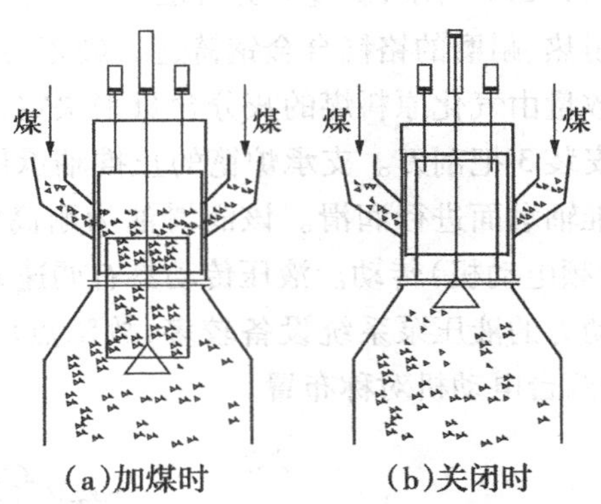

图 3.3.9　圆筒阀结构示意图

5. 灰锁

灰锁是将气化炉炉篦排出的灰渣通过升、降压间歇操作排出炉外，而保证了气化炉的连续运转。灰锁同煤锁都是承受交变载荷的压力容器，但灰锁由于是储存气化后的高温灰渣，工作环境较为恶劣，所以一般灰锁设计温度为 470 ℃，并且为了减少灰渣对灰锁内壁的磨损和腐蚀，一般在灰锁筒体内部都衬有一层钢板，以保护灰锁内壁，延长使用寿命。第三代炉灰锁结构如图 3.3.10 所示。

灰锁膨胀冷凝器的作用是在灰锁泄压时将含有灰尘的灰锁蒸汽大部分冷凝、洗涤下来，一方面使泄压气量大幅度减少，另一方面保护了泄压阀门不被含有灰尘的灰锁蒸汽冲刷磨损，从而延长阀门的使用寿命，提高气化炉的运转率。膨胀冷凝器是灰锁的一部分，它上部与灰锁用法兰连接，利用中心管与灰锁气相连通；下部设有进水口与排灰口，上部设泄压气体出口，正常操作时其中充满水。当灰锁泄压时，灰锁的蒸汽通过中心管进入膨胀冷凝器的水中，在此大部分灰尘被水洗涤，尘降、蒸汽被冷凝，剩余的不凝气体通过上部的泄压管线排至大气。

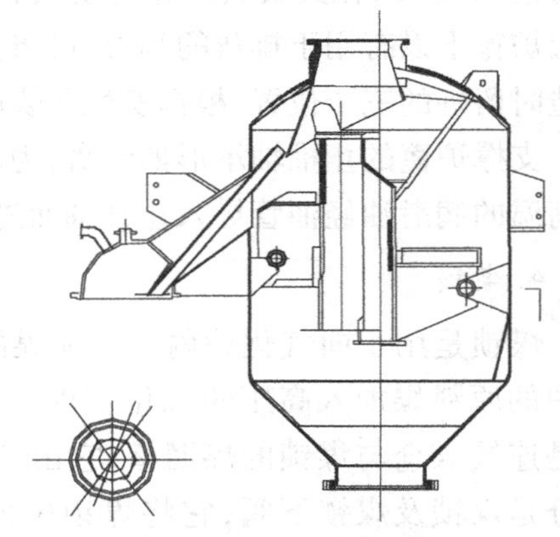

图 3.3.10　灰锁结构示意图

五、鲁奇气化的工艺流程

图 3.3.11 为国内某厂鲁奇气化生产工艺，其流程如下：

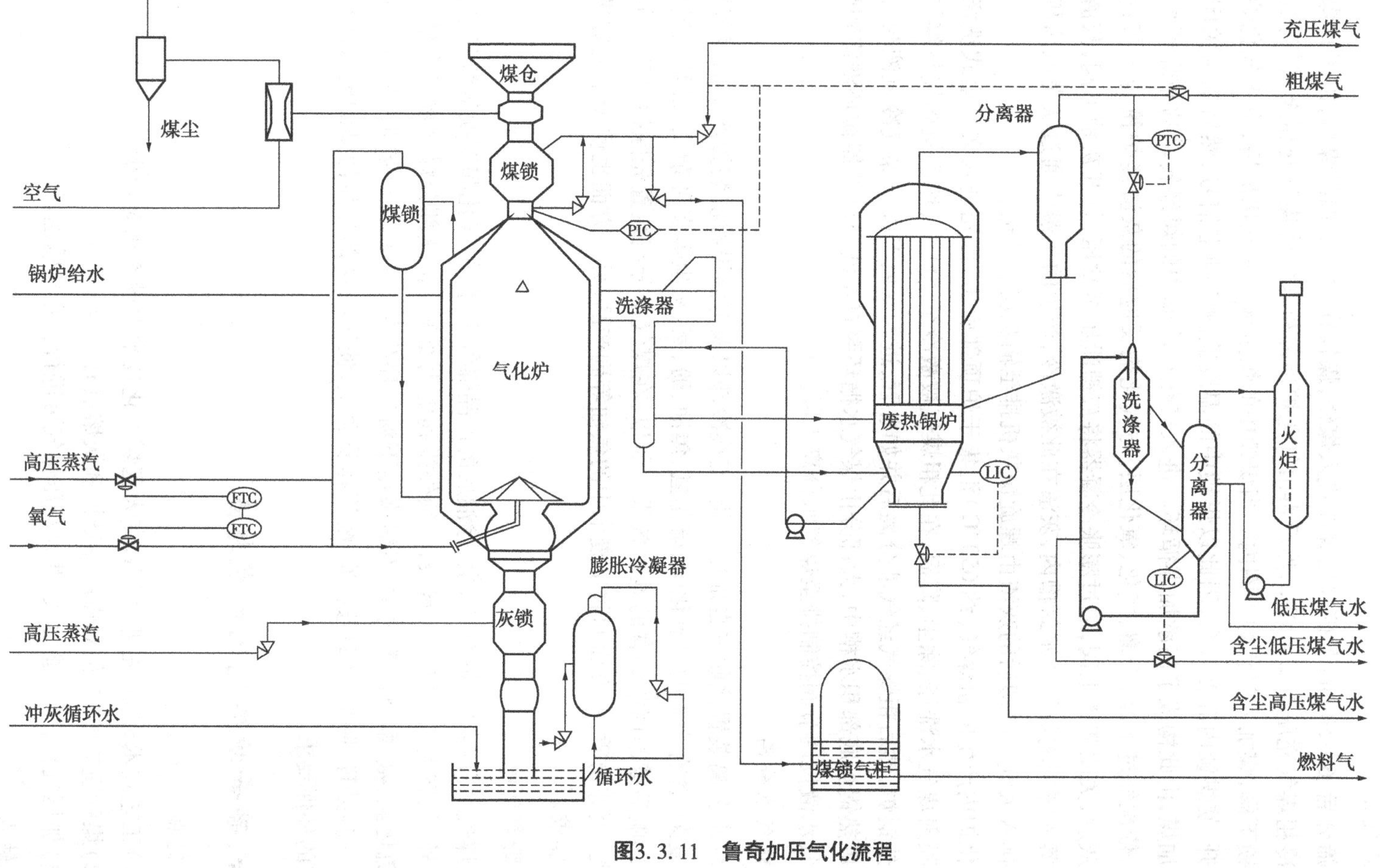

图3.3.11 鲁奇加压气化流程

1. 煤气化

经筛分后，6～50 mm 的碎煤由煤斗进入煤锁，煤锁在常压下加满煤后，由来自煤气冷却工号的冷粗煤气充压至 2.4 MPa，然后再由气化炉顶部粗煤气将煤气充压至与气化炉平衡，打开煤锁下阀，煤加入气化炉冷圈内。当煤锁中的煤全部加入气化炉后，由于气化炉内热气流的上升，使煤锁内温度升高，因此以煤锁中的温度监测煤锁空信号，然后煤锁关闭下阀泄压后再加煤，由此构成了间歇加煤循环。进入气化炉冷圈中的煤经转动的布煤器均匀分布与炉内，依次经过干燥、干馏、气化、氧化层，与气化剂反应后的灰渣经炉篦排入灰锁。当灰锁积满灰后，关闭灰锁上阀，通过膨胀冷凝器将灰锁泄压至常压，打开灰锁下阀，灰渣通过常压灰斗落入螺旋输灰机的水封槽内，灰渣在此被激冷，产生的灰蒸汽通过灰蒸汽风机经洗涤除尘后排入大气。冷却后的灰渣由螺旋输灰机排至输灰皮带外运。

气化炉内产生的粗煤气(约 650 ℃)汇集于炉顶部引出，首先进入文丘里式洗涤冷却器被高压喷射煤气水洗涤、除尘、降温，在此粗煤气被激冷至 200 ℃，然后粗煤气与煤气水一同进入废热锅炉，然后粗煤气经气液分离后并如总管，进入变换工段。煤气冷凝液与洗涤煤气水汇于废热锅炉底部积水槽中，大部分由煤气水循环泵打至洗涤冷却器循环洗涤粗煤气，多余的煤气水液位调节阀控制排至煤气水分离工段。

2. 煤气水分离

煤气水分离装置接收来自加压气化、变换冷却以及低温甲醇洗装置产生的煤气废水，废水成分复杂，含有大量的二氧化碳、硫化氢、焦油、酚、氨、灰尘等多种杂质，必须经过处理，否则直接影响后续酚回收装置的处理效果。所以，在煤气水分离装置先除掉大部分的酸性气体、油类、尘等物质，一方面回收了废水中的焦油等副产品；另一方面也使废水能够满足酚回收生产要求。

3. 酚氨回收

经煤气水分离装置除气、除尘、除油后的产品煤气水，除供气化和变换等洗涤、冷却循环使用以外，仍有大量的煤气水富余，必须外排到生化处理。但这部分煤气水仍大量含有二氧化碳、硫化氢、氨、酚、油、等物质，不能满足下游工序生化装置的处理要求，必须经酚氨回收装置进一步处理，降低 COD、氨、油、酚等物质含量，便于将这部分高污染的废水回用以实现零排放的环保要求。

六、鲁奇炉煤气化技术特点

1. 优点

(1)工艺技术成熟、先进、可靠，在大型煤气化技术中投资相对较少。

(2)煤种适应性广，但对煤的黏结性和灰熔点有一定要求。

(3)加压气化，生产能力大，并且高压煤气可进行长距离输送。

2. 缺点

(1)出炉煤气中含焦油、酚等，污水处理和煤气净化工艺复杂、流程长、设备多，炉渣含碳

5%左右。

(2)水蒸气消耗量大,但蒸汽分解率低,一般蒸汽分解率为40%,造成气化废水较多,后续煤气水分离负荷较重。

(3)气化炉结构复杂,炉内设有搅拌器和煤分布器、炉箅等转动设备,制造和维修费用高。

七、鲁奇加压气化炉的运行

(一)气化炉的开车

1.气化炉开车前系统的检查确认

(1)强度和气密性检查

初次安装或经过大修后的气化炉在开车前必须进行强度实验和气密性检查,气密性实验是在低压下进行,实验压力为0.5 MPa,实验介质采用空气,气密性检查过程中,应在所有法兰连接处\阀门法兰及填料上仔细刷肥皂液进行检查,查找并消除漏点直至合格。

(2)系统完整性检查

气化炉开车前应对炉体内部、煤锁、灰锁内部件的安装正确性进行检查,对外部的按工艺流程进行管道走向、仪表、孔板等安装方向进行检查,保证其安装正确。

(3)仪表功能检查

现代碎煤加压气化炉的自动控制程度较高,因此,对仪表功能的检查至关重要。检查的内容包括:煤锁灰锁各电磁阀遥控动作是否正常;各仪表调节阀及电动阀的动作与控制室是否对应;各指示仪表的调效、气化炉停车联锁功能是否正常;炉篦的运转与调节是否正常。

(4)机械性检查

机械性检查主要检查运转设备的机械性能是否正常,如各液压阀门动作情况,液压泵站各泵、润滑油泵、灰蒸汽风机等运转设备是否正常。

2.点火前的准备工作

检查各管线盲板位置,按开车要求倒通有关盲板,氧气盲板保持在盲位,检查各阀门的位置,各手动阀门应关闭。

启动润滑油泵,检查各注油点油是否到位,尤其是灰锁上、下阀及炉篦大轴上的密封填料必须有油,否则运行中将会因为填料无油造成气体泄露而停车。

建立废热锅炉底部煤气水位及洗涤循环。用煤气水分离工号供给的洗涤煤气水填充废热锅炉底部,并启动煤气水洗涤循环泵使废热锅炉与洗涤冷却器的循环建立;打通废热锅炉底部排往煤气水分离工号的开车管线,使多余的煤气水排出。

打开废热锅炉低压蒸汽放空阀,向废锅的壳程充入锅炉水建立液位。向气化炉夹套充水,初次开车前应冲洗夹套3次,通过排污管线排放。夹套液位充至50%后将液位投入自动控制。若夹套内的水温低于90 ℃,应打开夹套加热蒸汽,温度达到要求后关闭。

气化炉加煤:确认煤质合格后,向气化炉内加煤。

①投运煤溜槽上的空气喷射器。

②在现场按加料程序操作煤锁向气化炉加煤。开车前炉内加煤的数量主要根据煤加热后的膨胀性能确定。膨胀力较小的煤可以加煤至气化炉满料；膨胀力大的煤加煤量一般不能超过气化炉的80%，这主要是因为煤加热膨胀后会造成气化炉的床层阻力过大，使气化炉与夹套的压差过高，气化炉开车后工况难于确定。

③气化炉加煤完成后，应转动炉篦半圈，以除去加煤过程形成的煤粉。

气化炉煤层升温：鲁奇加压气化炉的点火是用过热蒸汽将煤加热到一定温度，在该温度下煤与氧有较快的反应速度，利用煤的氧化、燃烧特性，通入空气（或氧气）点火，升温操作步骤如下：

①气化炉出口通往火炬管线上的阀门打开。

②将过热蒸汽引至入炉蒸汽电动阀前，打开该管段的导淋阀暖管至蒸汽过热。

③开蒸汽电动阀约5%开度。

④缓慢打开入炉蒸汽调节阀，调节入炉蒸汽流量为5 000 kg/h（该流量是经温度、压力校正后的实际值）。在向炉内通入蒸汽时必须很缓慢地调整，因为在常压下若气流速度过快会造成炉内小粒度煤被气流带出，造成废热锅炉及煤气水管线堵塞。

⑤蒸汽流量稳定后，缓慢调节气化炉出口的压力调节阀，使升温在0.3 MPa压力下进行，这样可适当减小气流速度，减小带出物，使煤层加热均匀。蒸汽通入气化炉后，灰锁开始操作，每15 min排放一次，由于加热煤层在炉内产生冷凝液，若冷凝液排放不及时，将会造成煤层加热不到反应温度，使通入空气后煤不能与氧气着火，导致点火失败。故而应一方面尽量提高入炉蒸汽温度，另一方面要特别重视炉内冷凝液的排放。

3.气化炉点火及火层培养

升温达到要求后即可进行点火操作。点火及点火后火层的培养对气化炉投运后能否稳定高负荷运行至关重要。加压气化炉一般都采用空气点火，待工况稳定后再切换氧气操作。近年来有些工厂采用氧气直接点火。如民主德国黑水泵煤气厂、中国哈尔滨气化厂，这样可省去空气与氧气的切换过程，缩短气化炉开车的时间。由于空气点火较为安全，所以大多数厂采用空气点火。空气点火操作步骤如下：

①确认点火条件：煤层加热升温约3 h，气化炉出口温度大于100 ℃。

②开启开工空气截止阀，关闭蒸汽流量调节阀。

③缓慢开启开工流量调节阀，控制入炉空气流量为1 500 Nm^3/h。

④用奥氏分析仪分析气化炉出口气体成分，CO_2 含量逐步升高，O_2 含量逐渐下降说明火已点着。

⑤当证实气化炉点火成功后，稍开启入炉蒸汽调节阀，向气化剂中配入少量的蒸汽，控制气化剂温度大于150 ℃。

⑥当气化炉出口煤气中 CO_2、O_2 含量基本稳定后，逐渐增大入炉空气量至3 000 ~4 000 Nm^3/h，同时相应增加入炉蒸汽量以维持气化剂温度。

⑦启动炉篦，以最低转速运行，使炉内布气均匀。

⑧若设有冷、热开工火炬时，当气化炉出口煤气中氧含量小于0.4%（体积）时，将煤气切换到热火炬放空，点燃火炬，维持空气运行约4 h以培养火层。在此阶段应维持炉篦低转速间断否则将会使火层排入灰锁，破坏了炉内的火层。

4. 气化炉的切氧、升压、并网送气

在空气运行正常后，气化炉内火层已均匀建立，即可将空气切换为氧气加蒸汽运行，然后缓慢升压、并网。具体操作步骤如下：

（1）确认切氧条件

①夹套水液位、废热锅炉的锅炉水液位，废热锅炉底部煤气水液位均正常。

②煤气水洗涤循环泵运行正常。

③为煤、灰锁阀门提供动力的液压系统运行正常。

④气化炉满料操作。

（2）切氧操作

①将氧气盲板倒至通位，打开截止阀的旁路阀对盲板法兰进行试漏，此时氧气电动阀与氧气调节阀必须处于关闭位置。

②确认煤锁、灰锁各阀门处于关闭状态，炉篦停止排灰。

③关闭入炉蒸汽调节阀，若有泄露则蒸汽电动阀也应关闭，然后延时5 min再关闭入炉空气调节阀。

④略微提高气化炉煤气压力调节器设定值（在自动控制状态），使煤气压力调节阀恰好关闭。

⑤先打开蒸汽电动阀，再打开氧气电动阀，若氧气电动阀打开后氧气调节阀有泄露，或先关闭氧气电动阀，待通入蒸汽有流量后再打开。

⑥缓慢打开蒸汽调节阀，调节蒸汽流量至约5 t/h，然后打开氧气调节阀，尽可能以较高的汽氧比通入氧气量，以避免氧过量造成气化炉结渣。仔细观察气化炉煤气压力调节阀应在通入氧气后几秒内打开，否则气化炉要停车。

⑦用奥氏分析仪连续取样分析煤气成分，煤气中CO_2应小于40%（体积分数），O_2应小于1%（体积分数），否则气化炉要停车。

⑧煤气成分稳定后适当增加入炉蒸汽量和氧气量，在调整时要先增加蒸汽流量再增加氧气流量。继续分析煤气成分，调整汽氧比，使煤气中的CO_2含量接近设计值。

（3）气化炉升压操作

①将开车空气盲板倒至盲位。

②通过缓慢提高气化炉煤气压力调节器的设定值，将气化炉升压至1.0 MPa。升压过程应该缓慢进行，升压速度应小于50 kPa/min。

③气化炉升压至1.0 MPa后，稳定该压力，煤锁、灰锁进行加煤、排灰操作，同时检查气化炉及相应管道，设备所有法兰，并进行全面热态紧固。

④气化炉再次升压至2.1 MPa，将废热锅炉煤气水的排出由开工管线切换为正常管线。检查气化炉所有的法兰是否严密。

⑤气化炉再次升压至与煤气总管压力基本平衡，准备并网送气。

(4)气化炉并网送气

逐渐关闭煤气到火炬的电动阀，当气化炉压力高于煤气总管压力50 kPa时，打开煤气到总管的电动阀，全关火炬气电动阀，气化炉煤气并入总管。

(5)增加气化炉负荷至设计值的50%（以氧气计），将入炉蒸汽与氧气流量调节阀投入自动控制，逐步调整汽氧比至设计值（以灰锁排出灰中无熔融渣块为参考），然后将蒸汽与氧气流量投入比值调节。

(二)气化炉的停车与再开车

加压气化炉根据停车原因、目的不同，停车深度有所不同，停车可分为：压力热备炉停车、常压热备炉停车和交付检修（熄火、排空）停车。根据停车原因、停车时间长短，选择停车与再开车方式。

1. 压力热备炉的停车与再开车

非气化炉本身问题引起的气化炉停车，在30 min内即可恢复生产时，气化炉选择压力热备炉停车。

(1)停炉压力热备

①关闭入炉蒸汽、氧气调节阀，特别注意要先关氧气再关蒸汽。

②关闭氧气、蒸汽管线上的电动阀。

③关闭气化炉连接煤气总管的电动阀，与总管隔离，将气化炉压力调节阀关闭。开火炬放空电动阀少许，以防止气化炉超压。

④停止炉篦转动，关闭煤锁、灰锁各阀门。

(2)压力热备炉再开车

当停车时间不超过30 min时，气化炉在压力状态直接用氧气开车。

①全开蒸汽电动阀与氧气电动阀。

②以设计满负荷的30%通入蒸汽量，由蒸汽调节阀控制，然后再打开氧气调节阀，以低于设计满负荷30%的流量通入氧气。

③连续取样，用奥氏仪分析煤气成分，若 $CO_2<40\%$，$O_2<1\%$ 说明恢复成功，若 $CO_2>40\%$，则应该做停车处理。

④调整汽氧比，将蒸汽、氧气流量比值调节投入自动控制。

⑤启动炉篦，煤、灰锁开始正常操作。

⑥分析气体成分符合要求，煤气中氧含量小于0.4%，按气化炉并网操作向总管送气。

2. 常压热备炉的停车与再开车

无论何种原因使气化炉在压力下停车超过30 min，则气化炉必须卸压，根据需要进行常压热备停车或交付检修停车。

(1)常压热备炉停车

按压力热备停车后继续进行以下步骤。

①关闭氧气、蒸汽管线的手动截止阀。

②将氧气管线上的盲板倒至盲位。

③将气化炉压力调节阀投自动，打开气化炉通往火炬的卸压阀，气化炉开始卸压。卸压速度小于 50 kPa/min。卸压过程应注意夹套液位稳定，应及时补水以防夹套干锅。

④压力卸至 0. 15 MPa 时可全开火炬电动阀。

⑤压力卸至常压后，打开夹套放空阀。转动炉篦少量排灰，然后停炉篦，关灰锁上、下阀。

(2) 常压热备炉再开车

停车故障消除后，停车时间小于 8 h，气化炉可直接通空气点火开车。

①倒通空气管线上的盲板，打开截止阀，关闭夹套放空阀。

②转动炉篦 1 ~2 圈排灰。

③打开空气流量调节阀向气化炉通空气量约 1 500 Nm^3/h。

④取样分析煤气中 CO_2、O_2 含量，若 CO_2 大于 10%（体积分数），O_2 含量逐渐下降，说明炉内火已点着。

⑤当煤气中的 O_2 含量为 1% 时，打开蒸汽电动阀，用入炉蒸汽调节阀控制通入少量蒸汽，按煤种不同控制煤气中 CO_2 含量。

⑥用气化炉压力调节阀缓慢将气化炉压力提高到 0. 3 MPa。

⑦根据需要转动炉篦，进行加煤、排灰，以培养炉内火层，按照气化炉原始开车中空气点火后的步骤继续进行。

3. 交付检修（熄火、排空）的计划停车

若气化炉需长时间停车或交付检修计划停车，在常压热备炉停车完成后，继续进行以下操作：

①关闭蒸汽管线上的截止阀，打开其旁路阀。

②关闭煤锁的充压、泄压截止阀，关闭煤溜槽上的插板阀。

③向炉内通入少量的蒸汽灭火，通蒸汽 1 h 后转动炉篦排灰。

④灰锁按正常操作排灰，直至将气化炉排空。

⑤停煤气水洗涤循环泵，将废热锅炉底部煤气水通过开工管线排空。

⑥停所有的运转设备并断开其电源。

⑦向炉内通入空气置换气化炉。

⑧打开夹套放空阀及洗涤冷却器出口煤气放空阀。

⑨将停车气化炉的所有的盲板倒至盲位，与运行气化炉隔离。分析气化炉内可燃物与有毒有害气体至符合要求，气化炉交付检修。

第四节　壳牌气化炉运行与维护

Shell(壳牌)煤气化工艺(Shell Coal Gasification Process,简称SCGP),是由荷兰壳牌国际石油公司开发的一种加压气流床粉煤气化技术。该工艺属于干法进料,液态排渣气化炉。煤种适应性广、碳转化率高、设备生产能力大、生成粗煤气中有效气体($CO+H_2$)含量可达90%以上。

一、Shell 煤气化基本原理

气流床气化过程实际上是煤炭在高温下的热化学反应过程。由于在气化炉内高温条件下发生多相反应,反应过程极为复杂,可能进行的化学反应很多,在高温条件下,生成的煤气中主要含 CO、H_2、CO_2、H_2O、N_2 和少量的 H_2S、COS 及 CH_4 等。

在气化炉中进行的气化反应过程及反应方程可概括如下。

1. 粉煤的干燥及裂解与挥发物的燃烧气化

由于气流床反应温度很高,粉煤受热速度极快,可以认为煤粉中的残余水分瞬间快速蒸发,同时发生快速的热分解脱除挥发分,生成半焦和气体产物。生成的气体产物中的可燃成分(CO、H_2、CH_4、C_nH_m)在富含氧气的条件下,迅速与 O_2 发生燃烧反应,并放出大量的热,使粉煤夹带流温度急剧升高,并维持气化反应的进行。

$$C_nH_m+\left(m+\frac{n}{4}\right)O_2 \longrightarrow mCO_2+\left(\frac{n}{2}\right)H_2O$$

$$C_nH_m+\left(\frac{m}{2}\right)O_2 \longrightarrow mCO+\left(\frac{n}{2}\right)H_2$$

$$2CO+O_2 \longrightarrow 2CO_2$$

$$2H_2+O_2 \longrightarrow 2H_2O$$

$$CH_4+2O_2 \longrightarrow 2H_2O+CO_2$$

2. 固体颗粒与气化剂(氧气、水蒸气)间的反应

脱除挥发分的粉煤固体颗粒或半焦中的固定碳,在高温条件下,与气化剂进行气化反应,使氧消耗殆尽。

$$2C+O_2 \longrightarrow 2CO$$

$$C+O_2 \longrightarrow CO_2$$

炽热的半焦与水蒸气进行还原反应，生成 CO 和 H_2。

$$C+H_2O \longrightarrow CO+H_2$$

$$2C+H_2O \longrightarrow CO_2+2H_2$$

3. 生成的气体与固体颗粒间的反应

高温的半焦颗粒，除与气化剂水蒸气和氧气进行气化反应外，与反应生成气也存在气化反应。

$$C+CO_2 \longrightarrow 2CO$$

$$C+2H_2 \longrightarrow CH_4$$

煤中的硫，在高温还原性气体存在的条件下，与 H_2 和 CO 反应生成 H_2S 和 COS。

$$\left(\frac{1}{2}\right) S_2+H_2 \longrightarrow H_2S$$

$$\left(\frac{1}{2}\right) S_2+CO \longrightarrow COS$$

4. 反应生成气体彼此间进行的反应

$$CO+H_2O \longrightarrow CO_2+H_2$$

$$CO+3H_2 \longrightarrow CH_4+H_2O$$

$$CO_2+4H_2 \longrightarrow CH_4+2H_2O$$

$$2CO+2H_2 \longrightarrow CH_4+CO_2$$

$$H_2S+CO \longrightarrow COS+H_2$$

二、Shell 煤气化工艺特征

1. 粉煤进料

煤的气化反应是非均相反应，又是剧烈的热交换反应，影响煤气化反应的主要因素除气化温度外，气固间的热量传递、固体内部的热传导速率及气化剂向固体内部的扩散速率是控制气化反应的主要因素。气流床气化是气固并流，气体与固体在炉内的停留时间几乎相同，都比较短。煤粉气化的目的是想通过增大煤的比表面积来提高气化反应速度，从而提高气化炉的生产能力和碳的转化率。在固定床气化过程中，气体和固体是逆向流动，对入炉原料粒度及原料中粉煤的含量要严格控制。在流化床气化过程中，气体和固体的流动是并流和逆流共存，要保证气化炉的正常操作，对入炉原料中粉煤的含量也要求控制在一定的比例。而气流床气化入炉原料的粒度越细对气化反应越有利，可以有效地提高气化反应速率，从而提高气化炉的生产能力和碳的转化率。因此，粉煤气化通过降低入炉原料粒度来提高固体原料的比表面对气化反应就更有其特殊意义。随着采煤技术自动化程度的提高，商品煤中粉煤含量就越多，因此采用粉煤气化就显得日趋重要。

2. 高温气化

气流床煤气化反应温度比较高,气化炉内火焰中心温度一般可高达 2 000 ℃以上,出气化炉气固夹带流的温度也高达 1 400 ~ 1 700 ℃,参加反应的各种物质的高温化学活性充分显示出来,因而碳转化率特别高。高温下煤中的挥发分如焦油、氮、硫化物、氰化物也可得到充分的转化。其他组分也通过彻底的"内部燃烧"转变成煤气。因此,得到的产品煤气比较纯净,煤气洗涤污水较容易处理。对非燃料用气如合成氨或甲醇的原料气来说,甲烷是不受欢迎的,随着气化温度的升高其所产生的气体中甲烷含量显著降低,因此 Shell 煤气化特别适合于生产高含量 $CO+H_2$ 的合成气。高温气化生产合成气的显热可通过废热锅炉回收,生产蒸汽。所生产的蒸汽除自身生产应用外,还可以和其他的化工企业或发电企业联合一起利用。由于是高温气化,因此气流床气化氧气消耗量比较高。

3. 液态排渣

在气流床气化过程中,夹带大量灰分的气流,通过熔融灰分颗粒间的相互碰撞,逐渐结团、长大,从气流中得到分离或勃结在气化炉壁上,并沿炉壁向下流动,以熔融状态排出气化炉。经过高温的炉渣,大多为惰性物质,无毒、无害。由于是液态排渣,要保证气化炉的稳定操作,气化炉的操作温度一般在灰的流动温度(FT)以上,原料煤的灰熔点越高,要求气化操作温度也就越高,这样势必会造成气化氧气的消耗量增加,影响气化运行的经济性,因此,使用低灰熔点煤是有利的。对于高灰熔点煤,可以通过添加助熔剂,降低灰熔点和灰的翻度,从而提高气化的可操作性,气流床气化对煤的灰熔点要求不是十分严格。

4. 环境效益好

因为气化在高温下进行,且原料粒度很小,气化反应进行得极其充分,影响环境的副产物很少,因此干法粉煤加压气流床工艺属于"洁净煤"工艺。Shell 煤气化工艺脱硫率可达 95% 以上,并生产出纯净的硫黄副产品,产品气的含尘量低于 2 mg/m^3(标)。气化产生的熔渣和飞灰是非活性的,不会对环境造成危害。工艺废水易于净化处理和循环使用,通过简单处理可实现达标排放。生产的洁净煤气能更好地满足合成气、工业锅炉和燃气透平的要求及环保要求。

三、Shell 煤气化主要操作条件及影响因素

1. 氧煤比

氧煤比的大小是影响气化炉温度、碳的转化率、煤气中有效气体($CO+H_2$)含量高低的重要因素。随着氧煤比的增加,燃烧反应增多,放出更多的热量,气化温度提高。高的反应温度保证了煤中矿物质的充分流化,灰渣残碳降低,碳的转化率提高。但燃烧反应的增加,会使煤气中 CO_2 的含量上升,CO 的含量下降,煤气中有效气体($CO+H_2$)含量降低,煤气组成与氧煤比的关系如图 3.4.1 所示。理想的氧煤比应使氧的消耗最少,煤气中 CO_2 的含量最低,碳的转化率最高。氧煤比与消耗指标的关系如图 3.4.2 所示。

图 3.4.3 表示了氧煤比对气化过程的影响,从图 3.4.3 可见,A 点 CO_2 含量最低。氧耗

量较少，有效气体含量最高，但气化温度和碳转化率较低；*B* 点 CO_2 含量及氧耗量不太高，而碳转化率较高，是合适的运行点。所以合适的氧煤比应保证 $n(O)/n(C)$ 在 1.1 左右。

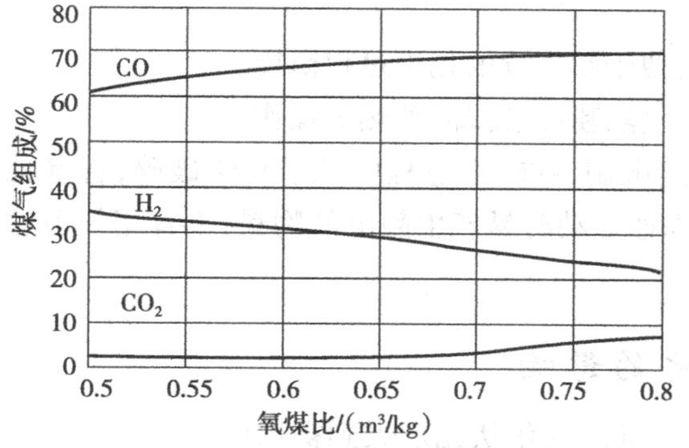

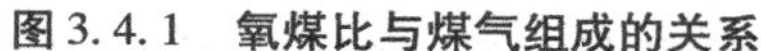
图 3.4.1　氧煤比与煤气组成的关系

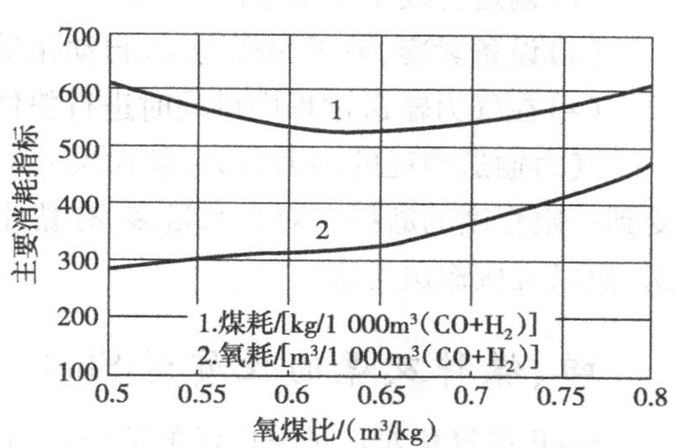

图 3.4.2　氧煤比与消耗指标的关系

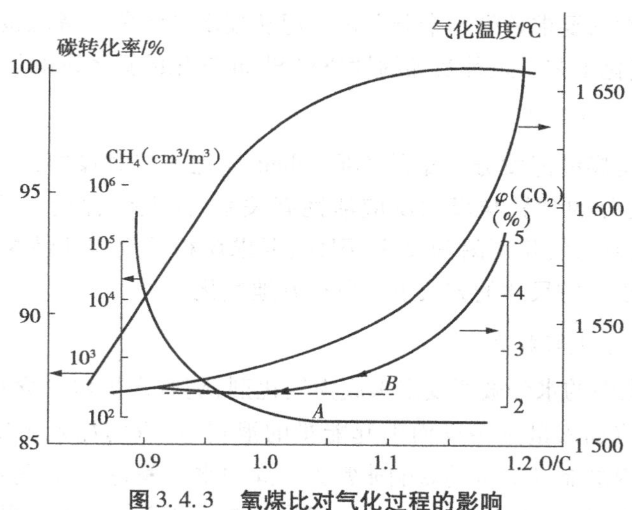

图 3.4.3　氧煤比对气化过程的影响

2. 温度

气化温度的高低是影响气化效果的重要因素。气化温度高，反应速率快，碳的转化率高，灰渣残炭降低，同时煤中的烃类分解完全，合成气中除微量的甲烷外，不含其他的烃类。但过高的气化温度会使熔渣的黏度变小，炉壁灰渣层厚度变薄。实际生产中的气化温度通过氧煤比和蒸汽氧比控制。

3. 压力

气化压力的提高，可提高气化炉的生产能力，减小设备的尺寸，节省后续的压缩功。目前 Shell 煤气化的压力一般为 3.0～5.0 MPa。

4. 气力输送

利用气体在管内的流动输送粉粒状固体的方法称为气力输送。空气是最常用的输送介质；但在输送易燃、易爆的粉料时，也可用其他惰性气体。

气力输送的主要优点如下：

(1)统密闭，可避免物料的飞扬，减少物料的损失，改善劳动条件。

(2)输送管线不受地形的限制。

(3)设备紧凑，易于实现连续、自动化操作，便于和连续的化工过程衔接。

(4)在气力输送过程中可同时进行粉体的干燥、粉碎、冷却、加热等操作。

气力输送消耗的动力较大，颗粒尺寸受一定限制，在输送过程中粒子易于破碎，管壁也受到一定程度的磨损。对含水量多、有黏性或高速运动时易产生静电的物料，不宜用气力输送，而以机械输送为宜。

四、煤种及煤的性质对 Shell 气化的影响

Shell 煤气化对煤种有广泛的适应性，它几乎可以气化从无烟煤到褐煤的各种煤。由于采用了粉煤进料和高温、加压气化，对煤的活性、黏结性、机械强度、水分、灰分、挥发分等煤的一些关键理化特性的要求显得不十分严格。但从技术经济角度考虑也并不是所有煤种均适宜于 Shell 粉煤气化工艺。煤种及煤的性质对 Shell 气化的具体影响如下。

1. 煤种对 Shell 气化的影响

煤种不同主要是煤中挥发分含量的不同，Shell 气化工艺对煤中挥发分没有特别要求。一般来说，煤中挥发分的含量与煤的反应活性有关系，挥发分含量大的煤反应活性亦高，Shell 气化炉要求煤粉与气化剂瞬间反应，因此，要求煤粉的反应活性高一点好，当然，低反应活性的煤通过减小颗粒尺寸的方法也可以很好地气化。

2. 水分对 Shell 气化的影响

Shell 气化时，煤中的水分被蒸发出来成为气化剂，随着入炉水分含量的增加，气化时甚至可不加蒸汽。蒸汽加入量过多反而引起能量的浪费，蒸汽的加入主要为调节气化温度。煤中水分高低对粉煤磨制及输送的影响非常大。煤中水分偏高，会显著增加磨煤单元能耗，导致粉煤在储存过程中形成架桥堵塞，给粉煤转储带来不便；Shell 粉煤气化工艺要求煤中水分越低越好，原则上要求不超过 10% 为宜。表 3.4.1 为入炉煤中水含量对各项气化指标的影响。

表 3.4.1 入炉煤中水含量对气化性能的影响

项目 \ 水含量/%	2	16.5	20	40
煤量/kg	1 000	1 000	1 000	1 000
耗氧量/kg	700	750	810	880
耗蒸汽量/kg	15	0	0	0
产蒸汽量/kg	1 155	1 320	1 510	1 375
气体成分/%				
CO	65.6	54.0	41.7	32.5

续表

项目 \ 水含量/%	2	16.5	20	40
CO_2	1.6	7.0	11.8	15.1
H_2	28.7	27.8	2.0	23.3
H_2O	1.7	9.0	18.6	27.3
其他	2.4	2.2	1.9	1.8
冷煤气效率/%	77.6	76.3	72.5	68.7

3. 灰分对 Shell 气化的影响

Shell 煤气化工艺的重要原理之一就是"以渣抗渣"，所谓"以渣抗渣"是指利用熔融炉渣在气化炉膜式水冷壁上形成一层动态渣层，来保护气化炉内件及耐火材料，防止其承受高温热冲击及高速合成气流的冲刷磨蚀。动态渣层还能有效维持气化炉温度，减少热损，从而对降低气化炉氧耗、煤耗，提高气化炉冷煤气效率有很大帮助。只有煤中灰分含量合适，才能在气化炉膜式水冷壁上形成良好渣层。如果煤中灰分太低，就无法在气化炉膜式水冷壁上形成保护渣层，或形成渣层太薄，达不到保护气化炉内件效果。如果煤中灰分太高，会增加 Shell 粉煤气化装置的能耗和物耗，相关设备仪表的寿命也会大大缩短。

4. 灰熔点对 Shell 气化的影响

Shell 煤气化工艺采用液态排渣，适合气化灰熔点较低的煤。灰熔点超过 1 350 ℃时，需要加助熔剂来降低煤的灰熔点。但如果煤的灰熔点过低，在 Shell 粉煤气化炉上气化时存在转化率偏低、无法挂渣等问题。

5. 煤灰黏度对 Shell 气化的影响

Shell 粉煤气化工艺要求气化炉所产炉渣的黏度必须在 25 ~ 40 Pa · s，该黏度范围内的熔渣能确保气化炉膜式水冷壁上正常挂渣，保证气化炉顺利排渣。如果炉渣黏度太高，则会导致气化炉膜式水冷壁上的液态挂渣流动速度偏慢，大量炉渣容易在气化炉出渣口处累积并形成大渣块，从而给气化炉的排渣带来麻烦。如果炉渣黏度太低，则会导致气化炉膜式水冷壁上的液态挂渣流动速度偏快，液态挂渣的厚度就会减薄，气化炉热损就会随之增加，气化炉的氧耗、煤耗也会相应增大，气化炉挂渣厚度减薄后，高速合成气流对气化炉内件的冲刷磨蚀还会加剧，严重缩短气化炉膜式水冷壁的使用寿命。

6. 煤灰黏温特性对 Shell 气化的影响

因为煤灰黏度对 Shell 气化有重要影响，所以，煤灰的黏温特性对气化炉运行也有影响。如果气化温度发生变化，煤灰黏度发生很大的变化，则会影响正常挂渣。因此，Shell 气化炉要求煤在气化温度范围内有较好的黏温特性。

7. 粉煤的粒度对 Shell 气化的影响

如果粒度偏粗的过多，在粉煤加压输送过程中，就会加剧对设备管道的冲刷磨蚀，从而缩短设备管道的使用寿命。如果粒度太粗，还会大大降低粉煤在气化炉内反应的接触表面积，导致碳转化率直线下降，相应的煤耗也会有所增加。如果粒度偏细的过多，则粉煤较易被压实并形成架桥，给粉煤输送带来困难，同时还会导致粉煤循环不稳定，进而危及煤烧嘴的安全运行。

五、Shell 煤气化主要设备

Shell 煤气化装置的核心设备是气化炉和合成气冷却器(SGC)，它们通过激冷管、输气导管和气体反向室连接在一起，成为一个整体，其整体结构简图如图 3.4.4 所示。

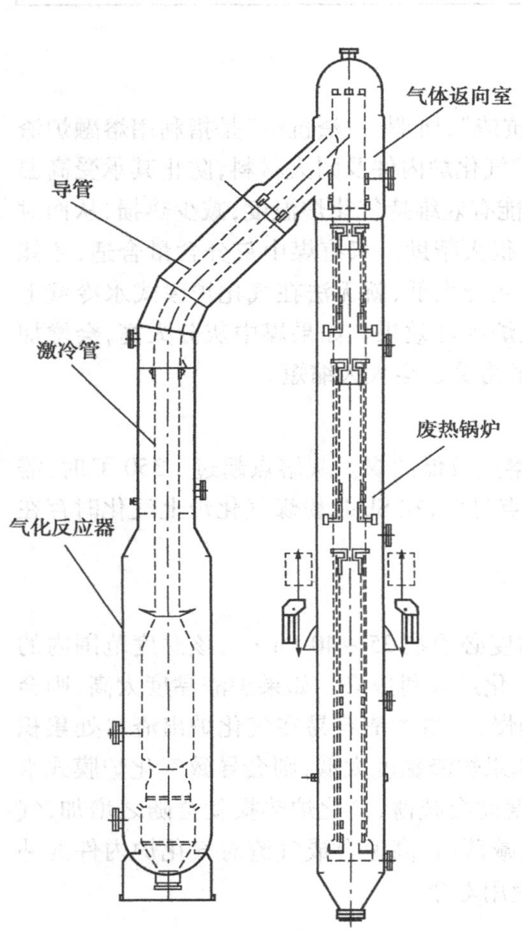

图 3.4.4　Shell 气化炉整体结构

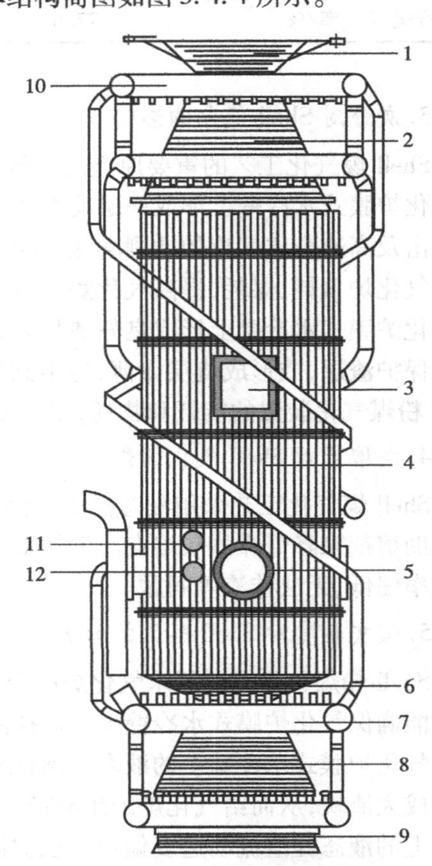

1—激冷管底部锥体；2—气化室上锥体；3—膜式壁人孔
4—膜式壁；5—煤烧嘴安装孔；6—气化室下锥体；
7—水分配环；8—渣池上锥体；9—热裙；10—水汇集环；
11—开工烧嘴安装孔；12—点火烧嘴安装孔

图 3.4.5　气化炉内件结构图

1. 气化炉

气化炉内件包括气化段、渣池、激冷段 3 部分，它们由气化段圆筒水冷壁、气化段锥顶、气化段锥底、渣池锥顶、渣池热筒壁、水分配环、渣斗、锥冷却喷嘴、吹风管、正常冷激器和高速冷激器等 14 个部件组成，如图 3.4.5 所示。

Shell 气化炉采用膜式水冷壁形式。它主要由内筒和外筒两部分构成:包括膜式水冷壁、环形空间和高压容器外壳。

膜式水冷壁由若干水冷管焊接而成,其组合示意如图 3.4.6 所示,水冷管中通有冷却水,膜式水冷壁内侧有一层用衬钉衬起的导热陶瓷耐火衬里。在气化过程中,由于膜式水冷壁的冷却作用,熔融的灰渣首先会在耐火衬里上形成一层固态渣层,称为挂渣。形成固态渣层将起到隔热作用,并保护膜式水冷壁不再会受到液体灰渣的侵蚀,如图 3.4.7 所示,这就是 Shell 气化炉"以渣抗渣"的设计思想。

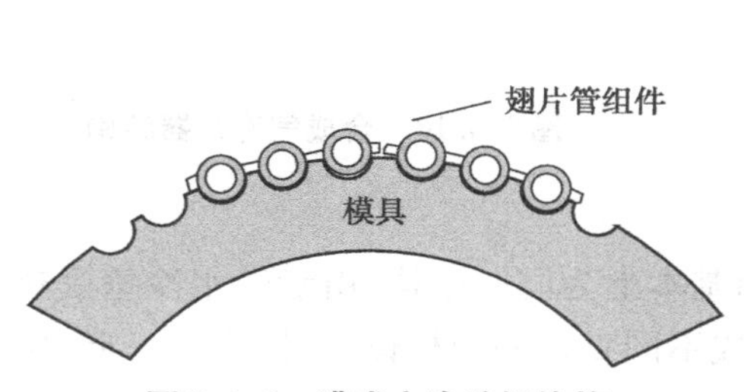

图 3.4.6　膜式水冷壁翅片管

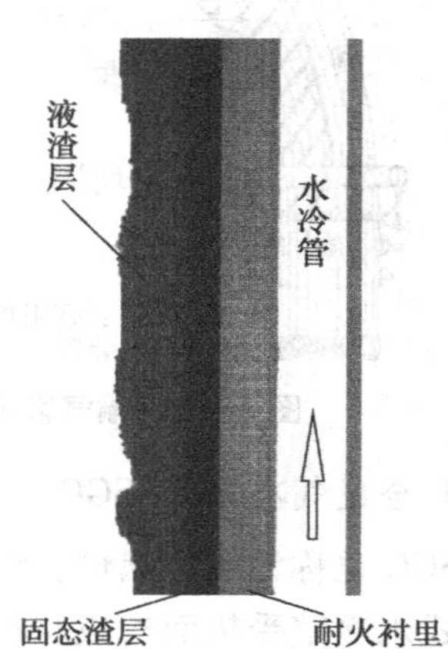

图 3.4.7　膜式水冷壁"以渣抗渣"

环形空间位于压力容器外壳和膜式水冷壁之间,主要为了容纳各种管道,也便于管线的连接安装及其以后的检修。另外,在环形空间内充有高压氮气,使膜式水冷壁内外压强差减小,避免膜式水冷壁同时受到高温高压,容器外壳起到保护内件作用,因为要承受来自环形空间高压氮气的压力,因此它是一个压力设备,一般用耐热钢制造,设计压力为 5.0 MPa,设计温度为 350 ℃。

2. 激冷管、输气管和气体反向室

激冷管、输气管和气体反向室连接气化炉和合成气冷却器。激冷管和输气管都是膜式水冷壁结构,都具有一定的热量回收作用。

如图 3.4.8 所示,激冷管在气化室上方,也为膜式水冷壁结构。它分为两个功能区:第一区为"激冷区",经冷却后的干净合成气(循环煤气),温度为 200 ℃,在这里与刚出气化炉的高温煤气(新鲜煤气)混合,使高温煤气降温;第二区为"高速冷却区",冷循环气和热新鲜气在激冷管内高速湍动,充分混合,使气流的温度降至 900 ℃以下。煤气带出的高温液态灰渣在激冷管内迅速冷却凝固回到气化室内。

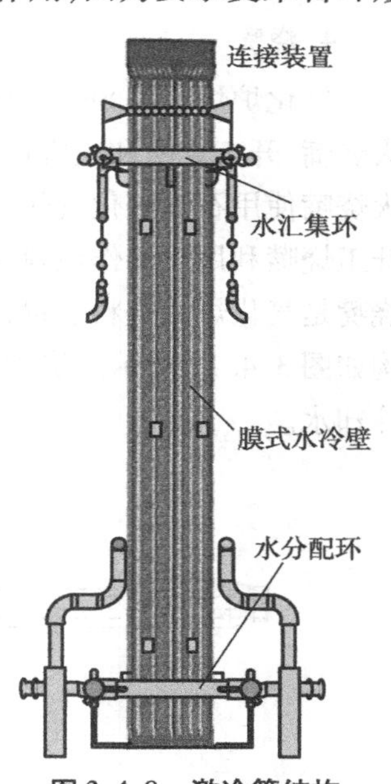

图 3.4.8　激冷管结构

煤气通过输气导管进入到气体反向室,在此被转向到合成气冷却器,反向室的顶盖被设计成带冷却的蛇形盘管结构,用循环水进行冷却。输气管结构如图 3.4.9 所示。

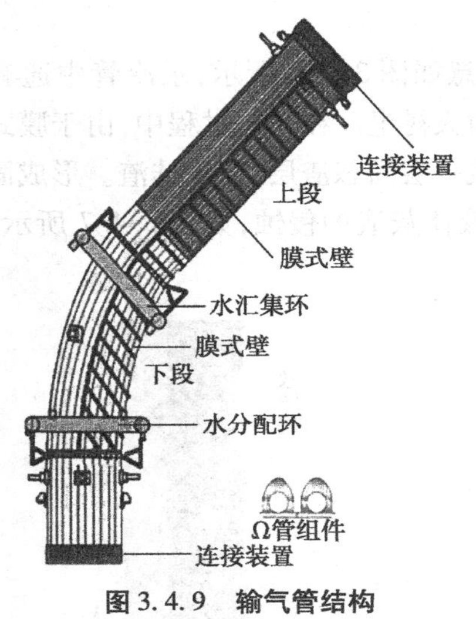

图 3.4.9　输气管结构

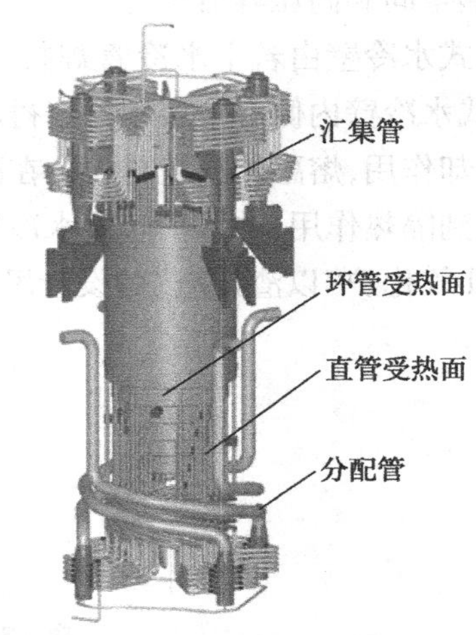

图 3.4.10　合成气冷却器结构

3. 合成气冷却器(SGC)

SGC 也称为废热锅炉。SGC 所有的受热面基本上为同一结构,由盘管水冷壁受热面和直管式水冷壁受热面构成。盘管式受热面,形成不同直径的圆柱体,并嵌套在一起,由支撑结构固定,允许每个圆柱体向下的自由膨胀。圆柱体的最外面为直管式水冷壁受热面,其直径与反向室主管的相同,一直延伸到 SGC 的整个长度,与反向室以搭接接头进行连接。SGC 从顶部往下,受热面管束包括中压过热器、中压蒸发器二段、中压蒸发器一段。其结构示意如图 3.4.10 所示。

4. 烧嘴

气化炉烧嘴是 Shell 煤气化工艺的关键设备及核心技术之一。Shell 气化炉的烧嘴有点火烧嘴、开工烧嘴和正常运行时的煤烧嘴三种。点火烧嘴和开工烧嘴仅在开车时使用。点火烧嘴使用石油液化气作燃料,空气为助燃剂,有自动点火装置,起点燃开工烧嘴的作用。开工烧嘴利用柴油作燃料,纯氧为助燃剂,起对气化炉升温和升压的作用。正常运行时的煤烧嘴是气化炉的进料装置,在气化炉侧壁对称分布,可根据气化炉的负荷调整其数量。其结构如图 3.4.11 所示。烧嘴为三通道结构,中心管走煤粉,中间环隙为氧气和水蒸气,外环通冷却水。

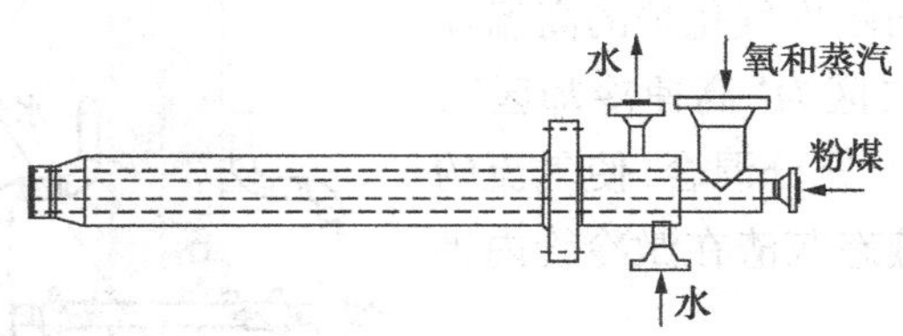

图 3.4.11　煤烧嘴结构示意图

六、Shell 煤气化工艺流程

Shell 煤气化工艺大致可分为 7 个系统,如图 3.4.12 所示,分别是:磨煤及干燥、粉煤加压进料系统、气化系统、除渣系统、干灰脱除系统、湿洗系统、酸性灰浆气提及初步水处理系统。

表 3.4.2 设备名称和编号对应表

编号	设备名称	编号	设备名称	编号	设备名称
1	碎煤仓	26	气化室	51	飞灰缓冲罐
2	石灰石仓	27	渣池	52	过滤器
3	称重给料机	28	激冷段	53	气体过滤器
4	磨煤机	29	输气管	54	文丘里洗涤器
5	热风炉	30	中压蒸汽发生器	55	洗涤塔
6	旋风分离器	31	返混室	56	洗涤水泵
7	粉煤袋式过滤器	32	合成气冷却器	57	气液分离器
8	旋转给料机	33	蒸汽过热器	58	循环气过滤器
9	螺旋输送机	34	循环水泵	59	循环气压缩机
10	循环风机	35	汽包	60	酸性灰浆气提塔进料罐
11	粉煤贮仓	36	破渣机	61	气液分离器
12	煤粉锁斗	37	渣收集器	62	倒淋收集器
13	煤粉进料罐	38	渣锁斗	63	酸性灰浆气提塔
14	煤粉仓袋滤器	39	排渣辅助泵	64	汽提塔顶冷凝器
15	粉煤收集器	40	循环水泵	65	回流罐
16	氧气预热器	41	水力旋流器	66	冷凝液泵
17	蒸汽过滤器	42	渣池水冷却器	67	板框过滤机
18	气体混合室	43	渣脱水槽	68	澄清槽
19	煤烧嘴	44	捞渣机	69	溢流槽
20	热水缓冲罐	45	皮带	70	循环水槽
21	调温水泵	46	陶瓷过滤器	71	喷射器
22	水加热器	47	灰收集器	72	火炬
23	开工烧嘴	48	灰锁斗	73	碱槽
24	点火烧嘴	49	气提塔冷却器		
25	柴油槽	50	飞灰贮仓		

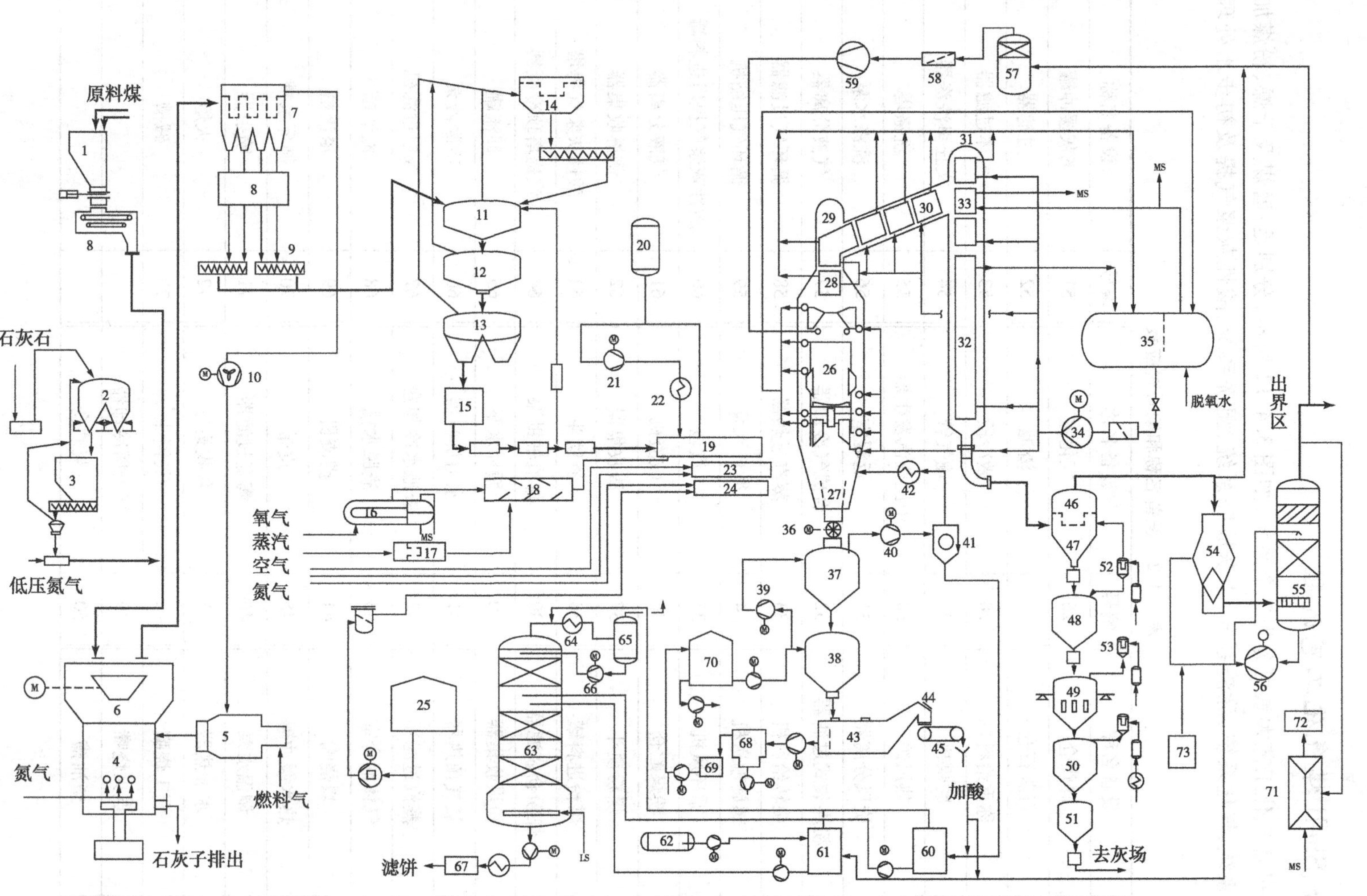

图3.4.12 Shell煤气化工艺流程

1. 磨煤及干燥系统工艺流程

原煤和石灰石用皮带从电厂送至本工段的碎煤仓和石灰石仓，再通过称重给料机计量后送至微负压的磨煤机进行碾磨，并被热风炉送过来的 190 ℃的热风所干燥。在磨机上部的旋转分离器的作用下，温度为 105 ℃、粒度为 10～90 μm 的煤粉和热气一起从磨机顶部出来，被送至粉煤袋式过滤器，在此，煤粉被收集下来，分别经旋转给料机和螺旋输送机送至粉煤贮仓。

热风流程：热气从粉煤袋式过滤器上部出来，经循环风机输送至热风炉，热风炉用合成气（开车时用柴油）作燃料，燃烧气与循环气混合后温度控制在 190 ℃，送往磨煤机，然后和煤粉一起进入粉煤袋式过滤器，如此循环。为避免整个热气循环回路中水分的聚集，根据水分分析数据自动加入污氮维持其露点为 65 ℃，如果回路压力上升，部分循环气自动放空。如果系统 O_2 含量超标，污氮就会加入。

2. 粉煤加压进料系统工艺流程

粉煤从粉煤贮仓通过重力作用进入煤粉锁斗，煤粉锁斗充满后，将其与所有的低压设备隔离，用高压氮气将其压力升至与煤进料罐平衡，再打开煤锁斗与煤进料罐之间平衡管线的连通阀，一旦煤进料罐达到低料位，打开锁斗排料阀卸料。卸料完毕后将锁斗与煤进料罐隔离，将压力分 3 次卸至接近常压，然后打开锁斗上部的进料阀，接受粉仓的煤粉，锁斗充装完毕后，再次充压，等待下一次的卸料信号。

煤进料罐内温度为 80 ℃、压力为 4.2 MPa 的煤粉在煤循环/给料程序的控制下，经过计量和调节后分别进入烧嘴。当煤粉循环时，通过减压管减压返回至粉仓。煤进料管的压力通过分程控制在与气化炉压力成比例，压力低时通过补入氮气，压力高时通过放空至粉煤仓袋滤器。

3. 气化系统工艺流程

（1）气化流程

煤进料罐出来的温度为 80 ℃、压力为 4.2 MPa 的用 N_2 输送的煤粉通过煤加速器加速，并送至气化炉煤烧嘴煤粉通道；空分送过来的温度为 50 ℃、压力为 4.0 MPa 的氧气经过氧气预热器预热至 180 ℃，与温度为 265 ℃、压力为 4.5 MPa 的自产过热蒸汽进行混合后（压力变为 3.59 MPa、温度为 189 ℃）进入气化炉嘴的氧-蒸汽通道；以上 3 种物料在气化炉内 3.5 MPa 压力、1 500～1 700 ℃温度条件下进行部分氧化反应，气化反应中产生的渣以液态的形式沿着气化炉壁到出渣口向下经喷水环喷水污水排放激冷后进入渣池。生成的以 $CO+H_2$ 为主的合成气从顶部出气化炉，在气化炉出口被激冷压缩机送过来的温度为 209 ℃、压力为 3.54 MPa 的合成气流激冷至 900 ℃以下，然后合成气分别经过锅炉系统的激冷段、输气管、返混室支管、返混室、合成气冷却器进行冷却。出合成气冷却器后温度为 330 ℃、压力为 3.46 MPa 的粗合成气被送往干法除尘系统。

脱氧水通过锅炉给水泵加压到 7.3 MPa、130 ℃，经调节后送往汽包，用锅炉强制循环水泵将水送至锅炉系统的各个部分。锅炉系统产生的温度为 270 ℃、压力为 5.4 MPa 的饱和蒸气汇入汽包。蒸汽从汽包出来后分为两路，一路被送往蒸汽过热器减压过热，变为 265

℃、4.5 MPa 送往烧嘴及其他用户；另一路径送往净化或管网。

(2)辅助装置

为防止飞灰的聚集，在激冷处和合成气冷却器第一段管束顶部用热超高压热氮进行间歇性的吹扫。为防止锅炉系统合成气通道的飞灰聚集，堵塞管道，在激冷管、返混室支管、返混室、合成气冷却器共设置了32个敲击装置。

4. 除渣系统工艺流程

高温渣流遇水后崩裂为固态颗粒，出渣池后再经破渣机将其中的渣块碾碎后送往渣收集器，进入渣锁斗。排渣辅助泵使水在渣锁斗和渣收集器之间循环，帮助收集器排堵，并把悬浮的含碳较多的细渣打回渣收集器。渣收集器的水通过泵循环到喷水环进入渣池，为渣水循环回路中细渣的聚集，降低排出渣的含碳量，用水力旋流器将一部分渣浆排走；为保证循环回路中渣水温度不超过90 ℃，分别用脱盐水预热器和渣池水冷却器将热量带走。当锁斗充装计时器走完后，关闭渣收集器到渣锁斗的排料阀，并将渣锁斗与渣收集器完全隔离。锁斗降压后将渣排入渣脱水槽，然后用捞渣机将渣捞起，用皮带送往渣场。渣锁斗排完渣后，用低压循环水冲洗5 min后将其充满水，并用高压氮气将其压力充至与渣收集器平衡，然后与渣收集器连通。为补充水力旋流器处排水造成的渣池水损失，用控制高压循环水补入渣池，在锁斗未与渣收集器连通时，用补水到渣收集器，在锁斗与渣收集器连通时，用补水到锁斗。

5. 干灰脱除系统工艺流程

(1)排灰流程

从合成气冷却器底部出来的温度为330 ℃、压力为3.46 MPa的粗合成气，通过高温高压陶瓷过滤器除去里面的飞灰。除灰后的含尘量小于1 mg/m^3 的合成气从过滤器顶部出来，分两路送出，一路送往湿洗系统进一步洗涤和冷却，另外少量的合成气送至激冷压缩机。飞灰收集在过滤器底部的灰收集器，排入灰锁斗。当积灰计时器走完或锁斗料位高时，程序将关闭灰收集器的连通阀，将灰收集器与灰锁斗完全隔离，分3次将锁斗压力降至接近常压。然后打开锁斗下料阀，将飞灰卸入气提塔冷却器进行气提和冷却。灰锁斗卸完料后，用高压氮气将其压力充至与灰收集器平衡，然后打开它们之间的压力平衡阀和灰锁斗进料阀，开始再一次的接灰。

(2)气提流程

气提塔冷却器接灰后，用低压氮气将其置换和冷却至80～250 ℃，含CO和H_2S的气提气加入燃料气(合成气)后送火炬燃烧。如果中间飞灰贮仓料位非高，程序则将打开气提塔下料阀，将飞灰排至中间飞灰贮仓。

6. 湿洗系统工艺流程

(1)合成气流程

从干法除尘系统来的温度为325 ℃、压力为3.38 MPa的合成气，进入文丘里洗涤器，用温度为158 ℃、压力为3.7 MPa洗涤水进行初步洗涤，然后进入洗涤塔，通过控制的温度为158 ℃、压力为3.7 MPa洗涤水进行最终洗涤。出洗涤塔后温度为150 ℃、压力为3.15 MPa

的合成气分成3路,一路经控制阀和切断阀送往净化车间;另外两路分别送往激冷压缩机和公用工程的燃料合成气系统。

(2)循环洗涤水流程

洗涤水通过泵在洗涤塔底部和上部之间打循环,通过控制进入洗涤塔。洗涤水补水由工艺水泵过来的高压工艺水或净化冷凝液提供,通过控制,在前进入系统;在出口处引一分支,通过控制将洗涤水送入文丘里洗涤器。为避免腐蚀性的物质、固体物质的积聚,从循环回路中连续排出部分循环水,送往酸性灰浆气提塔进料罐。为除去合成气中的 HCl、HF 等酸性气体,在文丘里洗涤器洗涤水进口处加入适量的烧碱。

7. 酸性灰浆气提及初步水处理系统工艺流程

(1)酸性灰浆气提流程

来自煤气化各工序产生的工艺废水,包括来自渣系统水力旋流器的细渣水、来自湿洗的排水、来自倒淋收集器的各种排水,收集在酸性灰浆气提塔进料罐,用泵将其输送到酸性灰浆气提塔,用0.5 MPa、159 ℃的低压蒸汽进行气提,将灰浆中的 H_2S、NH_3、CO_2 和 HCN 等酸性气体脱除,酸性气体从气提塔顶部出来,经过降温后送往回流罐,将气体里面的冷凝液收集起来,最后温度为100 ℃、压力为0.15 MPa 的酸性气体送往酸性气体火炬。回流罐中产生的冷凝液用泵输送至气提塔再次气提后送往初步水处理系统。脱除酸性气体后温度为134 ℃、压力为0.2 MPa 的灰浆从气提塔底部用泵抽出,分别经过换热器冷却至50 ℃后送往澄清槽。为避免 $CaCO_3$ 沉淀堵塞管道,在酸性灰浆气提塔进料罐和酸性灰浆气提塔中加入了适量的酸液。

(2)灰浆处理流程

来自气提塔底部的废水、渣脱水槽的细渣水、下水管的废水等在澄清槽中和添加的聚合物一起,经过搅拌器的搅拌后,分离出来的水从澄清槽上部进入溢流槽,用泵送往循环水槽、酸性灰浆气提塔进料罐及其他用户;灰浆从澄清槽底部出来,用泵送往煤泥贮罐搅拌和沉淀后,再用泵将煤泥送至真空带式过滤机,与添加的聚合物汇合在一起,用真空泵抽真空,将水分滤出,形成的煤泥滤饼用卡车送走,循环利用。过滤出来的水分用泵送往澄清槽再次循环处理。

七、Shell 气化技术特点

1. 主要优点

(1)对原料煤种的适应性较广泛,对煤的活性几乎没有要求,对煤的灰熔点范围要求也较宽。

(2)气化炉为钢制外壳,内壁为熔渣挂壁形成耐火层,不需专门的耐火砖。

(3)气化炉操作温度高,干粉煤在数秒内全部气化,可以使用褐煤、烟煤等多种煤做原料,碳转化率高达99%以上,煤气中甲烷含量低,有效气体($CO+H_2$)达90%以上,适宜作合成气。

(4)环境效益好要求,粗煤气中不含焦油、萘、酚等杂质,煤气净化及污水处理流程简单。

采用液态熔渣排放，灰渣成玻璃状固体，没有污染，易堆放。

(5)采用加压气化，设备结构紧凑，气化强度大，单炉生产能力大。操作弹性大，可以迅速改变生产负荷。

2. 主要缺点

(1)粉煤制备投资高，能耗高，且没有水煤浆制备环境好。粉煤进料不如水煤浆进料稳定，会对安全操作带来不利影响。

(2)气化炉结构复杂，制造难度大；工艺流程复杂，设备较多，使得该气化工艺前期投资和后期的运行维护成本都很高。

八、Shell 气化炉的运行

Shell 气化炉的开车

1. 预开车前的准备

①确保所有公用工程(电力，氮气，蒸汽，冷却水，锅炉给水和各种工艺水物流)都满足要求。

②原煤仓达到60%～80%的正常料位，处于等待开车状态，原煤直径小于38 mm。

③石灰石仓达到60%～80%正常料位，处于等待开车状态。

④移开所有盲板。

⑤建立气化炉、合成气冷却器的水循环系统。

⑥用氮气给气化炉蒸汽/水系统加压至正常操作压力进行泄漏检查。

⑦湿洗系统和渣系统注入工艺水。

⑧对“合成气”所经部分以氮气加压至1 MPa，然后对所有停车期间打开过的法兰进行泄漏检查。

⑨脱盐水先经过除氧器送至锅炉汽包。

⑩酸性灰浆汽提系统注入工艺(公用)水，并启动酸性灰浆汽提的循环和排放。

⑪启动渣系统、湿洗系统以及酸性灰浆汽提系统的循环和排放。

2. 加热到“热备用”状态

①启动所有的伴热并检查伴热是否在正常地工作。

②启动气化炉/合成气冷却器汽包蒸汽喷射器，并控制汽包的液位与压力。

③开启煤烧嘴冷却水循环。

④一旦气化的水/蒸汽系统被预热，接通合成气系统到火炬。

⑤用氮气加压系统到6 MPa，启动激冷气压缩机去预热激冷系统。

⑥启动“灰排放程序”，灰排放可以对灰排放系统加热。

⑦启动磨煤和干燥部分的预热。

⑧手动启动酸性灰浆汽提的蒸汽进入装置。

⑨停激冷气压缩机然后系统卸压到火炬。

此时,“热备用”状态已达到。

3. 从“热备用”状态到“正常操作”状态

(1)磨煤及干燥系统开车

①预备条件和公用工程的启动

a. 检查粉煤储罐、原料煤仓和石灰石粉仓的料位。

b. 打开所有隔离阀。

c. 以最小风量投用循环风机。

d. 检测氧含量,如果需要可向系统加入氮气来降低氧含量低于8%。

e. 预热系统,如果需要可以点惰气发生器的开工烧嘴以维持袋式过滤器的温度。

f. 投用磨煤机碾子液压或气压系统。

g. 启动旋转分离器并手动调整转数达到粒径分布的要求。

h. 启动输送螺旋和旋转给料机。

②磨煤机和给煤机的开车

只有在上述步骤完成,并且磨煤机自保系统为开车投用;一旦 N_2 发生器的主烧嘴点燃,磨煤给料机马上开车。

a. 启动密封风机。

b. 点惰气发生器的主烧嘴。

c. 启动磨盘。

d. 在最小的流量下启动重力给煤机和石灰石粉给料系统。

e. 磨煤机温度控制从预热打到干燥。

f. 启动稀释风机。

g. 逐步增加给煤量直到适当的负荷(石灰石粉自动跟随)。

h. 启动循环空气采样。

(2)粉煤加压及输送系统开车

①确认

a. 粉煤已送到粉煤储罐。

b. 氮气系统准备就绪。

c. 伴热系统已投用。

②先检查手动阀门打开,盲板倒通或卸除,通过开启开关程序将粉煤给料系统充装粉煤。

③粉煤给料罐的料位自动增长到其要求的最低高度,然后开关程序将停在“等待”位置。

④通过控制,给煤罐的压力自动给定在所要求的值。

第五节　德士古气化炉运行与维护

德士古(Texaco)水煤浆加压气化工艺简称TCGP,是由美国德士古公司开发的一种以水煤浆为进料,氧气为气化剂的加压气流床并流气化工艺,属于气流床湿法加料、液态排渣的加压气化技术。德士古气化炉结构简单,单炉生产能力大,碳转化率达96%以上,有效气(H_2+CO)成分达80%以上。我国从20世纪90年代初开始引进德士古气化技术应用于工业生产,并对其进行了大量研究工作,目前,装置国产化率已达90%以上,是较为成熟的煤气化技术。

一、德士古气化反应原理

气化反应

整个部分氧化反应是一个复杂的多种化学反应过程。大致分为三步:

(1)裂解、挥发分燃烧

当煤浆与氧气混合喷入气化炉后,煤浆中的水分迅速变为水蒸气,煤粉发生干馏及热裂解。煤粉变为煤焦,挥发分在高温下迅速完全燃烧,同时放出大量热量。

(2)燃烧、气化

煤焦一方面与剩余的氧气发生燃烧反应,生成 CO_2 和 CO 等气体,放出热量。另一方面,煤焦与水蒸气、CO_2 发生气化反应,生成 H_2 和 CO。在气相中,H_2 和 CO 与残余的 O_2 发生燃烧反应,放出更多的热量。

(3)气化

反应物中几乎不含有 O_2。主要是煤焦、甲烷等与水蒸气、CO_2 发生气化反应,生成的煤气中主要有 H_2、CO、CO_2 和水蒸气。

气化炉内进行的反应主要有:

$$C+O_2 \longrightarrow CO_2 \qquad \Delta H=-394.1\ kJ/mol$$

$$C+H_2O \longrightarrow CO+H_2 \qquad \Delta H=+135.0\ kJ/mol$$

$$C+CO_2 \longrightarrow 2CO \qquad \Delta H=+173.3\ kJ/mol$$

$$C+2H_2 \longrightarrow CH_4 \qquad \Delta H=+84.3\ kJ/mol$$

$$CO+H_2O \longrightarrow H_2+CO_2 \qquad \Delta H=+38.4\ kJ/mol$$

$$CO+3H_2 \longrightarrow CH_4+H_2O \qquad \Delta H=-219.3\ kJ/mol$$

其总反应可写为：

$$C_nH_m+\left(\frac{n}{2}\right)O_2 \longrightarrow nCO+\left(\frac{m}{2}\right)H_2$$

煤浆反应在反应系统中放热和吸热的平衡是自动调节的。且反应是在有氧参与下进行的，因此，自始至终反应是自动进行的。

二、操作条件对德士古气化的影响

1. 反应温度

气化温度是一个很重要的操作条件。水煤浆部分氧化反应系自热反应，碳与氧的燃烧反应所放出来的热量，除维持气化炉热损失外，还供给像甲烷、碳与水蒸气、CO_2 等这些吸热反应所需要的热量。从吸热反应平衡上看，提高温度有利于反应的进行，可以改善出口气中有效气体的组成，提高碳的转化率。由于其反应速度随着温度的升高而升高，提高温度有利于气化反应。

但由于气化炉操作温度不是一个独立的变数，它与氧的用量有直接关系。如提高氧的用量来提高温度，进料氧碳比发生变化，即导致氧碳比过高，CO_2 含量升高。另外，气化温度过高，将对耐火材料腐蚀加剧，影响或缩短耐火材料的寿命，甚至烧坏耐火衬里。

气化温度选择原则是在保证液态排渣的前提下，尽可能维持较低的操作温度。由于煤种不同，操作温度也不相同、工业生产中温度一般为 1 300 ~ 1 500 ℃。

2. 气化压力

提高气化压力可以增加反应物的浓度，加快反应速度；同时由于煤粒在炉内的停留时间延长，碳的转化率提高。其结果是气化炉的气化强度提高，后续工段压缩煤气的动力消耗相应减少。

气化反应是体积增大的反应，提高压力对化学平衡不利，但生产中普遍采用加压操作，其原因是：

(1)加压气化增加了反应物的浓度，加快了反应速度，提高了气化效率。

(2)加压气化有利于提高水煤浆的雾化质量。

(3)加压下气体体积缩小，在生产气量不变的条件下，可减小设备体积，缩小占地面积，使单炉产气量增大，便于实现大型化。

(4)加压气化可降低动力消耗。

德士古气化压力选择范围比较宽，工业生产中采用的压力为 3 ~ 8 MPa。

3. 水煤浆浓度

水煤浆的浓度是指煤浆中煤的质量分数，该浓度与煤炭的质量、制浆的技术密切相关。需要说明的是：水煤浆中的水分含量是指全水分，包括煤的内在水分。通常使用的煤也并不是完全干的，一般含有 5% ~8% 甚至更多的水分在内。

水煤浆浓度及性能，对气化效率、煤气质量、原料消耗、水煤浆的输送和雾化等，均有很大的影响。一般地，随着水煤浆浓度的提高，煤气中的有效气成分增加，气化效率提高，氧气的消耗量下降，如图 3.5.1 和图 3.5.2 所示。

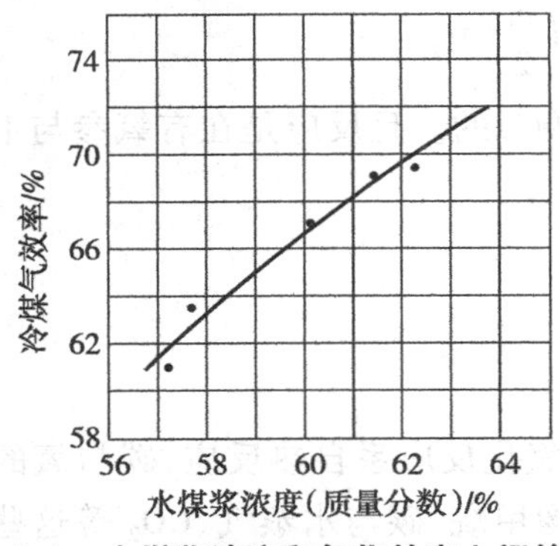

图 3.5.1　水煤浆浓度和气化效率之间的关系

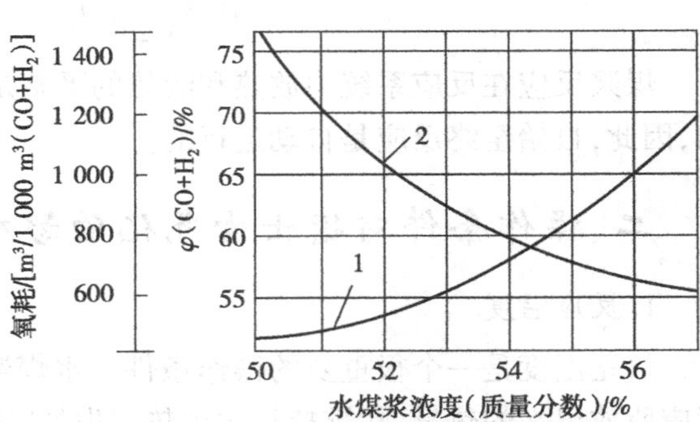

图 3.5.2　水煤浆浓度与煤气质量及氧耗的关系

水煤浆浓度必须适宜才能满足工业生产的需要，如果水煤浆的浓度过低，则随煤浆进入气化炉内的水分增多。由于水分的蒸发和被加热，要吸收较多的热量，降低了气化炉的温度。为保证气化炉的温度，就要增加氧气的耗量。随着氧气耗量的增加，煤气中（$CO+H_2$）的含量下降、气化效率就会降低。

但是，当水煤浆的浓度过高时，黏度急剧增加，流动性变差，不利于输送和雾化。同时，由于水煤浆为粗分散的悬浮体系，存在着分散固体重力作用而引起的沉降问题。因而水煤浆浓度过高时易发生分层现象。故水煤浆浓度也不能太高。水煤浆浓度选择的原则是保证不沉降，流动性好，黏度小的条件下，尽可能提高水煤浆浓度。为使煤浆易于泵送和提高其浓度，工业上采用添加表面活性剂来降低其黏度。

4. 氧煤比

在气化炉内，氧与水煤浆直接发生氧化和部分氧化反应。因此，氧煤比是气化反应非常重要的操作条件之一。随着氧煤比的增加，较多的煤与氧发生燃烧反应，放出较多热量，气化炉温度升高。同时，由于炉温高，为吸热的气化反应提供的热量多，对气化反应有利，煤气中 CO 和 H_2 含量增加，碳转化率升高。当氧碳比为 1.0 左右时，碳转化率可达到 96% 以上，冷煤气效率达到最大值。随着氧煤比的继续增加，碳转化率增加不大，而冷煤气效率降低。这是由于过量的氧气进入气化炉，导致了 CO_2 含量的增加，使有效气体成分下降，从而使得冷煤气效率降低。

随着氧碳比的增大，产气率增加，在氧碳比为 1.0 左右时，产气率达到最大，再增加，则产气率下降。

氧煤比是德士古气化法的重要指标。在其他条件不变时，氧煤比决定了气化炉的操作温度，如图 3.5.3 所示。同时，氧煤比增大，碳的转化率也增大，如图 3.5.4 所示。

虽然，氧气比例增大可以提高气化温度，有利于碳的转化，降低灰渣含碳量。但氧气过量会使二氧化碳的含量增加，从而造成煤气中的有效成分降低，气化效率下降。

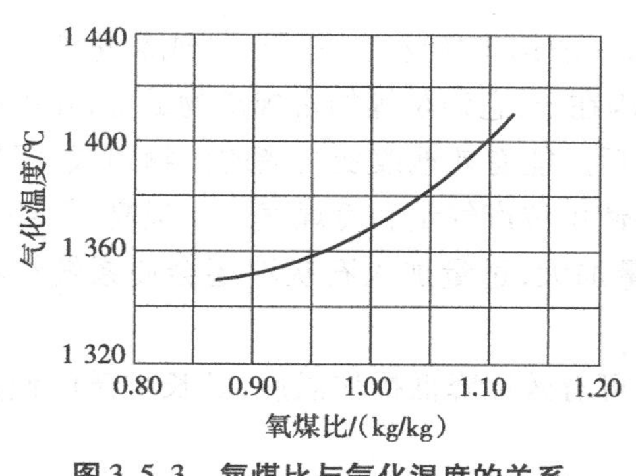

图 3.5.3　氧煤比与气化温度的关系

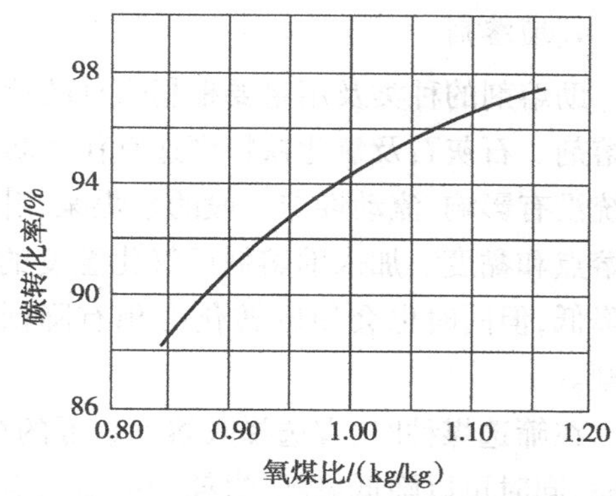

图 3.5.4　氧煤比与碳转化率的关系

三、煤种及煤质对德士古气化的影响

随着气化工艺选取的不同,其对煤品质的要求也不尽相同。高活性、高挥发分的烟煤是德士古水煤浆气化工艺的首选煤种。

1. 总水分

总水包括外水和内水。外水是煤粒表面附着的水分,来源于人为喷洒和露天放置中的雨水,通过自然风干即可失去。外水对德士古煤气化没有影响,但如果波动太大对煤浆浓度有一定影响,而且会增加运输成本,应尽量降低。

煤的内水是煤的结合水,以吸附态或化合态形式存在于煤中,煤的内水高同样会增加运输费用,但更重要的是内水是影响成浆性能的关键因素,内水分越高成浆性能越差,制备的煤浆浓度越低,对气化时的有效气体含量、氧气消耗和高负荷运行不利。

2. 挥发分及固定碳

煤化程度增加,则可挥发物减少,固定碳增加。固定碳与可挥发物之比称为燃料比,当煤化程度增加时,它也显著增加,因而成为显示煤炭分类及特性的一个参数。煤的变质程度影响着煤的反应活性,变质程度低的反应活性较高,变质程度高的反应活性较低。在水煤浆气化这种气流床的流动方式中,煤与气体接触时间很短。所以要求煤有较高的反应性能。当然,如果某种煤的反应较差,可以减小颗粒粒度来弥补。

3. 煤的灰分及灰熔点

灰分虽然不直接参加气化反应,但却要消耗煤在氧化反应中所产生的反应热,用于灰分的升温、熔化及转化。灰分含有率越高,煤的总发热量就越低,浆化特性也较差。灰分含量的增高,不仅会增加废渣的外运量,而且会增加渣对耐火砖的侵蚀和磨损,还会使运行黑水中固含量增高,加重黑水对管道、阀门、设备的磨损,也容易造成结垢堵塞现象,因此应尽量选用低灰分的煤种,以保证气化运行的经济性。

德士古气化炉是液态排渣气化炉,因此,尽可能采用低灰熔点的煤比较好,如果要气化灰熔点比较高的煤,则需要加入助熔剂。

4. 助熔剂

助熔剂的种类及用量要根据煤种的特性确定，一般选用氧化钙(石灰石)或氧化铁作为助熔剂。石灰石及氧化铁特别适宜作助熔剂的原因在于：它们是煤的常规矿物成分，几乎对系统没有影响，流动性与一般的水煤浆相同，加入后又能有效地改变熔渣的矿物组成、降低灰熔点和黏度。加入助熔剂后气化温度的降低将使单位产气量和冷煤气效率提高、氧耗明显降低，但同时也会使碳转化率稍有降低，排渣量加大，过量加入石灰石还会使系统结垢加剧。

在筛选煤种时，宜选择灰熔点较低的煤种，这可有效地降低操作温度，延长炉砖的使用寿命，同时可以降低氧耗、煤耗和助熔剂消耗。

5. 灰渣黏温特性

煤种不同，渣的黏温特性差异很大。有的煤种在一定温度变化范围内其灰渣的黏度变化不大，也即对应的气化操作温度范围宽，当操作温度偏离最佳值时，也对气化运行影响不大；有的煤种当温度稍有变化时其灰渣的黏度变化比较剧烈，操作中应予以特别注意，以防低温下渣流不畅发生堵塞。可见，熔渣黏度对温度变化不是十分敏感的煤种有利于气化操作。

水煤浆气化采用液态排渣，操作温度升高，灰渣黏度降低，有利于灰渣的流动，但灰渣黏度太低，炉砖侵蚀剥落较快。根据有些厂家的经验，当操作温度在 1 400 ℃以上每增加 20 ℃，耐火砖熔蚀速率将增加一倍。温度偏低灰渣黏度升高，渣流动不畅，容易堵塞渣口。只有在最佳黏度范围内操作才能在炉砖表面形成一定厚度的灰渣保护层，既延长了炉砖寿命又不致堵塞渣口。液态排渣炉气化最佳操作温度以灰渣的黏温特性而定，一般推荐高于煤灰熔点 30 ~ 50 ℃。

6. 粉煤的粒度

粉煤的粒度对碳的转化率有很大影响。较大的颗粒离开喷嘴后，在反应区的停留时间比小颗粒的停留时间短，而且，颗粒越大气固相的接触面积减小。这双重的影响结果是：使大颗粒煤的转化率降低，导致灰渣中的含碳量增大。另外，粉煤的粒度对煤成浆性能有着重要影响，粒度过大，则水煤浆浓度下降；否则，反之。

7. 可磨指数

一般多用哈氏可磨指数表示煤的可磨性，它是指煤样与美国一种粉碎性为 100 的标准煤进行比较而得到的相对粉碎性数值，指数越高越容易粉碎。煤的可磨指数决定于煤的岩相组成、矿质含量、矿质分布及煤的变质程度。易于破碎的煤容易制成浆，节省磨机功耗，一般要求煤种的哈氏可磨指数在 50 ~ 60 以上。

综上所述，从技术角度来看，水煤浆加压气化技术可以适用于大多数褐煤、烟煤及无烟煤的气化。但从经济运行角度来看，在筛选煤种时可将以下指标作为参照进行比较：煤种的内水以不大于 8% 为宜、灰分宜小于 13%；以灰熔点小于 1 300 ℃的煤种为佳，但灰熔点太低对气化采用废锅流程不利，易使废锅结焦或积灰；尽可能选择煤中有害物质少、可磨性好、灰渣黏温特性好的煤种；尽可能选择年限长、储量大、地质条件相对好、煤层厚的矿点，以保证供煤质量的稳定。

四、德士古气化主要设备

1. 气化炉

水煤浆加压气化炉是此项技术的核心设备。上部是燃烧室，为一中空内衬耐火材料的立式圆筒形结构；下部根据不同需要，可为激冷室或为辐射废热锅炉结构，以下重点介绍德士古激冷型加压气化炉。

激冷型德士古气化炉燃烧室和激冷室外壳是连成一体的，其结构如图 3.5.5 所示，上部燃烧室为一中空圆形筒体带拱形顶部和锥形下部的反应空间，顶部烧嘴口供设置工艺烧嘴用，下部为生成气体出口去下面的激冷室。激冷室内紧接上部气体出口设有激冷环，喷出的水沿下降管流下形成一下降水膜，这层水膜可避免由燃烧室来的高温气体中夹带的熔融渣粒附着在下降管壁上，激冷室内保持相当高的液位。夹带着大量熔融渣粒的高温气体通过时下降管直接与水溶液接触，气体得到冷却，并为水汽所饱和。熔融渣被淬冷成粒，从气体中分离出来，被收集在激冷室下部，由锁斗定期排出。饱和了水蒸气的气体进上升管到激冷室上部，经挡板除沫后由侧面气体出口管去洗涤塔，进一步冷却除尘。气体中夹带的渣粒约有 95% 从锁斗排出。

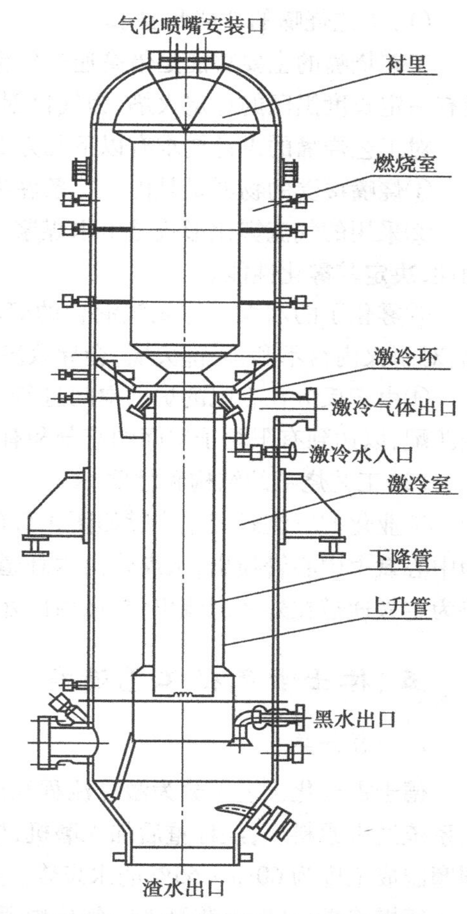

图 3.5.5 激冷型德士古气化炉结构

结构特点介绍如下：

①反应区实为一空间，无任何机械部分。只要反应物中氧的配比得当，反应瞬间即可获得合格产品。这是并流气化法的特点，也是优点。正因如此，在反应区中留存的反应物料最少。如果反应物料配比或进料顺序不得当，不是超温就是有爆炸危险。

②由于反应温度很高，炉内设有耐火衬里。

③为了调节控制反应物料的配比，在燃烧室的中下部设有测量炉内温度用的高温热电偶 4 支。

④为了及时掌握炉内衬里的损坏情况，在炉壳外表面装设表面测温系统。这种测温系统将包括拱顶在内的整个燃烧室外表面分成若干个测温区，在炉壁外表面焊上数以千计的

螺钉来固定测温导线。通过每一小块面积上的温度测量，可以迅速地指出在炉壁外表面上出现的任何一个热点温度，从而可预示炉内衬的侵蚀情况。

⑤激冷室外壳内壁采用堆焊高级不锈钢的办法来解决腐蚀问题。

气化炉气化效果的好坏取决于燃烧室形状及其与工艺烧嘴结构之间的匹配。而气化炉的寿命则与炉内衬耐火材料材质和结构形式的选择有关。

2. 工艺烧嘴（喷嘴）

工艺烧嘴和气化炉同属水煤浆加压气化装置的核心设备，二者的结构和几何尺寸属于专利。

（1）工艺烧嘴的功能和要求

工艺烧嘴的主要功能是借高速氧气流的动能将水煤浆雾化并充分混合，在炉内形成一股有一定长度黑区的稳定火焰，为气化创造条件。

对工艺烧嘴的设计要求有以下几方面。

①烧嘴接受的物料量是由工艺条件决定的，这是烧嘴设计的基本依据。

②采用的气流雾化形式是由水煤浆性质决定的。水煤浆的浓度、粒径分布和黏度即流动性，决定其雾化性能。

③雾化了的水煤浆与氧气混合的好坏，直接影响气化效果。局部过氧，会导致局部超温，对耐火内衬不利；局部欠氧，会导致炭气化不完全，增加带出物中碳的含量。

④由于反应在有限的炉内空间进行，因此炉子结构尺寸要与烧嘴的雾化角和火焰长度相匹配，以达到有限炉子空间的充分和有效的利用。

（2）工艺烧嘴的结构和材质

工业化的三流式工艺烧嘴如图 3.5.6 所示。该工艺烧嘴为三流通道，氧分为两路：一路为中心氧由中心管喷出，水煤浆由内环道流出，并与中心氧在出烧嘴口前已预先混合；另一路为主氧通道在外环道流出，在烧嘴口处与煤浆和中心氧再次混合。

五、德士古气化工艺流程

1. 流程分类

德士古气化工艺可分为激冷流程和废热锅炉流程。激冷流程如图 3.5.7 所示，从煤输送系统送来原料煤，经称重后加入磨机，根据煤的性质在磨机中加入一定量的水和添加剂共同磨制成浓度为 60% ~65% 的水煤浆。煤浆经滚筒筛筛去大颗粒后流入磨机出口槽，先后经低压煤浆泵、高压煤浆泵送入气化炉顶部烧嘴。通过烧嘴，煤浆与空分装置送来的氧气仪器混合雾化喷入气化炉，在燃烧室中发生气化反应。气化炉燃烧室排出的高温气体和熔渣下行经激冷环被水激冷后，沿下降管导入激冷室进行水浴，熔渣迅速固化，粗煤气被水饱和。出气化炉的粗煤气再经文丘里喷射器和炭黑洗涤塔用水进一步润湿洗涤，除去残余的飞灰。生成的灰渣留在水中，绝大部分迅速沉淀并通过锁渣罐系统定期排出界外。激冷室和炭黑洗涤塔排出黑水中的细灰（包括未转化的炭黑）通过灰水处理系统经沉降槽沉淀除去，澄清的灰水返回工艺系统循环使用。为了保证系统水中的离子平衡，抽出小部分水送入生化处

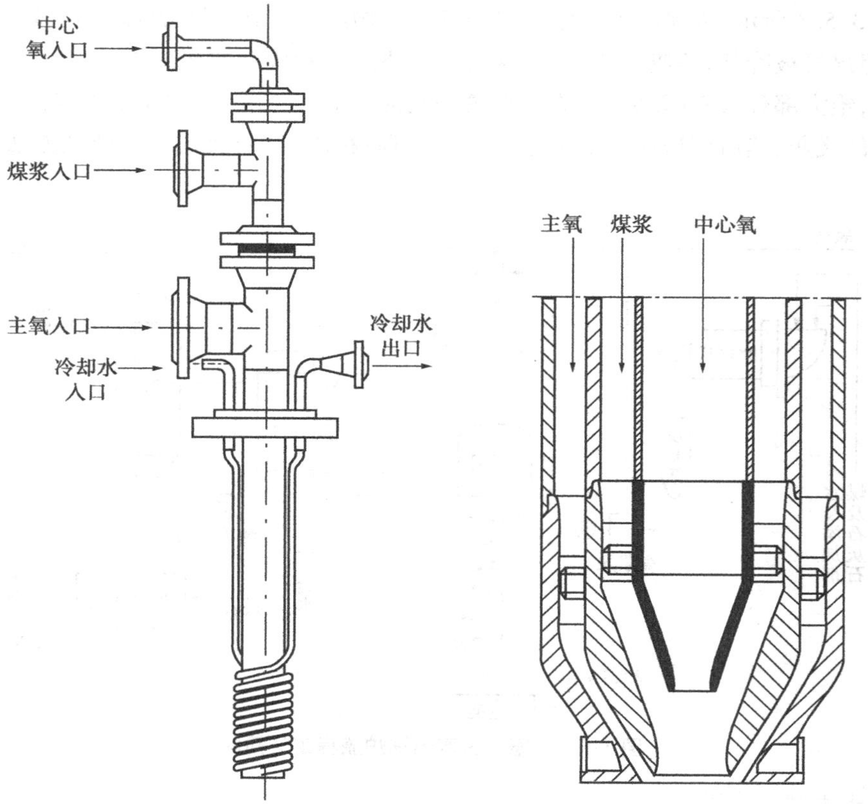

图 3.5.6　德士古气化炉三流式煤烧嘴

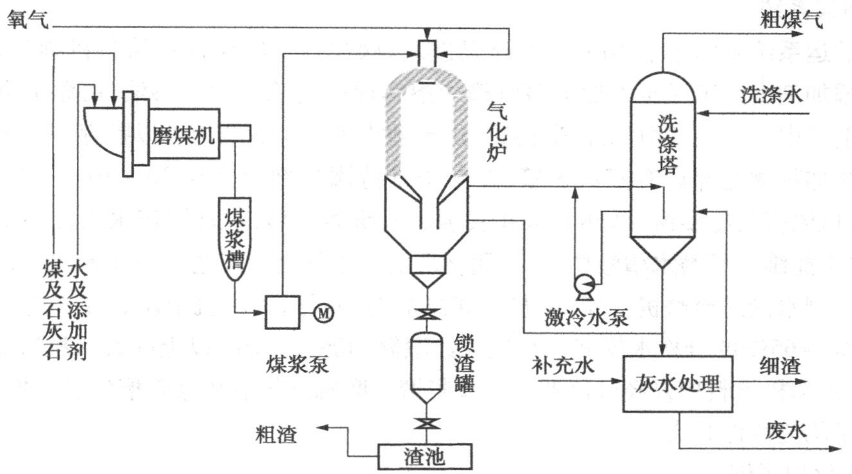

图 3.5.7　德士古激冷流程工艺简图

理装置处理排放。为保护气化喷嘴头部,设置专用循环冷却水系统。

如图 3.5.8 所示,废锅流程气化炉燃烧室排出物经过紧连其下的辐射废锅副产高压蒸汽,高温粗煤气被冷却,熔渣开始凝固;含有少量飞灰的粗煤气再经过对流废锅进一步冷却回收热量,绝大部分灰渣(95%)留在辐射废锅底部水浴中。出对流废锅的粗煤气用水洗涤,除去残余的飞灰,然后可送往下游工序进一步处理;粗渣、细灰及灰水的处理方法与激冷流程相同。

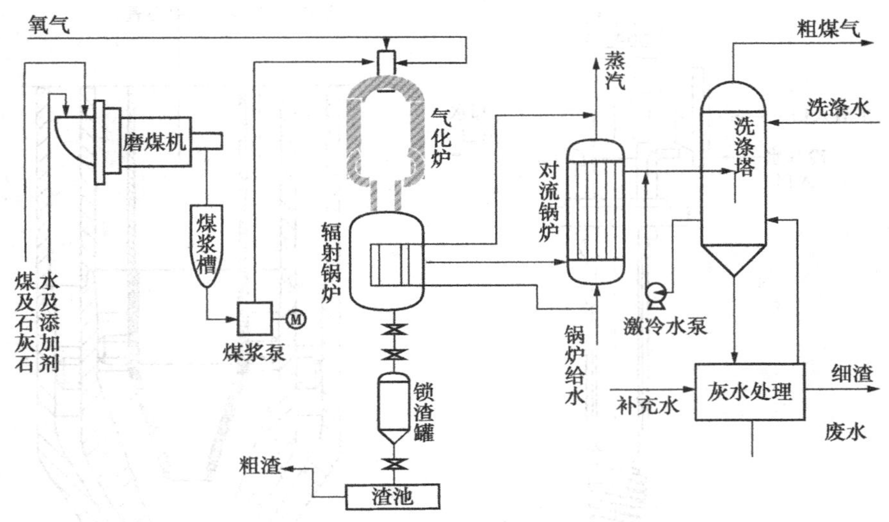

图 3.5.8 德士古废热锅炉流程工艺简图

2. 德士古激冷流程

如图 3.5.9 所示为某甲醇企业德士古水煤浆气化的工艺流程图,图中各设备编号与名称的对应关系见表 3.5.1。

(1)制浆系统

由煤贮运系统来的小于 10 mm 的碎煤进入煤贮斗后,经煤称量给料机称量送入磨机。粉末状的添加剂由人工送至添加剂溶解槽中溶解成一定浓度的水溶液,由添加剂溶解槽泵送至添加剂槽中贮存。并由添加剂计量泵送至磨机中。添加剂槽可以贮存使用若干天的添加剂。在添加剂槽底部设有蒸汽盘管,在冬季维持添加剂温度在 20 ~ 30 ℃,以防止冻结。甲醇废水、低温变换冷凝液、循环上水和灰水送入研磨水槽,正常用灰水来控制研磨水槽液位,当灰水不能维持研磨水槽液位时,才用循环上水来补充。工艺水由研磨水泵加压经磨机给水阀来控制水量送至磨机。煤、工艺水和添加剂一同送入磨机中研磨成一定粒度分布的浓度约 60% ~65% 的合格水煤浆。水煤浆经滚筒筛滤去 3 mm 以上的大颗粒后溢流至磨机出料槽中,由磨机出料槽泵经分流器送至煤浆槽。磨机出料槽和煤浆槽均设有搅拌器,使煤浆始终处于均匀悬浮状态。

(2)气化炉系统

来自煤浆槽浓度为 60% ~65% 的煤浆,由煤浆给料泵加压,投料前经煤浆循环阀循环至煤浆槽。投料后送至德士古烧嘴的内环隙。空分装置送来的纯度为 99.6% 的氧气经氧气缓冲罐控制氧气压力为6.2~6.5 MPa,在投料前打开氧气手动阀,经氧气放空阀送至氧气消音器放空。投料后由氧气经氧气切断阀由调节阀控制氧气流量送入德士古烧嘴的中心管和外环隙。水煤浆和氧气在德士古烧嘴中充分混合雾化后进入气化炉的燃烧室中,在约4.0 MPa、1 350 ℃条件下进行气化反应。

表3.5.1 德士古工艺流程设备对照表

编号	设备名称	编号	设备名称	编号	设备名称
1	煤储斗	26	开工抽引器	51	事故冷却水阀
2	称重给料机	27	文丘里洗涤器	52	锁斗收渣阀
3	磨煤机	28	激冷水泵	53	锁斗安全阀
4	添加剂溶解槽	29	洗涤塔	54	锁斗
5	添加剂槽	30	冷凝液泵	55	锁斗循环泵
6	添加剂溶解槽泵	31	背压阀	56	锁斗冲洗水罐
7	研磨水槽	32	压力平衡阀	57	低压灰水泵
8	研磨水泵	33	合成气手动控制阀	58	锁斗冲洗水冷却器
9	磨机出料槽	34	黑水排放阀	59	渣斗
10	磨机出料槽泵	35	高压闪蒸罐	60	冲洗水泵
11	分流器	36	灰水槽	61	澄清池
12	煤浆槽	37	高压灰水泵	62	废水冷却器
13	煤浆给料泵	38	洗涤塔液位控制阀	63	抓斗起重机
14	氧气缓冲罐	39	除氧器	64	减压阀
15	煤烧嘴	40	洗涤塔补水控制阀	65	灰水加热器
16	氧气手动阀	41	洗涤塔塔板下补水阀	66	高压闪蒸冷凝器
17	氧气放空阀	42	除氧器补水阀	67	高压闪蒸分离罐
18	氧气消音器	43	除氧器压力调节阀	68~71	液位调节阀
19	氧气切断阀	44	烧嘴冷却水槽	72	沉降槽
20	氧气调节阀	45	烧嘴冷却水泵	73	真空闪蒸冷凝器
21	气化炉	46	烧嘴冷却水冷却器	74	真空闪蒸分离罐
22	燃烧室	47	烧嘴冷却水进口切断阀	75	水环式真空泵
23	激冷室	48	烧嘴冷却水分离罐	76	絮凝剂槽
24	激冷水过滤器	49	消防水阀	77	混合器
25	真空闪蒸罐	50	事故冷却水槽	78	刮泥机

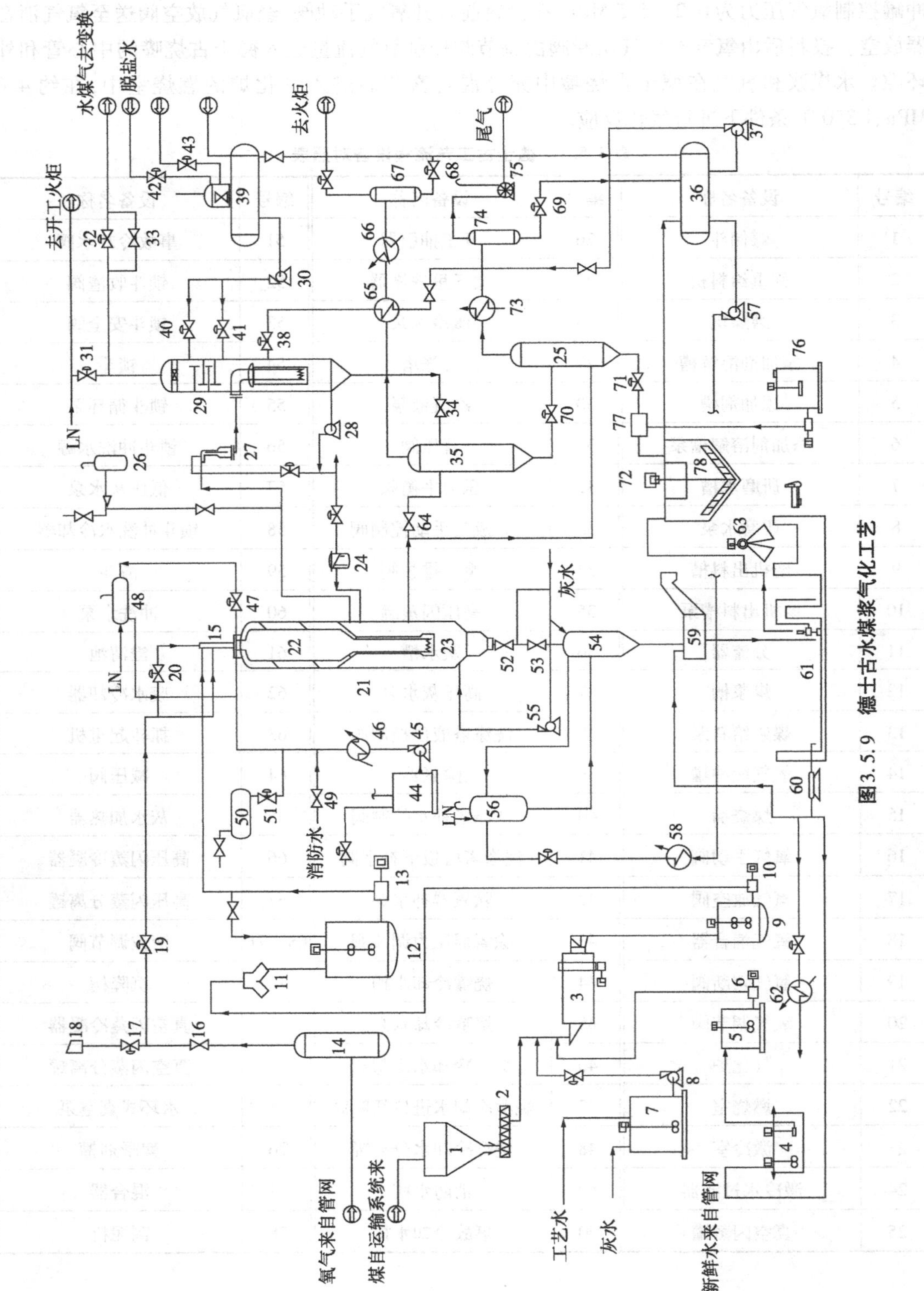

图3.5.9 德士古水煤浆气化工艺

生成以 CO 和 H_2 为有效成分的粗合成气。粗合成气和熔融态灰渣一起向下，经过均匀分布激冷水的激冷环沿下降管进入激冷室的水浴中。大部分的熔渣经冷却固化后，落入激冷室底部。粗合成气从下降管和导气管的环隙上升，出激冷室去洗涤塔。在激冷室合成气出口处设有工艺冷凝液冲洗，以防止灰渣在出口管累积堵塞。由冷凝液冲洗水调节阀控制冲洗水量为 23 m^3/h。激冷水经激冷水过滤器滤去可能堵塞激冷环的大颗粒，送入位于下降管上部的激冷环。激冷水呈螺旋状沿下降管壁流下进入激冷室。激冷室底部黑水，经黑水排放阀送入黑水处理系统，激冷室液位控制在60% ~65%。在开车期间，黑水经黑水开工排放阀排向真空闪蒸罐。气化炉配备了预热烧嘴，用于气化炉投料前的烘炉预热。在气化炉预热期间，激冷室出口气体由开工抽引器排入大气。开工抽引器底部通入低压蒸汽，通过调节预热烧嘴风门和抽引蒸汽量来控制气化炉的真空度。

(3)合成气洗涤系统

从激冷室出来饱和了水汽的合成气进入文丘里洗涤器，在这里与激冷水泵送出的黑水混合，使合成气夹带的固体颗粒完全湿润，以便在洗涤塔内能快速除去。从文丘里洗涤器出来的气液混合物进入洗涤塔，沿下降管进入塔底的水浴中。合成气向上穿过水层，大部分固体颗粒沉降到塔底部与合成气分离。上升的合成气沿下降管和导气管的环隙向上穿过四块冲击式塔板，与冷凝液泵送来的冷凝液逆向接触，洗涤掉剩余的固体颗粒。合成气在洗涤塔顶部经过丝网除沫器，除去夹带气体中的雾沫，然后离开洗涤塔进入变换工序。合成气水气比控制在 1.4 ~1.6，含尘量小于 1 mg/m^3。在洗涤塔出口管线上设有在线分析仪，分析合成气中 CH_4、O_2、CO、CO_2、H_2 的含量。

在开车期间，合成气经背压阀排放至开工火炬来控制系统压力在 3.74 MPa。火炬管线连续通入低压氮气(LN)使火炬管线保持微正压。当洗涤塔出口合成气压力温度正常后，经压力平衡阀使气化工序和变换工序压力平衡，缓慢打开合成气手动控制阀向变换工序送合成气。

洗涤塔底部黑水经黑水排放阀排入高压闪蒸罐处理。灰水槽的灰水由高压灰水泵加压后进入洗涤塔，由洗涤塔的液位控制阀控制洗涤塔的液位在60%。除氧器的冷凝液由冷凝液泵加压后经洗涤塔补水控制阀控制塔板上补水流量，另外当除氧器的液位高时，由洗涤塔塔板下补水阀来降低除氧器的液位。当除氧器的液位低时，由除氧器的补水阀来补充脱盐水(DW)，用除氧器压力调节阀控制低压蒸汽量从而控制除氧器的压力。从洗涤塔中下部抽取的灰水，由激冷水泵加压作为激冷水和文丘里洗涤器的洗涤水。

(4)烧嘴冷却水系统

德士古烧嘴在 1 300 ℃的高温下工作，为了保护烧嘴，在烧嘴上设置了冷却水盘管和头部水夹套，防止高温损坏烧嘴。脱盐水(DW)经烧嘴冷却水槽的液位控制在80%，烧嘴冷却水槽的水经烧嘴冷却水泵加压后，送至烧嘴冷却水冷却器用循环水冷却后，经烧嘴冷却水进口切断阀送入烧嘴冷却水盘管，出烧嘴冷却水盘管的冷却水经出口切断阀进入烧嘴冷却水分离罐分离掉气体后靠重力流入烧嘴冷却水槽。烧嘴冷却水分离罐通入低压氮气(LN)，作为 CO 分析的载气，由放空管排入大气。在放空管上安装 CO 监测器，通过监测 CO 含量来判断烧嘴是否被烧穿，正常 CO 含量为零。烧嘴冷却水系统设置了一套单独的联锁系统，在判断烧嘴头部水夹套和冷却水盘管泄漏的情况下，气化炉立即停车，以保护德士古烧嘴不受损坏。烧嘴冷却水泵设置了自启动功能，当出口压力低则备用泵自启动。如果备用泵启动后仍不能满足要求，则出口压力低使消防水阀打开。如果还不能满足要求，事故冷却水槽的事故阀打开向烧嘴提供烧嘴冷却水。

(5)锁斗系统

激冷室底部的渣和水，在收渣阶段经锁斗收渣阀、锁斗安全阀进入锁斗。锁斗安全阀处于常开状态，仅当由激冷室液位低引起的气化炉停车，锁斗安全阀才关闭。锁斗循环泵从锁斗顶部抽取相对洁净的水送回激冷室底部，帮助将渣冲入锁斗。锁斗循环分为泄压、清洗、排渣、充压、收渣五个阶段，由锁斗程序自动控制。循环时间一般为 30 分钟，可以根据具体情况设定。

从灰水槽来的灰水，由低压灰水泵加压后经锁斗冲洗水冷却器冷却后，送入锁斗冲洗水罐作为锁斗排渣时的冲洗水。锁斗排出的渣水排入渣斗，用冲洗水泵来的冲洗水冲入渣沟进入澄清池进行沉淀分离。经澄清、过滤后的清水由冲洗水泵大部分送至制浆、气化、渣水工序作为冲洗水，一部分送往沉降槽重复使用，多余部分经废水冷却器冷却后送入生化处理工序。粗渣经沉降分离后，由抓斗起重机抓入干渣槽分离掉水后由灰车送出界区。

(6)黑水处理系统

来自气化炉激冷室和洗涤塔的黑水分别经减压阀减压后进入高压闪蒸罐，由高压闪蒸压力调节阀控制高压闪蒸系统压力在 0.5 MPa。黑水经闪蒸后，一部分水被闪蒸为蒸汽，少量溶解在黑水中的合成气解析出来，同时黑水被浓缩，温度降低。从高压闪蒸罐顶部出来的闪蒸汽经灰水加热器与高压灰水泵送来的灰水换热冷却后，再经高压闪蒸冷凝器冷凝进入高压闪蒸分离罐，分离出的不凝气送至火炬，冷凝液经液位调节阀进入灰水槽循环使用。高压闪蒸罐底部出来的黑水经液位调节阀减压后，进入真空闪蒸罐在-0.05 MPa 下进一步闪蒸，浓缩的黑水经液位调节阀自流入沉降槽。真空闪蒸罐顶部出来的闪蒸汽经真空闪蒸冷凝器冷凝后进入真空闪蒸分离罐，冷凝液经液位调节阀进入灰水槽。循环使用，顶部出来的闪蒸汽用水环式真空泵抽取在保持真空度后排入大气，液体自流入灰水槽循环使用。真空泵的密封水由循环上水提供。从真空闪蒸罐底部自流入沉降槽的黑水，为了加速在沉降槽中的沉降速度，在流入沉降槽处加入絮凝剂。粉末状的絮凝剂加脱盐水(DW)溶解后贮存在絮凝剂槽中，由絮凝剂泵送入混合器和黑水充分混合后进入沉降槽。沉降槽沉降下来的细渣由刮泥机刮入底部排至渣池，上部的澄清水溢流到灰水槽循环使用。

六、德士古气化技术特点

1. 德士古气化技术的主要优点

(1)可用于气化的原料范围比较宽。几乎从褐煤到无烟煤的大部分煤种都可采用该项技术进行气化，还可气化石油焦、煤液化残渣、半焦、沥青等原料，1987 年以后又开发了气化可燃垃圾、可燃废料(如废轮胎)的技术。

(2)水煤浆进料与干粉进料比较，具有安全并容易控制的特点。

(3)工艺技术成熟、流程简单,过程控制安全可靠。设备布置紧凑,运转率高。气化炉内结构设计简单,炉内没有机械传动装置。操作性能好,可靠程度高。

(4)操作弹性大,气化过程碳转化率比较高。碳转化率一般可达96%以上,负荷调整范围为50%~105%。

(5)粗煤气质量好,用途广。由于采用高纯氧气进行部分氧化反应,粗煤气中有效成分($CO+H_2$)可达80%左右,除含少量甲烷外不含其他烃类、酚类和焦油等物质,粗煤气后续过程无须特殊处理而可采用传统气体净化技术。产生的粗煤气可用于生产合成氨、甲醇、羰基化学品、醋酸、醋酐及其他相关化学品,还可用于供应城市煤气,也可用于联合循环发电装置。

(6)可供选择的气化压力范围宽。气化压力可根据工艺需要进行选择,目前商业化装置的操作压力等级在2.6~6.5 MPa,中试装置的操作压力最高已达8.5 MPa,这为满足多种下游工艺气体的压力需求提供了基础。6.5 MPa高压气化为等压合成其他碳类化工产品如甲醇、醋酸等提供了条件,既节省了中间压缩工序,也降低了能耗。

(7)单台气化炉的投煤量选择范围大。根据气化压力等级及炉径的不同,单炉投煤量一般在400~1 000 t/d(干煤),但在美国Tampa气化装置最大气化能力达2 200 t/d(干煤)。

(8)气化过程污染少,环保性能好。高温、高压气化产生的废水所含有害物极少,少量废水经简单生化处理后可直接排放;排出的粗、细渣既可作水泥掺料或建筑材料的原料,也可深埋于地下,对环境没有其他污染。

2.德士古气化技术的缺点

(1)炉内耐火砖冲刷侵蚀严重,选用的高铬耐火砖寿命为1~2年,更换耐火砖费用大,增加了生产运行成本。

(2)喷嘴使用周期短,一般使用60~90天就需要更换或修复,停炉更换喷嘴对生产连续运行或高负荷运行有影响,一般需要有备用炉,这增加了建设投资。

(3)考虑到喷嘴的雾化性能及气化反应过程对炉砖的损害,气化炉不适宜长时间在低负荷下运行,经济负荷应在70%以上。

(4)水煤浆含水量太高,使冷煤气效率和煤气中的有效气体成分($CO+H_2$)偏低,氧耗、煤耗均比干法气流床气化高一些。

(5)对管道及设备的材料选择要求严格,一次性工程投资比较高。

总之,水煤浆气化技术在一定条件下有其明显的优势,当前仍是被广泛采用的新一代先进煤气化技术之一。

七、德士古气化炉的运行

(一)原始开车

1.公用工程辅助设施具备的条件

(1)开车前,检查公用工程辅助设施正常,即:

①新鲜水、循环水已正常供水,压力满足要求。

②中压蒸汽、低压蒸汽管网供应正常。

③仪表空气、工厂空气管网压力满足要求。

④密封水已正常供水，压力满足要求。

⑤氮气管网、高压氮气压力满足要求。

(2)注意观察公用工程物料的温度、压力是否发生变化。

(3)随时检查设备用冷却水、密封水是否有堵塞现象。

2. 本装置具备的条件

①装置气化部分及灰水处理部分相应的公用工程已具备使用条件。

②所有设备及管道已完成吹扫(冲洗)及试压工作。

③所有施工设备及杂物已清除。

④所有临时盲板已拆除，所有正式盲板已倒好。

⑤其他与气化装置开车有关的运行装置已接到气化装置即将开车的有关通知。

⑥所有控制仪表已安装就位，调校合格。所有调节阀及止逆阀已按标示流向正确安装就位，其阀门动作已确认无误。锁斗系统及气化炉安全联锁系统以及所有气体报警装置已经调试合格，均已好用。

⑦磨机及制浆设备调试运转正常，具备投用条件。

⑧添加剂槽已充满添加剂，系统具备投用条件。

⑨制浆系统已制备好合格料浆，料浆贮槽已贮有至少可供单台气化炉 8 小时运行所需的料浆。

⑩锁斗系统、破渣机及渣池设备(渣池泵、捞渣机等)已经系统调试，运转正常。

⑪制浆设备及料浆泵相应由供货厂商提供的润滑系统均已投用。

⑫所有安全阀在装置开车前均已安装调试合格。

3. 装置正常开车程序

(1)确认下列设备已建立相应液位：制浆水槽、气化炉激冷室、洗涤塔、烧嘴冷却水槽、事故烧嘴冷却水槽、烧嘴冷却水气体分离器、锁斗、锁斗冲洗水罐、渣池、溢流水封、气液分离器、高温热水器、高压闪蒸分离器、低温热水器、真空闪蒸器、真空闪蒸分离器、真空泵出口分离器、澄清槽、灰水槽、脱氧水槽。

(2)气化炉升温步骤：

接通原水经黑水过滤器直入气化炉激冷室的激冷水供给通道或者接通原水经除氧水泵通过洗涤塔、灰水循环泵及黑水过滤器进入气化炉激冷室的通道。气化炉激冷室建立起相应液位后，打开去往气化炉溢流水封的手动截止阀。通入溢流水封的预热激冷水溢流排入渣池。渣池液位上涨至正常液位后，启动渣池泵，将渣池中的水送往澄清槽。澄清槽充满后，灰水从澄清槽上部溢流排入灰水槽。这部分水可用以向洗涤塔供水。系统水循环建立后，灰水槽中的水溢流排入地沟。灰水系统/洗涤塔系统投用。

通过原水建立起系统水循环后，可着手准备进行预热烧嘴点火。按照供货厂商的有关要求进行气化炉升温，维持最少 8 h 的恒温“蓄热”时间，保证耐火材料能够均匀完全蓄热。

（3）按照以下步骤启动锁斗系统：

①灰水槽的灰水通过灰水泵向锁斗冲洗水罐送水，控制锁斗冲洗水罐的液位，锁斗冲洗水罐投入使用。

②灰水通过灰水泵再经锁斗冲洗水罐送入锁斗。

③锁斗充好水后，启动锁斗循环泵，按要求建立锁斗循环水量。

④启动破渣机。锁斗系统可在气化装置投料后操作中保持连续运行。至此，建立起锁斗循环系统。

（4）投用烧嘴冷却水系统，并对烧嘴冷却水系统进行相应试验，步骤如下：

①用脱盐水给烧嘴冷却水槽及相应管道充水。

②打开排气口用临时高压软管连通烧嘴冷却水管与烧嘴冷却水进出口接管。

③接通烧嘴冷却水换热器所用的循环冷却水进出口阀。

④启动烧嘴冷却水泵，建立烧嘴冷却水循环系统。

⑤进行烧嘴冷却水备用泵的自行启动试验。确认运行烧嘴冷却水泵故障情况下，备用烧嘴冷却水泵可自行启动，提供烧嘴冷却水。

⑥进行事故烧嘴冷却水补水试验。设定两台烧嘴冷却水泵均出现故障情况下，事故烧嘴冷却水槽可自行向系统补入事故烧嘴冷却水。

⑦确认烧嘴冷却水系统所有有关仪表均工作正常。

（5）按照以下步骤建立料浆给料系统：

①料浆贮槽中贮有一定量的满足工艺要求的合格料浆。

②气化炉安全联锁系统复位。

③启动已标定好的高压料浆泵，建立经料浆循环阀返回料浆贮槽的料浆循环。

（6）按照以下步骤，建立气化炉投料前的有关激冷水循环系统：

①准备将激冷室排水通过激冷室液位调节阀切往渣池。

②启动经除氧水泵供给激冷水通道，同时，关闭原水供水阀。这时，由除氧水泵向系统提供全部激冷水。

③接入灰水循环泵，由洗涤塔经灰水循环泵及黑水过滤器向激冷室供水。缓缓打开洗涤塔液位调节阀，建立相应洗涤塔正常操作液位。

注意：缓缓打开洗涤塔液位调节阀，同时，应注意激冷器供水量的变化。不能使激冷器供水量低于最小供水量。

④建立好洗涤塔正常操作液位后，启动灰水循环泵，控制通过黑水过滤器的激冷水流量。稳定洗涤塔液位，同时关闭旁路经过洗涤塔的激冷水直入激冷器截止阀。

⑤投用气化炉激冷室液位调节阀（角阀）、气液分离器液位、压力调节阀（角阀），关闭通往气化炉溢流水封管线上的截止阀。通往气化炉溢流水封管线上的盲板倒至“盲”。

⑥至此，建立起气化炉投料前的有关激冷水循环系统。进行激冷水循环系统切换期间，一定要注意确保激冷器供水不中断。

(7)更换烧嘴：

①停止向预热烧嘴送入燃料，减小开工抽引器蒸汽通入量，使得抽入气化炉的空气量相应减少。系统要维持一定负压，防止换烧嘴时炉内高温气体上窜，造成人员伤害。

②卸下预热烧嘴，立即装入工艺烧嘴。烧嘴冷却水进出口接管由高压软管切至正常操作条件下使用的正式接管。

③停止向开工抽引器送入抽引蒸汽。

④出气化炉粗合成气通往开工抽引器管线上加装盲板。

(8)打开连通烧嘴管线上的相应手动截止阀：

①导通接入氧气管道的中压氮管线。

②打开氧气管线及料浆管线上入烧嘴的截止阀。

③用中压氮对烧嘴氧气通道及气化炉进行系统氮置换，从出洗涤塔粗合成气管线进行取样分析，氧含量低于2%视为氮置换合格。关闭氮置换充氮阀，相应加装隔离盲板。

④氧气管线充高压氮。

⑤对料浆管线进行蒸汽吹扫。

⑥调节料浆循环流量至正常操作流量的50%。

(9)从空分装置引氧气至气化炉烧嘴平台，通过氧气放空阀放空，通过氧气流量调节阀调整流量。

①将激冷室液位提至正常操作液位(高于下降管下沿)。

②将系统背压调节器设置手动状态，背压调节阀处于全开位置，准备进行气化炉投料。

③从空分装置引入氧气，从氧气放空消音器放空。通过氧气流量调节阀控制氧气流量。确认气化炉投料氧气流量及报警指示值(气化炉投料氧气流量为正常操作条件的50%)。

(10)建立气化炉投料条件下的激冷水循环系统：

将气化炉激冷室排水由排往渣池切至经压力调节阀至真空闪蒸槽。气化炉投料前，迅即将激冷室排水由排往渣池切至真空闪蒸槽。通向渣池的排水管线上相应加装隔离盲板。

(11)所有人员撤离气化炉框架。

(12)气化炉投料：

①按下料浆控制键，正式送料浆进入气化炉。(气化炉投料时要求的最低炉温为1 000 ℃。如果气化炉投料前炉温降至1 000 ℃以下，气化炉投料会对气化炉耐火材料造成过度“热震击”，出现投料不成功的情况。)

②中控室操作人员要监视气化炉投料时相应料浆阀阀位的变化情况，确认料浆截止阀及料浆循环阀相应于规定时限完成其行程动作。

③确认料浆进入气化炉后，随着氧气进入气化炉，气化炉内发生燃烧反应，炉温迅速升高，开工火炬放空量增大，激冷室液位突然下降，气化炉压力突然升高。

④调整入炉氧气流量，稳定气化炉炉温。

⑤控制文丘里管进水流量，设定正常操作条件50%的流量值。随着气化炉负荷的提高，相应增加喷入水量。

⑥提高粗合成气背压调节阀设定值，气化炉提压至1.0 MPa(G)，然后投自动。现场检查系统泄漏情况，重点为炉顶烧嘴法兰。

⑦投用甲烷及粗合成气组分在线分析仪。

⑧投用相应气化炉差压指示仪表。

(13)建立气化炉正常运行条件下的灰水循环系统，对气化炉投料期间的激冷水供水系统进行相应处理。

接通脱氧水槽经除氧水泵及灰水加热器至洗涤塔的灰水循环通道。脱氧水槽建立相应液位后，启动除氧水泵经灰水加热器向洗涤塔送入灰水。

(14)启动真空泵，投用真空闪蒸系统。

(15)建立气化炉正常运行条件下的黑水循环系统，对气化炉投料期间的气化炉排水系统进行相应处理。

①接通激冷室、洗涤塔经高温热水器、低温热水器、真空闪蒸器及澄清槽进料泵至澄清槽的黑水循环通道。关闭气化炉投料期间激冷室通向真空闪蒸槽排水管线上的截止阀。至此，建立起正常操作条件下的黑水循环系统，对投料期间激冷室排水管线进行相应处理。冲洗通向真空闪蒸槽的排水管线。

②投用真空带式过滤机(M1401A/B)。启动过滤机给料泵(P1409A/B)，相应投用过滤机系统。滤液返回至澄清槽(V1405)。

(16)调整系统有关水量，系统压力提至正常操作值。

逐步提高系统粗合成气背压调节器设定值，将系统粗合成气压力提至正常操作值。粗合成气流量保持正常操作流量的50%。

(17)冲洗料浆循环管线。

(18)下游变换冷凝液回收后，送入洗涤塔上部塔盘以及有关的槽罐作为系统补充水。

(19)至此，完成气化炉有关开车步骤。系统在50%负荷条件下运行稳定后，逐步提高料浆及氧气量，将系统负荷提至100%。

(二)正常操作

为了优化多元料浆气化工艺装置的操作运行，应遵循以下正常操作程序，对运行工况进行相应调整。

(1)逐步提高装置负荷，先提高入炉料浆量，再增加入炉氧气量。每次负荷增加幅度应尽可能小，以保持炉温相对稳定。

注意：增加装置负荷，先提高入炉料浆量，再增加入炉氧气量。降低装置负荷，先减少入炉氧气量，再相应降低入炉料浆量。这样可最大限度地减小由于氧气/料浆比例变化幅度较大，而导致出现炉温突升的情况。

(2)气化炉负荷提至要求负荷后，调整入炉氧气流量，使氧气/料浆比例及炉膛温度达到“设计基础”中相应正常操作条件下的数值。

(3)调整磨机负荷，制得的合格料浆量要适应入炉料浆量的需要。

(4)操作人员要对捞渣机捞渣情况进行检查,确认气化炉排渣正常。

(5)往下游工序送气之前,要对粗合成气进行取样分析,确保粗合成气夹带飞灰量在允许范围之内。如果粗合成气夹带飞灰量超标,应加大通入文丘里管及洗涤塔的洗涤水量。

(6)要对系统有关黑水、灰水物流进行取样分析,确认黑水/灰水系统相应物流固含量及pH值在允许范围之内。

(7)要经常进行料浆取样分析,确认制得料浆的粒度分布及料浆浓度与“设计基础”中相应正常操作条件下的数值相一致。

(8)要对澄清槽排出物进行取样分析,确认细渣在澄清槽底部的沉积情况。

(三)正常停车

针对一套气化系列100%负荷运行的情形,装置正常停车程序如下:

(1)通知空分装置及有关下游工艺装置操作人员,气化装置准备停车,以便其做好相应准备。

(2)氧气自动控制切换至手动控制。

(3)将装置负荷降至最低稳定负荷。该负荷为正常操作条件的50%。

(4)将气化炉粗合成气系统背压调节器设定值略高于洗涤塔操作压力(此时背压调节阀处于关闭状态)投自动。提高入炉氧气流量,将炉温提至高于正常操作温度50~100 ℃,保持30 min,以便熔掉炉壁挂渣。

(5)缓缓降低气化炉粗合成气系统背压调节器设定值至略低于洗涤塔操作压力,出洗涤塔粗合成气开始排往开工火炬系统。停止向洗涤塔(T1301A)塔盘上加入工艺冷凝液。逐步关闭出洗涤塔粗合成气主阀,减少通往下游工序的粗合成气量。

(6)待粗合成气全部切往开工火炬系统后,中控室手动关闭通往下游工序的粗合成气电动调节阀。

(7)按下停车按钮,随即关闭粗合成气通往开工火炬的背压调节阀,系统保压。

(8)将氧气流量调节器打手动,将阀位调至关闭状态。

(9)气化炉停车按钮按下后,氧气及料浆截止阀立即自动关闭,高压氮开始对连接烧嘴的氧气管道及料浆管道进行置换,并在两道氧气截止阀间建立氮封缓冲区(气化炉停车时,氧气管道氮置换比料浆管道氮置换较先进行,以免烧嘴氧气通道中进入料浆)。

(10)粗合成气洗涤系统水温降低后,降低系统背压调节器设定值,开始进行洗涤塔及气化炉系统卸压。

(11)系统卸压至1.0 MPa以下后,将出激冷室黑水从气化炉正常运行条件下通往气化高温热水器切至真空闪蒸槽。

(12)系统压力卸至低于1.0 MPa,停文丘里管进水。

(13)激冷室排水温度低于93 ℃后,将激冷室排水从排往真空闪蒸槽切至经溢流水封排往渣池。接通旁路原水经黑水过滤器直入气化炉激冷室的激冷水通道或经洗涤塔、灰水循环泵及黑水过滤器进入气化炉激冷室的激冷水通道。

(14)洗涤塔及气化炉系统压力卸至常压。

(15)关闭氧气、料浆炉前阀及粗合成气管线上的自动截止阀。导通接入氧气管道的中压氮管线,对气化炉、激冷室及洗涤塔进行系统氮置换。

(16)倒通开工抽引器盲板,启动开工抽引器系统,建立相应系统负压。

(17)将烧嘴冷却水进出口接管切至烧嘴冷却水软管。小心拆卸烧嘴,对烧嘴及耐火衬里状况进行检查。拆卸烧嘴及检查炉内耐火衬里时,应采取相应防护措施(有关人员要佩戴防火面罩、防火服及耐热手套)。卸下的烧嘴必须进行彻底的清理检查,方可再次使用。气化炉下次投料,应使用经过清理的烧嘴。

(18)如果需要保持炉温以便进行下一步操作,装入预热烧嘴,进行点火升温。

小资料

多喷嘴对置式水煤浆气化技术

兖矿集团有限公司与华东理工大学在煤气化、多联产关键技术的研究中,成功开发出具有自主知识产权的新型多喷嘴对置式水煤浆气化技术,打破了国外跨国公司对水煤浆气化技术的垄断,为我国能源和煤化工市场提供了新的具有自主知识产权的技术。

来自磨机的水煤浆经两个隔膜泵加压,与来自空分装置的高纯度氧气一起通过4个对称布置在气化炉中上部同一水平面上的工艺喷嘴,对喷进入气化炉燃烧室,每个隔膜泵分别给轴线上相对的两个喷嘴供料。四喷嘴在同一水平面上向气化炉中心对喷撞击后,雾化后的水煤浆与氧气的混合更充分。在高温高压下,喷入气化炉燃烧室的水煤浆与氧气进行部分氧化反应,生成以CO、H_2为有效成分的粗煤气。

相对于德士古气化炉,四喷嘴气化炉火焰在炉内上部燃烧,气体在炉内停留时间延长,二次反应充分,有效气体含量明显提高。在4个喷嘴中,当1个喷嘴因煤浆泵或管线堵塞等原因造成煤浆流量低而过氧时,其他喷嘴可及时缓解这种危险,赢得处理时机。在一定条件下,当一对喷嘴或管线出现故障时,另一对喷嘴可在短时间内继续运行,维持生产;待故障喷嘴或管线问题解决后,可继续投入运行。

第六节　其他气化技术简介

一、循环流化床煤气化技术(CFB)

1. 循环流态化技术

循环流态化是指以介于鼓泡床和输送床典型流速之间的流体速度使流、固两相并流向上的流动过程,过程中固体颗粒内的流动速度明显低于流体速度,致使流、固相间具有的滑动速度最大。这种伴有固体颗粒循环高速流动的流、固相接触体系具有最大的接触效率,并能获得较高的传热和传质速度。这对某些工艺过程能顺利、有效地进行极为重要。循环流化床反应器应用于煤的燃烧或气化工艺,由于煤粒在系统内不断循环,提高了气、固相接触效率,使煤燃烧或气化反应快捷而又完全,同时也满足了反应温度均匀的要求,解决了煤的黏结问题。常压循环流化床气化技术正是这种高效、无气泡的气、固相接触技术的体现,它既有流化床内部形成的内循环,又有被气流夹带出床层的物料又返回床层的外循环,系统内物料具有多重循环,从而使气化反应进行得更为完全,碳转化率更高;整个反应系统温度均匀,大大降低了产品气中焦油含量,有利于环保。又由于该技术具有对原料适应范围广、操作灵活、装置设备简单等优点,近些年来受到有关方面的关注,是一项适合我国中小型合成氨厂技术改造和小城镇煤气化事业发展的较为理想的技术。鲁奇公司经过多年的研究终于成功开发常压循环流化床气化技术。

2. CFB 循环流化床反应器及工艺

如图 3.6.1 所示,循环流化床主要由上升管(即反应器)、气固分离器、回料管和返料机构等几大部分组成。吹入炉内空气流携带颗粒物充满整个燃烧空间,高温的燃烧气体携带着颗粒物升到炉顶进入旋风分离器。粒子被旋转的气流分离沉降至炉底入口,再循环进入主燃烧室。

3. 循环流化床气化技术基本特点

(1)原料范围广泛,可处理各种煤(包括各种褐煤、高灰分和黏结性煤)、焦炭、废木料、废橡胶、生物体和垃圾等,只要含碳量大于10%的各类含碳固体均可作为原料。原料需破碎到一定程度,但不似德士古等气化方法要求原料煤粉有一定粒度分布组成,所以原料处理比

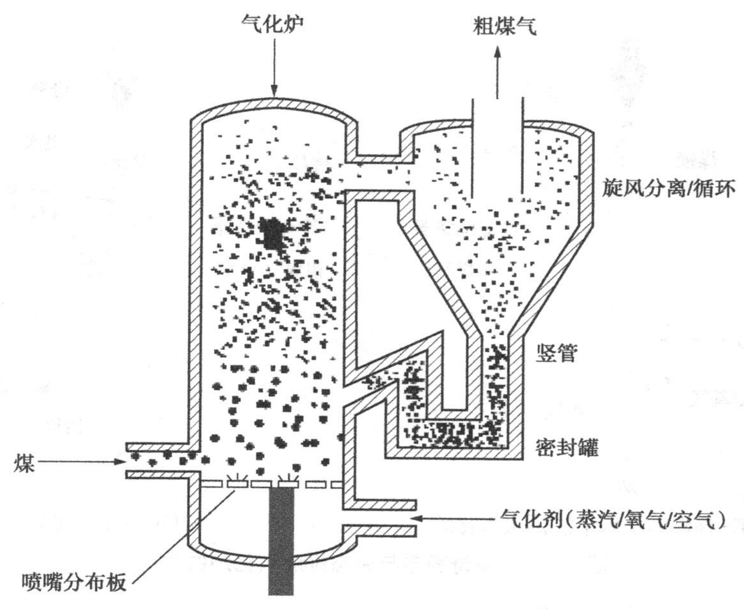

图 3.6.1　CFB 循环流化床气化炉

较简单。

(2)循环流化床气化法,整个反应器系统温度均匀,原料进炉后立即开始反应,且物料可多次循环,碳转化率高,一般可达 96%,炉底灰含碳量小于 3%。又因气化炉内温度均匀,出口气体温度也达 950 ℃,产品气中基本不含焦油,高级烃类含量也远低于固定层法。

(3)常压或低压操作,而且是固体加料、排料,故系统结构简单,操作方便、易行、灵活。对整个系统设备的要求比加压法低,所以造价较低,也易国产化。

(4)气化温度较液态排渣的德士古和 BGL 气化法为低,对气化炉内衬材料质量要求相对要低些,气化炉造价较低。

二、BGL 煤气化技术

BGL 熔渣气化技术是由英国天然气公司和德国鲁奇公司开发出来的新一代先进的煤气化技术。BGL 块煤/碎煤熔渣气化技术结合了熔渣气化和移动床加压气化技术的优点并克服了二者的不足,具有显著优势。

1. BGL 熔渣气化技术优点

(1)综合优势强

结合了熔渣气化技术高气化率、高气化强度的优点和移动床加压气化技术氧耗低和炉体结构廉价的优点。克服了熔渣气化技术能耗高、建设成本高的缺点和移动床加压气化技术气化强度低、蒸汽消耗大、利用率低以及大量的气化污水造成净化成本高的缺点。具有建设投资少、周期短、生产率高、运行成本低、维护成本低的综合优势,图 3.6.2 为传统鲁奇炉和 BGL 气化炉的对比。

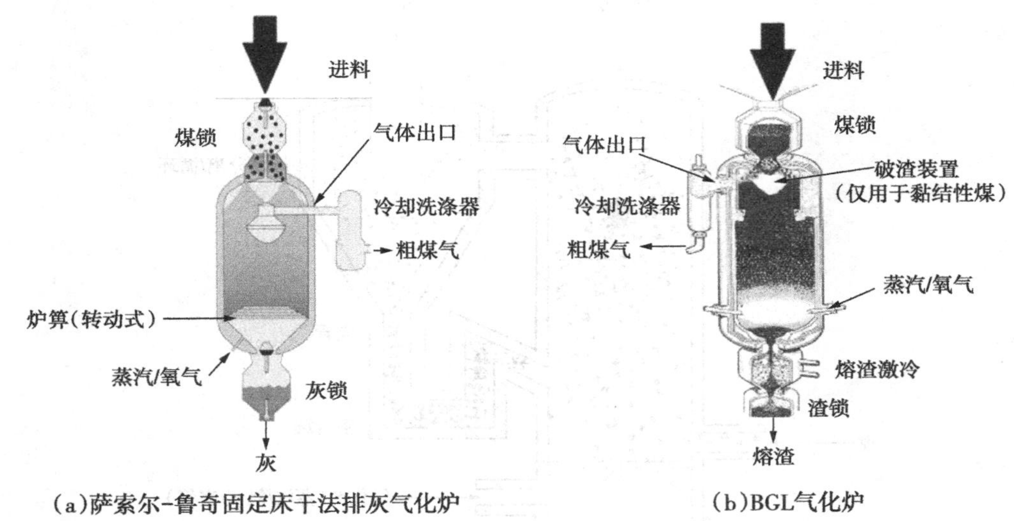

(a)萨索尔-鲁奇固定床干法排灰气化炉　　(b)BGL气化炉

图 3.6.2　鲁奇固态与液态排渣气化炉的对比

(2)效气(H_2+CO)产气率高

无烟煤和优质烟煤气化有效气 88% ~90%;褐煤气化有效气大于 84%。

(3)强度高

BGL 块(碎)煤熔渣气化炉内壁加入耐火砖衬,形成水夹套保护层,在炉下部沿周向装置了一组喷嘴,将混合氧气/水蒸气高压喷入炉内,形成炉内局部高温(2 000 ℃左右)燃烧区,气化区温度在 1 400 ~1 600 ℃,较大幅度提高了气化率和气化强度。喷入炉内的水蒸气绝大部分参与气化,蒸汽分解率超过 90%,蒸汽使用量大幅度减少,与传统鲁奇炉相比有明显优势。

(4)氧耗低

由于兼具现代高温熔渣气化和移动床的逆流气化的整体流程原理,提高了气化热效率,使气化过程的氧耗较其他熔渣气化技术的氧耗大幅度降低,显著节省了对空分等设备的投资。

(5)废热回收成本低

粗气的出口温度仅为 300 ~550 ℃,提高了气化过程的热效率,节省了氧气消耗,大幅度降低了废热回收的需求和设备成本。

(6)设备制造、运输、安装成本低

由于 BGL 气化技术的设计特点,炉内靠近炉壁处温度和粗气出口处温度较低,气化炉炉体和附属设备可采用常规压力容器钢材,在中国就近加工制造,大幅度降低了制造、运输和安装的成本,大大缩短了建设周期。

(7)煤种的选择范围宽

可气化石油焦、无烟煤、烟煤、次烟煤、褐煤,以及这些煤种的混合投料;对高灰熔点煤种,仅需添加石灰石助熔剂。

(8)煤种的适用性强

对操作过程中煤质的变化不敏感,可以在线切换不同气化原料。

(9)操作弹性大、开停车迅速

负荷范围从50%到110%,运行稳定,可以以每分钟5%速度增加负荷,以每分钟20%速度降低负荷,对改变煤质反应良好。

(10)资源利用率高,不带来污染

99.5%以上的碳转化为气体后,煤中剩余的矿物质在高温下熔化,经循环水激冷形成无渗滤性的玻璃质固体碎渣粒由炉底部排出。排出的熔渣无污染,可作为副产品在建筑和筑路中使用,或安全地回填或深埋。

气化废水主要来自投料煤经炉内干燥后排出的冷凝蒸汽,水量小,有机含量的浓度高,有利于在较低生产成本下分离处理,回收的苯酚作为副产品具有较高商业价值。在采用恰当的深度水处理技术后,可使净化后的水质达到中国河流的一级排放标准要求,或全部回收作为工艺或冷却用水循环使用。

(11)与其他国外气化技术技术相比优势大

BGL熔渣气化技术的冷煤气效率高(大于89%)、碳转化率高(大于99.5%)、热效率高、氧耗低、系统运行可靠性高、维护费用低。

2. BGL熔渣气化原料要求

(1)气化原料要求

BGL气化工艺要求投入气化炉内的碎块煤在干燥和干馏阶段保持一定的颗粒度和热稳定性,从而控制气化区料层的正常工作状态、炉内气流运动的均匀和流畅,降低粉尘的带出量。此外,要求投料煤的水分不超过20%。

BGL熔渣气化技术在气化投料煤的选择上有以下要求,气化用煤以尺寸在6~60 mm的块/碎煤(粉煤量10%左右)为主直接投入气化炉。

(2)粉煤和褐煤解决方案

大量粉煤的解决方案:粉煤可制成型煤(无黏结剂冲压型煤或采用沥青挤压制成的型煤)。特别是对高含水、易破碎的劣质褐煤,可通过制型煤,成为高效气化的原料。位于德国的黑水泵厂利用发电厂废热蒸汽将含水量在55%~60%的褐煤粉碎、干燥和冲压(无黏结剂)后制成含水量为12%~18%的块状型煤,实现高效气化。

三、西门子(GSP)气化技术

西门子(GSP)气化技术是采用干粉进料、纯氧气化、液态排渣、粗合成气激冷工艺流程的气流床气化技术。如图3.6.3所示,该流程包括干粉煤的加压计量输送系统(即输煤系统)、气化与激冷、气体除尘冷却(即气体净化系统)、黑水处理等单元。通过此工艺,可以把价格低廉、直接燃烧污染较大的煤、石油焦、垃圾等原料转化为清洁的、高附加值的合成气,即一氧化碳与氢气,这是生产化工产品基本原料,可以用于生产化工产品如甲醇、合成氨、合成油,还可以用于发电或直接用于城市煤气,合成天然气使用。

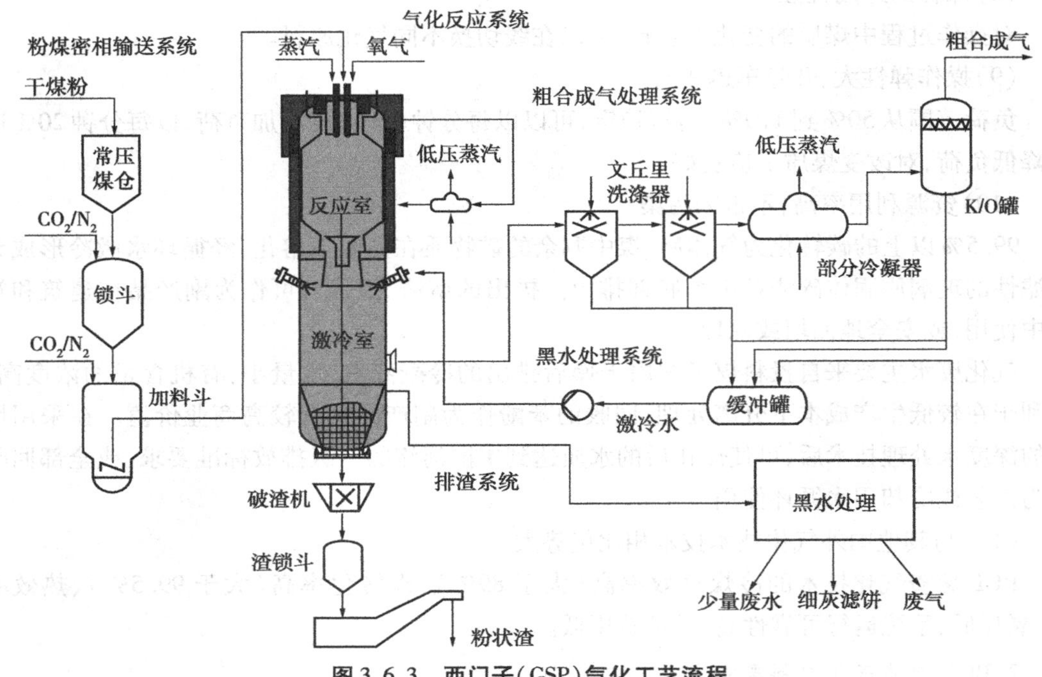

图 3.6.3　西门子(GSP)气化工艺流程

经研磨的干燥煤粉由低压氮气送到煤的加压和投料系统。此系统包括储仓、锁斗和密相流化床加料斗。依据下游产品的不同,系统用的加压气与载气可以选用氮气或二氧化碳。粉煤流量通过入炉煤粉管线上的流量计测量。

载气输送过来的加压干煤粉、氧气及少量蒸汽(对不同的煤种有不同的要求)通过组合喷嘴进入到气化炉中。气化炉包括耐热低合金钢制成的水冷壁的气化室和激冷室。

西门子(GSP)气化炉的操作压力为 2.5 ~4.0 MPa。

根据煤粉的灰熔特性,气化操作温度控制在 1 350 ~1 750 ℃。高温气体与液态渣一起离开气化室向下流动直接进入激冷室,被喷射的高压激冷水冷却,液态渣在激冷室底部水浴中成为颗粒状,定期从排渣锁斗中排入渣池,并通过捞渣机装车运出。

从激冷室出来的达到饱和的粗合成气输送到下游的合成气净化单元。

气体除尘冷却系统包括两级文丘里洗涤器、一级部分冷凝器和洗涤塔。净化后的合成气含尘量设计值小于 1 mg/Nm^3,输送到下游。如图 3.6.4 所示。

系统产生的黑水经减压后送入两级闪蒸罐去除黑水中的气体成分,闪蒸罐内的黑水则送入沉降槽,加入少量絮凝剂以加速灰水中细渣的絮凝沉降。沉降槽下部沉降物经压滤机滤出并压制成渣饼装车外送。沉降槽上部的灰水与滤液一起送回激冷室作激冷水使用,为控制水中总盐的含量,需将少量污水送界区外的全厂污水处理系统,并在系统中补充新鲜的软化水。

西门子(GSP)气化技术特点如下:

“两高两低”,即高煤种适应性,高技术指标;低投资,低维护费用。

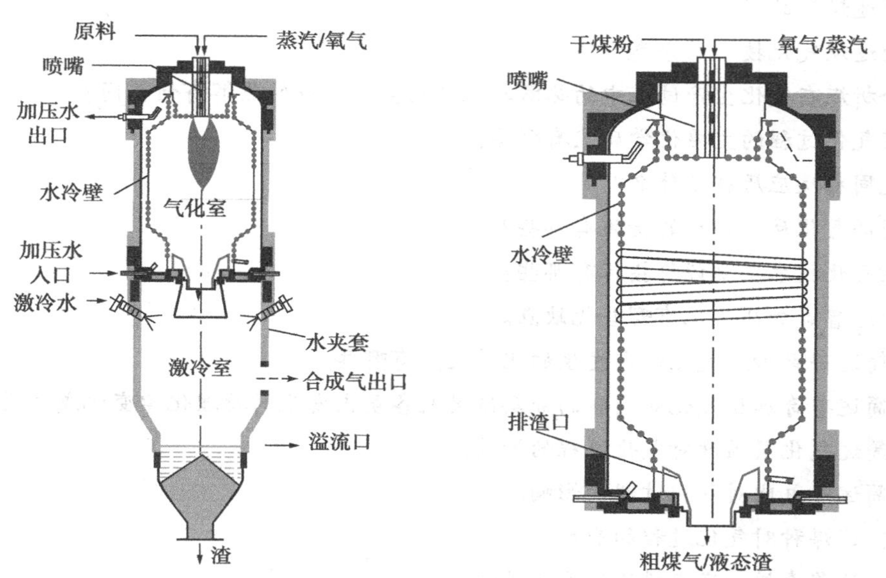

图 3.6.4 GSP 气化与冷却系统

(1)高煤种适应性

从褐煤到无烟煤乃至石油焦均可使用。粉煤进料,不受成浆性影响。对于灰份与灰熔点没有特殊要求。

(2)高技术指标

气化温度高,一般在 1 350 ~ 1 750 ℃。碳转化率最高可达 99%,煤气中甲烷含量极少,不含重烃,合成气中有效气成分即 $CO+H_2$ 很高,冷煤气效率高达 80% 以上。

(3)低投资

针对不同规模的项目,开发不同规格的气化炉。设备规格相比同类技术尺寸小,设备成本、建设成本及运输成本低。

(4)低维护费用

工艺流程紧凑;设备寿命长,采用水冷壁结构的气化炉,无耐火砖,预计使用寿命大于 25 年;使用组合式喷嘴(点火喷嘴与生产喷嘴合二为一),主体预计寿命在 10 年以上。开、停车操作方便,且时间短(从冷态达到满负荷仅需 1 ~ 2 h)。

秉承西门子集团节能环保的要求,通过西门子(GSP)气化技术气化,无有害气体排放;污水中不含酚、氰等有害物;炉渣不含可溶性有害物,可作建材原料;系统水循环利用,实现了能源的清洁、高效利用。

思考题及习题

1. 什么是煤气化?

2. 简述煤气的用途。
3. 简述煤气化技术的分类方法。
4. 分析煤在气化生产过程中的热解与在焦化生产过程的热解有何异同?
5. 煤气化过程的主要化学反应有哪些?
6. 气固相反应历程是什么?
7. 提高气化反应强度的措施有哪些?
8. 煤气化技术主要评价指标有哪些?
9. 简述鲁奇加压气化有哪些优缺点。
10. 简述鲁奇加压气化炉内发生的化学反应有哪些。
11. 简述鲁奇加压气化炉内煤的分层情况及各层内发生的物理化学变化或作用。
12. 简述气化层温度对气化过程的影响。
13. 简述气氧比对气化过程的影响。
14. 简述煤种对气化过程的影响。
15. 简述鲁奇炉加煤与排渣的主要过程。
16. 简述鲁奇炉炉体的主要结构特点。
17. Shell 煤气化技术有哪些特点?
18. 简述 Shell 煤气化炉内煤与气化剂反应的主要过程。
19. 简述氧煤比、汽氧比、温度、压力对 Shell 煤气化煤气组成的影响。
20. 简述 Shell 煤气化装置的核心设备主要由哪几部分构成,各部分的作用是什么。
21. 简述气化炉水冷壁上的灰渣的作用。
22. 简述 Shell 煤气化工艺主要由哪几部分组成。
23. Shell 煤气化工艺磨煤与干燥系统的主要任务是什么? 主要包括哪些关键设备?
24. Shell 煤气化粉煤加压输送系统的主要任务是什么? 主要包括哪些关键设备?
25. Shell 煤气化排渣系统的主要任务是什么? 主要包括哪些关键设备?
26. Shell 煤气化干灰脱除系统的主要任务是什么? 主要包括哪些关键设备?
27. Shell 煤气化湿灰脱除系统的主要任务是什么? 主要包括哪些关键设备?
28. 德士古水煤浆气化有哪些特点?
29. 煤浆浓度的主要影响因素有哪些? 过高或过低有什么影响?
30. 简述氧煤比、汽气比、气化温度、气化压力对德士古气化过程的影响。
31. 简述煤种对德士古气化过程的影响。
32. 德士古气化的流程有哪些? 各有什么特点?
33. 简述德士古激冷流程主要包括哪些部分。
34. 简述德士古气化炉的主要结构特点。
35. 简述德士古气化炉烧嘴的主要特点。
36. 什么是循环流态化?

37. 简述循环流化床气化工艺(CFB)的特点。

38. 简述 BGL 气化炉的特点。

39. 试比较 BGL 气化炉与鲁奇加压气化炉的异同。

40. 简述 GSP 煤气化装置包括哪些部分。

41. 简述 GSP 煤气化技术的特点。

第四章

煤气净化技术

知识目标

- 了解煤气除尘技术分类；
- 掌握袋式除尘器的工作原理，袋式除尘器构造及特点；
- 掌握静电除尘器的工作原理，静电除尘器构造及特点；
- 掌握旋风除尘器的工作原理，旋风除尘器构造及特点；
- 掌握湿法除尘装置的工作原理，湿法除尘装置构造及特点。

能力目标

- 能根据生产任务选择除尘设备；
- 能进行袋式除尘器的运行与维护；
- 能进行静电除尘器的运行与维护；
- 能进行旋风除尘器的运行与维护；
- 能进行湿法除尘装置的运行与维护；
- 能初步分析煤气除尘过程中出现的问题并提出解决措施。

第一节　除尘技术概论

无论用何种方法制得的煤气，煤气中都会含有杂质。这些杂质大致分为两类：

一类是固体颗粒杂质：主要是煤灰；

另一类是化学物质：硫化物、卤化物、砷化物、酚、氨、煤焦油、氰化物等。

这些物质进入管道中，会导致管道堵塞、设备腐蚀、催化剂中毒、环境被污染等一系列问题。因此，在煤气出气化炉后应立即对煤气进行净化处理，以减少煤气中的杂质对后续生产及环境带来的危害。

一、除尘技术的分类

煤气除尘就是从煤气中除去固体颗粒物。化工生产中所用的除尘设备有 4 类：机械力除尘、静电除尘、过滤除尘和洗涤除尘。

1. 机械力除尘

机械力除尘器依靠机械力将尘粒从气流中除去，其结构简单，设备费和运行费均较低，但除尘效率不高。依据其作用力的不同，机械力除尘器又分为重力沉降除尘器、惯性力除尘器和旋风除尘器。

(1)重力沉降除尘器

重力沉降除尘器是利用粉尘与气体的比重不同的原理，使扬尘靠本身的重力从气体中自然沉降下来的净化设备，通常称为沉降室或降生室。它是一种结构简单、体积大、阻力小、易维护、效率低的比较原始的净化设备，只能用于粗净化。

(2)惯性除尘器

惯性除尘器也叫惰性除尘器。它的原理是利用粉尘与气体在运动中惯性力的不同，将粉尘从气体中分离出来。一般都是在含尘气流的前方设置某种形式的障碍物，使气流的方向急剧改变。此时粉尘由于惯性力比气体大得多，尘粒便脱离气流而被分离出来，得到净化的气体在急剧改变方向后排出。这种除尘器结构简单，阻力较小，多用于多段净化时的第一段，与其他净化设备配合使用。

(3)旋风除尘器

旋风除尘器是利用含尘气流做旋转运动时所产生的对尘粒的离心力,将尘粒从气流中分离出来,具有结构紧凑、简单,造价低,维护方便,除尘效率较高、操作管理简便等优点,是工业中应用最为广泛的一种除尘设备。

2. 静电除尘

静电除尘是利用静电场使气体电离从而使尘粒带电吸附到电极上的收尘方法。静电除尘器净化效率高、阻力损失小、允许操作温度高、处理气体范围量大,但是,静电除尘器设备比较复杂,投资高,要求设备调运和安装以及维护管理水平高,而且对粉尘比电阻有一定要求。所以,静电除尘对粉尘有一定的选择性,不能使所有粉尘都获得很高的净化效率。

3. 过滤除尘

过滤除尘是使含尘气流通过过滤材料而将粉尘分离捕集。依据过滤介质不同又可分为颗粒层过滤器和袋式过滤器。颗粒层过滤器是把松散多孔的填料装在框架内作为过滤层,尘粒在过滤层内部被捕集;袋式过滤使用纤维织物作为滤料介质,通过过滤介质的表面捕集尘粒。

4. 洗涤除尘

湿法洗涤器是在除尘设备内将水通过喷嘴喷成雾状,当含尘烟气通过雾状空间时,尘粒与液滴之间发生碰撞、拦截、凝聚、静电吸引等作用,尘粒随液滴降落下来。湿法洗涤器既可用于除去气体中颗粒物,又可同时脱除气体中的有害化学组分,所以用途十分广泛。但它只能用来处理温度不高的气体,排出的废液或泥浆尚需二次处理,否则会形成二次污染。

二、除尘技术比较

各类除尘器的比较见表4.1.1。

表4.1.1 除尘方法与设备

分类	机械力除尘			静电除尘	过滤除尘	洗涤除尘
主要设备	重力沉降器	惯性除尘器	旋风除尘器	静电除尘器	袋式除尘器 颗粒层除尘器	水浴式除尘器 泡沫式除尘器 文丘里管除尘器 水膜式除尘器
造价	低	低	低	高	中	中
操作费用	低	低	低	中	高	高
主要优点	压力损失小,操作费用低,可以处理高温气体	压力损失小,操作费用低,适合处理密度较大的金属颗粒	压力损失小,操作费用低,对大颗粒粉尘除尘效率高	能捕集1 um以下的细微粉尘,除尘效率高,压力损失小,可捕集腐蚀性物质	除尘效率高,特别是细粉	结构简单,占地少,不易堵;可处理易燃、黏结性较强的固体颗粒

续表

分类	机械力除尘			静电除尘	过滤除尘	洗涤除尘
主要缺点	除尘效率低,主要用于高效除尘器的前级除尘器	不适合处理纤维和黏结性强的颗粒,易堵塞,除尘效率低	对小颗粒粉尘除尘效率低	设备投资及操作费用高,除尘效率受粉尘浓度和比电阻影响	不适宜处理温度较高、有腐蚀性、黏结性较强的固体颗粒,压力损失大,操作费用高	压力损失大,操作费用高,耗水量大

各类除尘技术设备除尘原理各不相同,设备各有其特点。分别选取各类除尘设备中的典型代表加以介绍。

三、除尘技术的选择

选择工业除尘设备的运行条件:选择除尘器时必须考虑除尘系统中所处理烟气、烟尘的性质,使除尘器能正常运行,达到预期效果。烟气性质:如温度、压力、黏度、密度、湿度、成分等对除尘器的选择有直接关系。烟尘性质:如烟尘的粒度、密度、吸湿性和水硬性、磨损性对除尘器的选择及其正常运行都具有直接影响。

1. 按处理气体量选型

处理气体的多少是决定除尘器大小类型的决定性因素,对大气量,一定要选能处理大气量的除尘器,如果用多个处理小气量的除尘器并联使用往往是不经济的;对较小气量要比较用哪一种类型的除尘器最经济、最容易满足尘源点的控制和粉尘排放的环保要求。

由于除尘器进入实际运行后,受操作和环境条件影响有时是不易预计的,因此,在决定设备的容量时,需保证有一定的余量或预留一些可能增加设备的空间。

2. 按粉尘的分散度和密度选型

粉尘分散度对除尘器的性能影响很大,而粉尘的分散度相同,由于操作条件不同也有差异。因此,在选择除尘器时,首要的是确切掌握粉尘的分散度,如粒径多在 10 um 以上时可选旋风除尘器;在粒径多为数微米以下,则应选用静电除尘器、袋式除尘器。而具体选择,可以根据分散度和其他要求,参考常用除尘器类型与性能表进行初步选择;然后再依照其他条件和介绍的除尘器种类和性能确定。如图 4. 1. 1 所示为不同除尘设备所能捕集到的最大粒径范围。

粉尘密度对除尘器的除尘性能影响也很大。这种影响表现最为明显的是重力、惯性力和离心力除尘器。所有除尘器的一个共同点是堆积密度越小,尘粒分离捕集就越困难,粉尘的二次飞扬越严重,所以在操作上与设备结构上应采取特别措施。

3. 按气体含尘浓度选型

对惯性和旋风除尘器,一般说来,进口含尘浓度越大,除尘效率越高,但会增加出口含尘

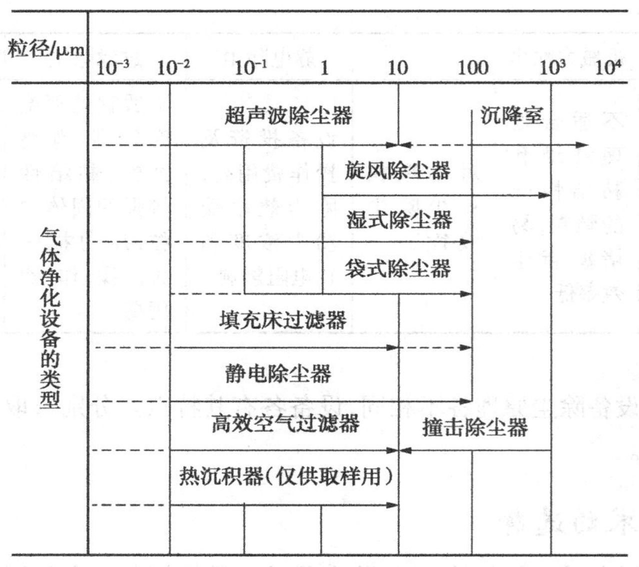

图 4.1.1　气体净化设备可能捕集到的最大粒径范围

浓度,所以不能仅从除尘效率高就笼统地认为粉尘处理效果好,对文氏洗管除尘器、喷射洗涤器等湿式除尘器,以初始含尘浓度在 10 g/m³ 以下为宜;对袋式除尘器,含尘浓度愈低,除尘性能愈好。

4. 粉尘黏附性对选型的影响

粉尘和壁面的黏附机理与粉尘的比表面积和含湿量关系很大。粉尘粒径 d 越小,比表面积越大含水量越多,其黏附性也越大。在旋风除尘器中,粉尘因离心力黏附于壁面上,有发生堵塞的危险;而对袋式除尘器黏附的粉尘容易使过滤袋的孔道堵塞,对电除尘器则易使放电极和集尘极积尘。

5. 粉尘比电阻对选型的影响

粉尘的比电阻随含尘气体的温度、湿度不同有很大变化,对同种粉尘,在 100 ~ 200 ℃之间比电阻值最大。因此,在选用电除尘器时,需事先掌握粉尘的比电阻,充分考虑含尘气体温度的选择和含尘气体性质的调整。

6. 选择工业除尘器的其他因素

选择除尘器时应考虑的其他因素主要有除尘设备的经济性、占地面积、维护条件以及安全因素等,因此,在除尘器的选择时,必须满足所处理烟尘达到排放标准的基础上,确保除尘器运行中的技术,经济合理性。表 4.1.2 比较了不同除尘设备的除尘效率。

表 4.1.2　不同除尘设备除尘效率

除尘器名称	全效率/%	不同粒径(μm)时的分级效率/%				
		0 ~ 5	5 ~ 10	10 ~ 20	10 ~ 44	>44
带挡板的沉降室	58.6	7.5	22	43	80	90

续表

除尘器名称	全效率/%	不同粒径(μm)时的分级效率/%				
		0～5	5～10	10～20	10～44	>44
普通的旋风除尘器	65.3	12	33	57	82	91
长锥体旋风除尘器	84.2	40	79	92	99.5	100
喷淋塔	94.5	72	96	98	100	100
电除尘器	97.0	90	94.5	97	99.5	100
文丘里除尘器(ΔP=7.5 kPa)	99.5	99	99.5	100	100	100
袋式除尘器	99.7	99.5	100	100	100	100

第二节　旋风除尘器

旋风除尘器是利用旋转气流产生的离心力使尘粒从气体中分离出来的设备。旋风除尘器的特点为：结构简单、占地面积小，投资少，操作维修方便，压力损失中等，动力消耗不大，操作可靠，适应高温高浓度的气体，一般收尘效率为60% ~90%，适用于收集大于10 μm的粉尘。其主要缺点：捕集微粒小于5 μm的效率不高。

一、旋风除尘器的工作原理

旋风除尘器的结构，当含尘气流以一定初速度由进气管进入旋风除尘器时，气流将由直线运动变为圆周运动。旋转气流的绝大部分沿器壁自圆筒体呈螺旋形向下，朝锥体流动。通常称此为外旋气流。含尘气体在旋转过程中产生离心力，将重度大于气体的尘粒甩向器壁。尘粒一旦与器壁接触，便失去惯性力而靠入口速度的动量和向下的重力沿壁面下落，进入排气管。旋转下降的外旋气流在到达锥体时，因圆锥形的收缩而向除尘器中心靠拢。根据“旋转矩”不变原理，其切向速度不断提高。当气流到达锥体下端某一位置时，即以同样的旋转方向从旋风除尘器中部，由下反转而上，继续作螺旋形流动，即内旋气流。最后净化气经排气管排出器外。一部分未被捕集的尘粒也由此逃失。

自进气管流入的另一小部分气体，则向旋风除尘器顶盖流动，然后沿排气管外侧向下流动。当到达排气管下端时，即反转向上随上升的中心气流一同从排气管排出。分散在这一部分上旋气流中的尘粒也随同被带走。

二、旋风除尘器的分类

旋风除尘器的种类繁多，分类也各有不同，如图4.2.1所示。

1.按其性能分类

(1)高效旋风除尘器

其筒体直径较小，用来分离较细的粉尘，除尘效率在95%以上。

(2)高流量旋风除尘器

筒体直径较大，用于处理很大的气体流量，其除尘效率为50% ~80%。

图 4.2.1　旋风除尘器

(3)通用旋风除尘器

介于上述两者之间的通用旋风除尘器,用于处理适当的中等气体流量,其除尘效率为80% ~95%。

2. 按结构形式分类

按结构不同可分为长锥体、圆筒体、扩散式、旁路形。

3. 按其组合、安装情况分类

按组合、安装情况分为内旋风除尘器(安装在反应器或其他设备内部)、外旋风除尘器、立式与卧式以及单筒与多管旋风除尘器。

4. 按气流导入情况分类

(1)切流反转式旋风除尘器

这是旋风除尘器最常用的形式,其原理如图 4.2.2 所示。含尘气体由筒体的侧面沿切线方向导入。气流在圆筒部旋转向下,进入锥体,到达锥体的端点前反转向上。清洁气流经排气管排出旋风除尘器。根据不同的进口形式又可以分为直入切向进入式、蜗壳切向进入式等,如图 4.2.3 所示。

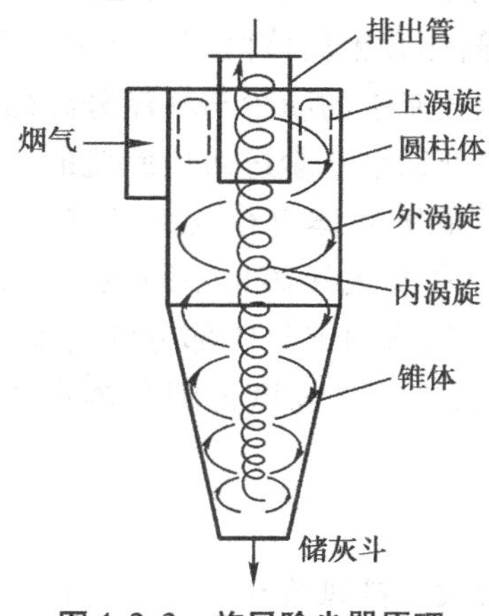

图 4.2.2　旋风除尘器原理

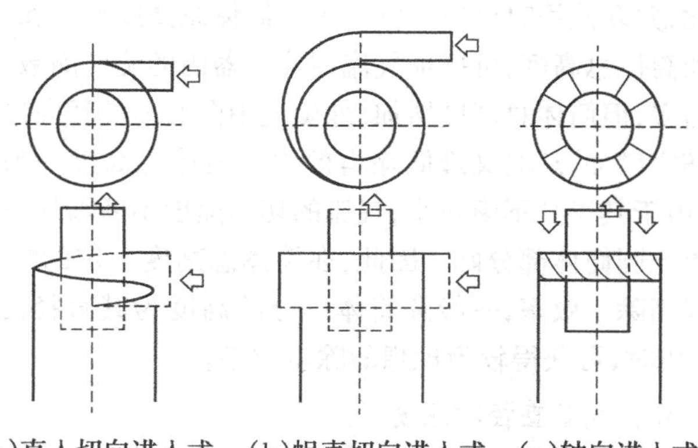

图 4.2.3　旋风除尘器的气流导入形式

为提高捕集能力，把排出气体中含尘浓度较高的气体以二次风形式引出后，经风机再重复导入旋风器内。这种狭缝进口的旋风除尘器，按二次风引入的方式又可分为切流二次风和轴流二次风。

(2)轴流式旋风除尘器

轴流式旋风除尘器是利用导流叶片使气流在旋风除尘器内旋转。除尘效率比切流式旋风除尘器低，但处理流量较大。

根据气体在旋风除尘器内的流动情况分为轴流反转式、轴流直流式。

轴流直流式的压力损失最小，尤其适用于动力消耗不宜过大的地方，但除尘效率较低。它同样可以把排出气体中含尘浓度较大部分(或干净气体)以二次风的形式再导回旋风除尘器内，以提高除尘效率，此即成为龙卷风除尘器。龙卷风除尘器按二次风导入的形式可分为切流二次风和轴流二次风。

三、旋风除尘器的结构对除尘效果的影响

1. 进气口

旋风除尘器的进气口是形成旋转气流的关键部件，是影响除尘效率和压力损失的主要因素。切向进气的进口面积对除尘器有很大的影响，进气口面积相对于筒体断面小时，进入除尘器的气流切线速度大，有利于粉尘的分离。

2. 圆筒体直径和高度

圆筒体直径是构成旋风除尘器的最基本尺寸。旋转气流的切向速度对粉尘产生的离心力与圆筒体直径成反比，在相同的切线速度下，筒体直径 D 越小，气流的旋转半径越小，粒子受到的离心力越大，尘粒越容易被捕集。因此，应适当选择较小的圆筒体直径，但若筒体直径选择过小，器壁与排气管太近，粒子又容易逃逸；筒体直径太小还容易引起堵塞，尤其是对于黏性物料。当处理风量较大时，可采用几台旋风除尘器并联运行的方法解决。并联运行处理的风量为各除尘器处理风量之和，阻力仅为单个除尘器在处理它所承担的那部分风量的阻力。但并联使用制造比较复杂，所需材料也较多，气体易在进口处被阻挡而增大阻力，因此，并联使用时台数不宜过多。筒体总高度是指除尘器圆筒体和锥筒体两部分高度之和。增加筒体总高度，可增加气流在除尘器内的旋转圈数，使含尘气流中的粉尘与气流分离的机会增多，但筒体总高度增加，外旋流中向心力的径向速度使部分细小粉尘进入内旋流的机会也随之增加，从而又降低除尘效率。筒体总高度一般以 4 倍的圆筒体直径为宜，锥筒体部分，由于其半径不断减小，气流的切向速度不断增加，粉尘到达外壁的距离也不断减小，除尘效果比圆筒体部分好。因此，在筒体总高度一定的情况下，适当增加锥筒体部分的高度，有利提高除尘效率，一般圆筒体部分的高度为其直径的 1.5 倍，锥筒体高度为圆筒体直径的 2.5 倍时，可获得较为理想的除尘效率。

3. 排气管直径和深度

排风管的直径和插入深度对旋风除尘器除尘效率影响较大。排风管直径必须选择一个合适的值，排风管直径减小，可减小内旋流的旋转范围，粉尘不易从排风管排出，有利提高除

尘效率,但同时出风口速度增加,阻力损失增大;若增大排风管直径,虽阻力损失可明显减小,但由于排风管与圆筒体管壁太近,易形成内、外旋流"短路"现象,使外旋流中部分未被清除的粉尘直接混入排风管中排出,从而降低除尘效率。一般认为排风管直径为圆筒体直径的0.5~0.6倍为宜。排风管插入过浅,易造成进风口含尘气流直接进入排风管,影响除尘效率;排风管插入深,易增加气流与管壁的摩擦面,使其阻力损失增大,同时,使排风管与锥筒体底部距离缩短,增加灰尘二次返混排出的机会。排风管插入深度一般以略低于进风口底部的位置为宜。

四、旋风除尘器的选择

旋风除尘器的性能有3个技术性能(处理量Q、压力损失AP及除尘效率)和3个经济指标(基建投资和运转管理费、占地面积、使用寿命)。在评价及选择旋风除尘器时,须全面考虑这些因素。

理想的旋风除尘器必须在技术上能满足工艺生产及环境保护对气体含尘的要求,在经济上是最合算的。在具体设计选择形式时,要结合生产实际(气体含尘情况、粉尘的性质、粒度组成)。例如,在含尘浓度较高的化工生产,诸如像流态化反应、气流输送等;对于回收昂贵的细颗粒催化剂或其他产品,只要动力允许,提高捕集效率则是主要的。而对于分离颗粒较大的粗粉尘,就不需采用高效旋风除尘器。以免带来较大的动能损耗。

五、旋风式除尘器的维护

1. 稳定运行参数

旋风式除尘器运行参数主要包括:除尘器入口气流速度,处理气体的温度和含尘气体的入口质量浓度等。

(1)入口气流速度

对于尺寸一定的旋风式除尘器,入口气流速度增大不仅处理气量可提高,还可有效地提高分离效率,但压降也随之增大。当入口气流速度提高到某一数值后,分离效率可能随之下降,磨损加剧,除尘器使用寿命缩短,因此入口气流速度应控制在18~23 m/s范围内。

(2)处理气体的温度

因为气体温度升高,其黏度变大,使粉尘粒子受到的向心力加大,于是分离效率会下降。所以高温条件下运行的除尘器应有较大的入口气流速度和较小的截面流速。

(3)含尘气体的入口质量浓度

浓度高时大颗粒粉尘对小颗粒粉尘有明显的携带作用,表现为分离效率提高。

2. 防止漏风

旋风式除尘器一旦漏风将严重影响除尘效果。据估算,除尘器下锥体或卸灰阀处漏风1%时,除尘效率将下降5%;漏风5%时,除尘效率将下降30%。旋风式除尘器漏风一般在3个部位:进出口连接法兰处、除尘器本体和卸灰装置。

3. 预防关键部位磨损

影响关键部位磨损的因素有负荷、气流速度、粉尘颗粒，磨损的部位有壳体、圆锥体和排尘口等。防止磨损的技术措施包括：

①防止排尘口堵塞。主要方法是选择优质卸灰阀，使用中加强对卸灰阀的调整和检修。

②防止过多的气体倒流入排灰口。使用的卸灰阀要严密，配重得当。

③经常检查除尘器有无因磨损而漏气的现象，以便及时采取措施予以杜绝。

④在粉尘颗粒冲击部位，使用可以更换的抗磨板或增加耐磨层。

⑤尽量减少焊缝和接头，必须有的焊缝应磨平，法兰止口及垫片的内径相同且保持良好的对中性。

⑥除尘器壁面处的气流切向速度和入口气流速度应保持在临界范围以内。

4. 避免粉尘堵塞和积灰

旋风式除尘器的堵塞和积灰主要发生在排尘口附近，其次发生在进排气的管道里。

(1)排尘口堵塞及预防措施

引起排尘口堵塞通常有两个原因：一是大块物料或杂物（如刨花、木片、塑料袋、碎纸、破布等）滞留在排尘口，之后粉尘在其周围聚积；二是灰斗内灰尘堆积过多，未能及时排出。预防排尘口堵塞的措施有：在吸气口增加一栅网；在排尘口上部增加手掏孔（孔盖加垫片并涂密封膏）。

(2)进排气口堵塞及其预防措施

进排气口堵塞现象多是设计不当造成的——进排气口略有粗糙直角、斜角等就会形成粉尘的黏附、加厚，直至堵塞。

第三节 静电除尘器

电除尘器以电力为捕尘机理。分为干式电除尘器(干法清灰)和湿式电除尘器(湿法清灰)。电除尘器按国际通用习惯也称为静电除尘器,与其他除尘器的根本区别在于除尘过程的分离力直接作用在粒子上,而不是作用于整个气流上,如图 4.3.1 所示。这就决定了它具有分离粒子耗能小、气流阻力小的特点。由于作用在粒子上的静电力相对较大,所以对亚微米级的粒子,电除尘器也能有效捕集。电除尘器对细微粉尘的捕集效率高,处理烟气量大,能在高温或强腐蚀性气体下操作,正常操作温度高达 400 ℃。其主要缺点:一次性投资费用高、占地面积较大、除尘效率受粉尘比电阻等物理性质限制,不适宜直接净化高浓度含尘气体,此外对粉尘有一定的选择性,且结构复杂,安装、维护管理要求严格,对制造和安装质量要求很高,需要高压变电及整流控制设备。

图 4.3.1 静电除尘器

一、静电除尘器的工作原理

静电除尘器由平行布置的收尘电极(阳极)组成,收尘电极通过除尘器的外壳连通接地,收尘电极之间形成通道,含尘气体流经这些通道。在收尘电极之间布置高压框架,框架中装有放电极(阴极),是以细金属丝或金属片并带有芒刺组成,并和高压供电系统连接,有绝缘子支架,在放电极的紧邻区域存在着极高强度的电压,由于电晕电压排放的结果,导致形成带负电荷的气体离子,在放电电极和收尘电极之间的电场作用下,带负电的气体离子偏移到带正电的收尘电极上,这样就形成了一个极小的电流(电晕电流),如图4.3.2所示。灰尘离子因而受到部分气体离子的作用同样带上负电,自由移向收尘电极。由以上方式积聚在收尘电极上的细颗粒粉尘通过一个振打脱尘系统,使粉尘掉落在静电除尘器底部的粉尘漏斗中。

静电除尘器的性能受粉尘性质、设备构造和烟气流速等3个因素的影响。粉尘的比电阻是评价导电性的指标,它对除尘效率有直接的影响。比电阻过低,尘粒难以保持在收尘电极上,致使其重返气流;比电阻过高,到达集尘电极的尘粒电荷不易放出,在尘层之间形成电压梯度会产生局部击穿和放电现象,这些情况都会造成除尘效率下降。

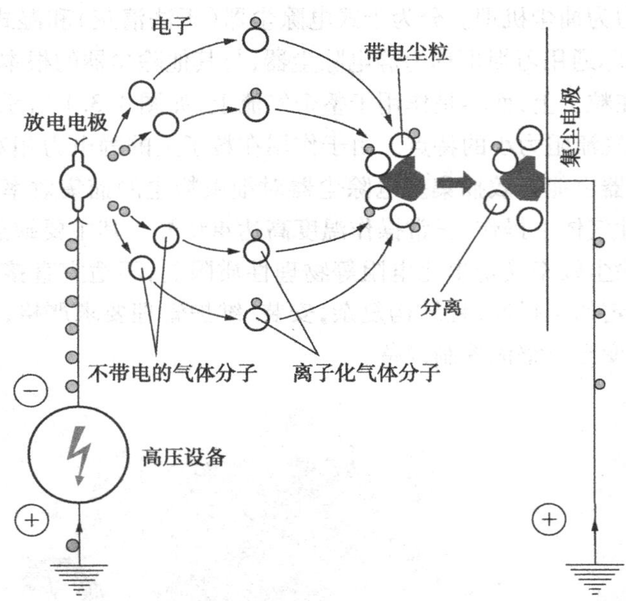

图4.3.2 静电除尘器的工作过程

二、静电除尘器的结构

静电除尘器一般由外壳、收尘极板、放电极、振打清灰装置、气流分布板等组成。其两端是气体的进出口,进出口有气体分布板,集尘板在筒体内垂直排列,与气流方向平行。两排集尘极之间悬挂着放电极,放电极为圆钢(或扁钢)芒刺线。振打清灰在圆筒内进行,振打周期各电场不一样。被振打落入筒体底部的粉尘借助电动扇形刮板刮到输送器,然后排出筒体外,这一过程由密封阀控制完成。其结构如图4.3.3所示。

1.放电电极

放电电极又称阴极或电晕极,其作用是与收集尘电极(阳极)一起形成非均匀电场,产生电晕电流。放电电极是电晕线、电晕框架、悬吊杆和支撑绝缘套管等组成。放电极的形式很

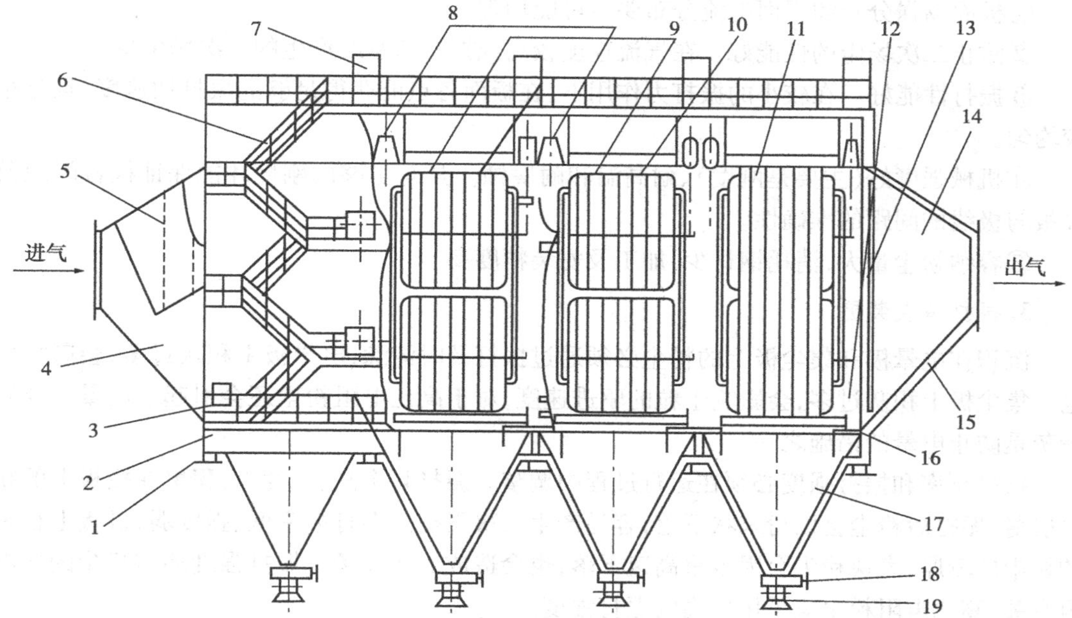

1—支座;2—外壳;3—人孔;4—进气烟箱;5—气流分布板;6—梯子平台栏杆;7—高压电源;
8—电晕极吊挂;9—电晕极;10—电晕极振打;11—收尘极;12—收尘极振打;13—出口槽型板;
14—出气烟槽;15—保温层;16—内部走台;17—灰斗;18—插板箱;19—卸灰阀

图 4.3.3 静电除尘器结构

多,可分为没有固定放电点的非可控电极(如圆线、星形线等)和有固定放电点的可控电极(如锯齿线、芒刺线、鱼骨线等)两大类,见表 4.3.1。

表 4.3.1 放电极的主要类型

名称	星形线	锯齿线	角钢芒刺线	管状芒刺线	方体芒刺线	灌装多刺线
简图						

芒刺式电晕极的电晕电流强度大,有利于捕集高浓度的微小尘粒,适用于含尘浓度高的烟气,因此,在第一、二电场采用芒刺线,在第三电场采用光线或星形线。芒刺式电晕极尖端应避免积尘,以免影响放电。

2. 收尘电极

收尘电极是收尘板通过上部悬吊杆及下部冲击杆组装后的总称。收尘极板又称阳极板或沉淀极,其作用是捕集荷电粉尘。对集尘极板的基本要求是:

①板面场强分布和板面电流分布要尽可能均匀。

②防止二次场尘的性能好。在气流速度较高或振打清灰时产生的二次场尘少。

③振打性能好。在较小的振打力作用下,在板面各点能获得足够的振打加速度,且分布较均匀。

④机械强度好(主要是刚度)、耐高温和耐腐蚀。具有足够的刚度才能保证极板间距及极板与极线的间距的准确性。

⑤容纳粉尘量大,消耗钢材少,加工及安装精度高。

3. 振打清灰装置

沉积在电晕极和集尘极上的粉尘必须通过振打及时清除,电晕极上积灰过多,会影响放电。集尘极上积灰过多,会影响尘粒的驱进速度,对于高比电阻粉尘还会引起反电晕。及时清灰是防止电晕的措施之一。

振打频率和振打强度必须在运行过程中调整。振打频率高、强度大,积聚在极板上的粉尘层薄,振打后粉尘会以粉末状下落,容易产生二次飞扬。振打频率低、强度弱,极板上积聚的粉尘层较厚,大块粉尖会因自重高速下落,也会造成二次飞扬。振打强度还与粉尘的比电阻有关,高比电阻粉尘应采用较高的振打强度。

为了防止比电阻小的粉尘产生二次飞扬,有的静电除尘器专门在集尘极的表面淋水,形成一层水膜,用水膜把粉尘带走,这种静电除尘器自然称为湿式静电除尘器。用湿法清灰虽解决了粉尘的二次飞扬问题,但是也带来了泥浆和废水的处理问题。

4. 气流分布装置

静电除尘器中气流分布的均匀性对除尘效率有较大影响。除尘效率与气流速度成反比,当气流速度分布不均匀时,流速低处增加的除尘效率远不足以弥补流速高处效率的下降,因而总的效率是下降的。

气流分布的均匀程度与除尘器进出口的管道形式及气流分布装置的结构有密切关系。在静电除尘器的安装位置不受限制时,气流经渐扩管进入除尘器,然后再经 1 ~2 块平行的气流分布板进入除尘器电场。在这种情况下,气流分布的均匀程度取决于扩散角和分布板结构。除尘器安装位置受到限制,需要采用直角入口时,可在气流转弯处加设导流叶片,然后再经分布板进入除尘器。

三、静电除尘器的影响因素

1. 比电阻

比电阻也叫电阻率,是指单位长度、单位截面的某种物质的电阻。

(1)低阻型粉尘

比电阻低于 10^4 Ω · cm 的粉尘称为低阻型粉尘。这类粉尘有较好的导电能力,荷电尘粒到达集尘极后,会很快放出所带的负电荷,同时由于静电感应获得与集尘极同性的正电荷。如果正电荷形成的斥力大于粉尘的黏附力,沉积的尘粒将离开集尘重返气流。尘粒在空间受到负离子碰撞后又重新获得负电荷,再向集尘极移动。这样很多粉尘沿极板表面跳动前进,最后被气流带出除尘器。用静电除尘器处理金属粉尘、炭墨粉尘、石墨粉尘都可以看到这一现象。

(2)正常型粉尘

比电阻位于 $10^4 \sim 10^{11}\ \Omega \cdot cm$ 的粉尘称为正常型粉尘。这类粉尘到达集尘极后,会以正常速度放出电荷。对这类粉尘(如锅炉飞灰、水泥尘、平炉粉尘、石灰石粉尘等)电除尘器一般都能获得较好的效果。

(3)高阻型粉尘

比电阻超过 $10^{11}\ \Omega \cdot cm$ 的粉尘称为高阻型粉尘。高比电阻粉尘到达集尘极后,电荷释放很慢,这样集尘极表面逐渐积聚了一层荷负电的粉尘层。由于同性相斥,使随后尘粒的驱进速度减慢。另外随粉尘层厚度的增加,在粉尘层和极板之间形成了很大的电压降 ΔU。在粉尘层内部包含着许多松散的空隙,形成了许多微电场。随 ΔU 的增大,局部地点微电场击穿,空隙中的空气被电离,产生正、负离子。ΔU 继续增高,这种现象会从粉尘层内部空隙发展到粉尘层表面,大量正离子被排斥,穿透粉层流向电晕极。在电场内它们与负离子或荷负电的尘粒接触,产生电中和。大量中性尘粒由气流带出除尘器,使除尘器效果急剧恶化,这种现象称为反电晕。

因此,中比电阻粉尘比较适合静电除尘器。

2. 气体含尘浓度

粉尘浓度过高,粉尘阻挡离子运动,电晕电流降低;严重时电流为零,会出现电晕闭塞,除尘效果将急剧恶化。

3. 气流速度

随气流速度的增大,除尘效率降低。其原因是:风速增大,粉尘在除尘器内停留的时间缩短,荷电的机会降低。同时,风速增大二次扬尘量也增大。但是风速过低,静电除尘器体积大,投资增加。

第四节　袋式除尘器

袋式除尘器是一种高效干式除尘器,如图4.4.1所示。它是依靠纤维滤料做成的滤袋,更主要的是通过滤袋表面上形成的粉尘层来净化气体的。几乎对于一般工业中的所有粉尘,其除尘效率均可能达到99%以上。袋式除尘器作为一种高效除尘器,广泛用于各种工业废气除尘中,如轻工、机械制造、建材、化工、有色冶炼及钢铁企业等。它比静电除尘器的结构简单,投资省,运行稳定,还可以回收因比电阻高而难于回收的粉尘;它与文丘里管洗涤器相比,动力消耗小,回收的干粉尘便于综合利用,不存在泥浆处理的问题。因此,对于细而干燥的粉尘,采用袋式除尘器净化较为适宜。

图4.4.1　袋式除尘器

一、袋式除尘器的工作原理

袋式除尘器的工作原理如图4.4.2所示。

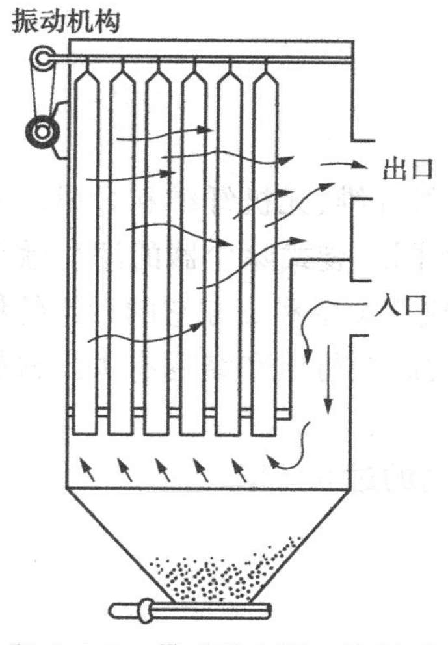

图 4.4.2 袋式除尘器工作原理

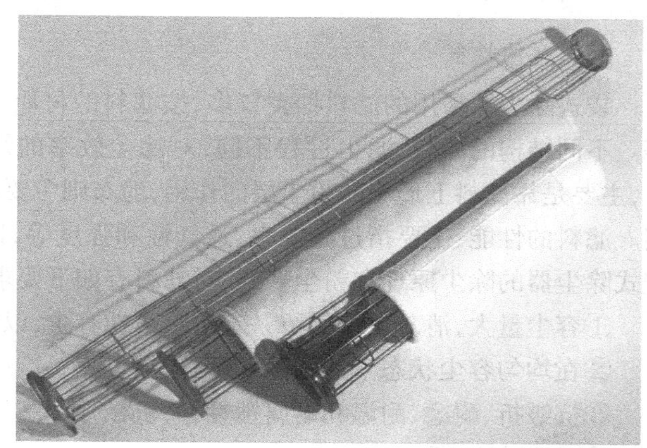

图 4.4.3 滤袋与袋笼

1. 滤尘机理

含尘气流从下部进入圆筒形滤袋，在通过滤料的孔隙时，粉尘被滤料阻留下来，透过滤料的清洁气流由排出口排出。沉积于滤料上的粉尘层，在机械振动的作用下从滤料表面脱落下来，落入灰斗中。滤袋与袋笼如图 4.4.3 所示。

袋式除尘器的滤尘机制包括筛分、惯性碰撞、拦截、扩散、静电及重力作用等。筛分作用是袋式除尘器的主要滤尘机制之一。当粉尘粒径大于滤料中纤维间孔隙或滤料上沉积的粉尘间的孔隙时，粉尘即被筛滤下来。通常的织物滤布，由于纤维间的孔隙远大于粉尘粒径，所以刚开始过滤时，筛分作用很小，主要是纤维滤尘机制——惯性碰撞、拦截、扩散和静电作用。但是当滤布上逐渐形成了一层粉尘黏附层后，则碰撞、扩散等作用变得很小，而是主要靠筛分作用。

一般粉尘或滤料可能带有电荷，当两者带有异性电荷时，则静电吸引作用显现出来，使滤尘效率提高，但却使清灰变得困难。不断有人试验使滤布或粉尘带电的方法，强化静电作用，以便提高对微粒的滤尘效率。重力作用只是对相当大的粒子才起作用。惯性碰撞、拦截及扩散作用，应随纤维直径和滤料的孔隙减小而增大，所以滤料的纤维愈细、愈密实，滤尘效果愈好。

2. 滤尘效率

在各种除尘装置中，袋式除尘器是滤尘效率很高的一种，几乎在各种情况下，滤尘效率都可以达到99%以上。如设计、制造、安装运行得当，特别是维护管理适当，则不难使其除尘效率达到99.9%。在许多情况下，袋式除尘器的排尘浓度可以达到每立方米数十毫克，甚至 0.1 mg/m^3 以下。因此，有时还可以将袋式除尘器排气送回车间内部循环使用，节省了为补给空气加热或冷却的能耗和费用。当然，在设计、选用不当或操作管理不善的情况下，袋式除尘器的排尘浓度也会达到很高数值。

二、袋式除尘器的影响因素

1. 滤料的性能

袋式除尘器采用的滤料种类较多，按滤料的材质分，有天然纤维、无机纤维和合成纤维等。不同结构的滤料，滤尘过程不同，对滤尘效率的影响也不同。袋式除尘器的滤尘效率高，主要是靠滤料上形成的粉尘层的作用，滤布则主要起着形成粉尘层和支撑它的骨架的作用。滤料的性能，主要指过滤效率、透气性和强度等，这些都与滤料材质和结构有关。根据袋式除尘器的除尘原理和粉尘特性，对滤料有如下要求：

①容尘量大，清灰后能保留一定的永久性容尘，以保持较高的过滤效率。

②在均匀容尘状态下透气性好，压力损失小。

③抗皱折、耐磨、耐温和耐腐蚀性好，机械强度高。

④吸湿性小，易清灰。

⑤使用寿命长，成本低。

这些要求有些取决于纤维的理化性质，有些取决于滤料的结构。一般滤料很难同时满足所有要求，要根据具体使用条件来选择合适的滤料。

2. 粉尘层厚度

由于袋式除尘器是把沉积在滤料表面上的粉尘层作为过滤层的一种过滤式除尘装置，所以为控制一定的压力损失而进行清灰时，应保留住粉尘初层，而不应清灰过度，乃至引起效率显著下降，滤料损伤加快。

3. 清灰方式

袋式除尘器滤料的清灰方式也是影响其滤尘效率的重要因素。如前所述，滤料刚清灰后的滤尘效率是最低的，随着过滤时间(即粉尘层厚度)的增长，效率迅速上升。当粉尘层厚度进一步增加时，效率保持在几乎恒定的高水平上。清灰方式不同，清灰时逸散粉尘量不同，清灰后残留粉尘量也不同，因而除尘器排尘浓度也不同。

4. 过滤速度

袋式除尘器的过滤速度 V 是指气体通过滤料的平均速度。过滤速度的选择要考虑经济性和对滤尘效率的要求等各方面因素。从经济方面考虑，选用的过滤速度高时，处理相同流量的含尘气体所需的滤料面积小，则除尘器的体积、占地面积、耗钢量亦小，因而投资小，但除尘器的压力损失、耗电量、滤料损伤增加，因而运行费用高。过滤速度提高时，将加剧尘粒以直通、压出和气孔三条途径对滤料的穿透，因而会降低除尘效率。

三、脉冲式袋式除尘器结构

脉冲式袋式除尘器，如图 4.4.4 所示，由箱体、灰斗、支架、滤袋、袋笼、喷吹装置、卸灰装置、压缩空气管路等组成。含尘气体经过进风口进入箱体内，通过初级沉降后，较粗颗粒尘及大部分粉尘在初级沉降及自身重力的作用下，降至灰斗中，另一部分粉尘则吸附在滤袋外表面上，净化后气体穿过滤袋进入上箱体，汇集在清洁室内由出风管口排出。随着过滤工况的不断进行，积附在滤袋外表面上的粉尘亦将不断增加，当过滤阻力达到一定的压力值时，储气罐内的压缩空气通过脉冲阀对滤袋进行反吹，使滤袋上的集灰层浮动、疏松、膨胀达到流态化，最后被清离滤袋表面，落入灰斗内。如此反复进行，连续净化气体。

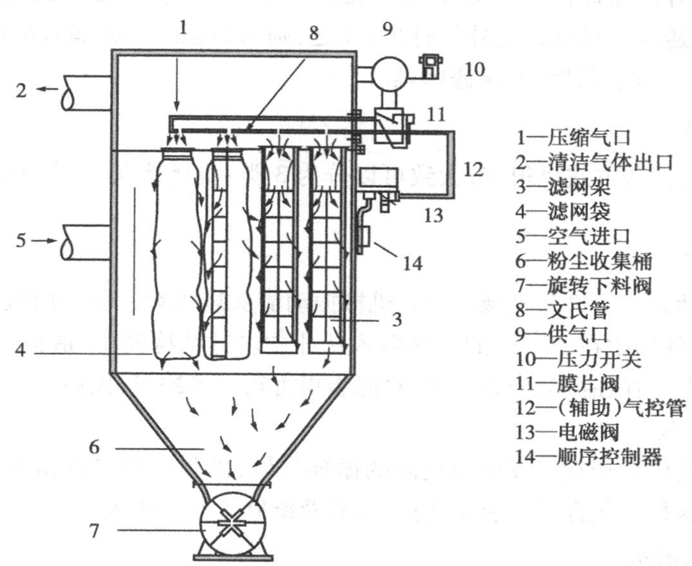

图 4.4.4 脉冲式袋式除尘器结构

四、袋式除尘器的分类

1. 按进气方式不同分类

按进气方式，可分为上进气和下进气两种方式。其中，用得较多的是下进气方式，它具有气流稳定、滤袋安装调节容易等优点；但气流方向与粉尘下落方向相反，清灰后会使细粉尘重新积附于滤袋上，清灰效果变差，压力损失增大。上进气形式可以避免上述缺点，但由于增设了上花板和上部进气分配室，使除尘器高度增大，滤袋安装调节较复杂，上花板易积灰。

2. 按除尘器内气体压力

按这种分类，有正压式和负压式两类。正压式又称压入式，这类除尘器内部气体压力高于大气压力，一般设在通风机出风段；反之为吸入式。正压式袋式除尘器的特点是外壳结构简单、轻便，严密性要求不高，甚至在处理常温无毒气体时可以完全敞开，只需保护滤袋不受风吹雨淋即可，且布置紧凑，维修方便，但风机易受磨损。负压式袋式除尘器的突出优点是可使风机免受粉尘的磨损，但对外壳的结构强度和严密性要求高。

3. 按滤袋断面形状

按滤袋断面形状，有圆筒形滤袋和扁平形滤袋两种。圆袋应用较广，直径一般为 120 ~ 300 mm，最大不超过 600 mm，滤袋长度一般为 2 ~ 6 m，有的滤袋长达 12 m 以上。径长比一般为16~40,其取值与清灰方式有关。对于大中型袋式除尘器,一般都分成若干室,每室袋数少则8~15只,多达200只,每台除尘器的室数,少则3~4室,多达16室以上。

4.按含尘气流通过滤袋的方向

按这种分类,有内滤式和外滤式两类。内滤式系指含尘气流先进入滤袋内部,粉尘被阻留在袋内侧,净气透过滤料逸到袋外侧排出;反之,则为外滤式。外滤式的滤袋内部通常设有支撑骨架(袋笼),滤袋易磨损,维修困难。

5.按清灰方式

袋式除尘器的清灰方式也很多,大致可以分为3类:机械清灰、逆气流清灰及脉冲喷吹清灰。

(1)机械清灰

机械清灰包括人工敲打和机械振动。机械振动清灰袋式除尘器采用机械振动装置使滤袋作周期性振动,使黏附在滤袋上的尘粒落入灰斗中。其结构简单、造价低,可用于要求不高的场合。因前者存在在振动分布不均、对滤袋损害较大等缺点,仅用于小型机组。

(2)逆气流清灰

逆气流清灰是借助于空气或压力较高的循环气体,以与含尘气流相反的方向通过滤袋进行反吹清灰。这种清灰方式滤袋易磨损,换装及维修工作量较大。

(3)脉冲喷吹清灰

压缩空气经过喷吹口以很高的速度喷出后诱导二次气流在极短的时间内喷入滤袋,使滤袋产生快速膨胀。粉尘层的剥离一方面是借助喷吹气流对粉尘层的剥离力,另一方面则是依靠膨胀滤袋在回缩过程中形成的反向加速度将粉尘甩脱。这种方式的清灰强度大,可以在过滤工作状态下进行清灰,允许的过滤风速也高。由于脉冲喷吹清灰方式具有很多优点,逐渐成为袋式除尘器的一种主要的清灰方式。

袋式除尘器的效率、压力损失、滤速及滤袋寿命等皆与清灰方式有关,故实际中多数按清灰方式对袋式除尘器进行分类和命名。

机械振动式、逆气流清灰式和逆气流机械振动式皆属于间歇清灰方式。即除尘器被分隔成若干个室,清灰时逐室切断气路,按顺序对各室进行清灰。这种间歇清灰方式没有伴随清灰而产生的粉尘外逸现象,可获得较高的除尘效率。

气环反吹式和脉冲喷吹式是连续清灰方式,清灰时不切断气路,连续不断地对滤袋的一部分进行清灰。这种连续清灰方式,由于其压力损失稳定,适于处理含尘浓度高的气体。

五、脉冲式袋式除尘器的维护

(1)要经常检查控制阀、脉冲阀以及定时器等的动作情况。

脉冲阀橡胶膜片的失灵是袋式除尘器常见故障,它直接影响清灰效果。该设备属于外滤式,袋内装骨架,要检查固定滤袋的零件是否松弛,滤袋的张力是否合适。支撑框架是否光滑,以防止磨损滤袋。清灰采用压缩空气。因此要求除油雾及水滴,且油水分离器必须经常清洗,以防运动机构失灵及滤袋的堵塞。

(2)处理风量和各测试点压力与温度是否与设计相符。

(3)滤袋的安装情况,是否有在使用后掉袋、松口、磨损等情况发生,可目测投运后烟囱的排放情况来判断。

(4)防止结露。

使用中要防止气体在袋室内冷却到露点以下,特别是在负压下使用袋式除尘器更应注意。由于其外壳常常会有空气漏入,使袋室气体温度低于露点,滤袋就会受潮,致使灰尘不是松散地,而是黏糊地附着在滤袋上,把织物孔眼堵死,造成清灰失效,使除尘器压降过大,无法继续运行,有的产生糊袋无法除尘。

要防止结露,必须保持气体在除尘器及其系统内各处的温度均高于其露点 25 ~ 35 ℃,以保证滤袋的良好使用效果。

第五节 湿法除尘装置

湿法除尘是利用洗涤液(一般为水)与含尘气体充分接触,将尘粒洗涤下来而使气体净化的方法。湿法除尘器如图4.5.1所示,可将直径为0.1~20 μm的粒子除去。具有结构简单、造价低、占地面积小、操作及维修方便和净化效率高等优点,能够处理高温、高湿的气流,将着火、爆炸的可能性减至最低。

采用湿法除尘器要特别注意设备和管道腐蚀以及污水和污泥的处理等问题。如果设备安装在室外,还必须考虑在冬天设备可能冻结的问题。

一、湿法除尘机理及分类

湿法除尘器的除尘的捕集有3类:液滴、液膜及液层。不同湿法除尘器的比较见表4.5.1。

图4.5.1 湿法除尘器

1.液滴捕集

在这种捕集方法中,液滴呈分散相,含尘气体呈连续相,两相间存在着速度差,依靠颗粒对于液滴的惯性碰撞、拦截、扩散、静电吸引等效应而把颗粒聚集在液滴上被捕集。液滴大,捕集效率较低;液滴过小,易蒸发,也影响效率。

2. 液膜补集

将液体淋洒在填料上从而在填料表面形成很薄的液体网络，液体和含尘气体都呈连续相，气体在通过这些液体网络时，其中含尘颗粒就被液膜捕集。

3. 液层捕集

将含尘气体鼓入液层内产生许多小气泡，气体呈分散相，液体呈连续相，颗粒在气泡中依靠惯性、重力和扩散等机理而产生沉降，被液体带走。

表 4.5.1　不同湿法除尘器的比较

装置名称	气体流速/($m \cdot s^{-1}$)	液气比/($L \cdot m^{-3}$)	压力损失/Pa	分割直径/μm
喷淋塔	0.1 ~ 2	2 ~ 3	100 ~ 500	3.0
填料塔	0.5 ~ 1	2 ~ 3	1 000 ~ 2 500	1.0
旋风洗涤器	15 ~ 45	0.5 ~ 1.5	1 200 ~ 1 500	1.0
转筒洗涤器	300 ~ 750 r/min	0.7 ~ 2	500 ~ 1 500	0.2
冲击式洗涤器	10 ~ 20	10 ~ 50	0 ~ 150	0.2
文丘里洗涤器	60 ~ 90	0.3 ~ 1.5	3 000 ~ 8 000	0.1

实际的湿法除尘器兼有两种以上的接触捕集形式。根据湿式除尘器的净化机理，可以将其大致分成 7 类：重力喷雾洗涤器、旋风洗涤器、自激喷雾洗涤器、板式洗涤器、填料洗涤器、文丘里洗涤器、机械诱导喷雾洗涤器。

二、文丘里管除尘器

文丘里管除尘器又称文丘里洗涤器，是一种湿法洗涤除尘设备。文氏管是一种投资省、效率高的湿法净化设备，适用于去除粒径 0.1 ~ 100 μm 的尘粒，除尘效率为 80% ~ 99%，压力损失范围为 1.0 ~ 9.0 kPa，液气比取值范围为 0.3 ~ 1.5 L/m^3。对高温气体的降温效果良好，广泛用于高温烟气的除尘、降温，也能用作气体吸收器。

文丘里管除尘原理

文丘里除尘器的除尘过程包括雾化、凝并和脱水 3 个阶段。来自除尘系统的含尘气体，进入收缩管后，由于截断面积逐渐减小，管内静压也逐渐转化为动能，使管内流速增加；气流进入喉管后，由于喉管断面积不变，管内静压降到最低值，并维持不变，此时气流流速达到最高值；气流进入扩散管后，由于断面积逐渐扩大，管内静压逐渐得到恢复，气流流速也逐渐下降。如果在收缩管末端或喉管处，通过喷管引入洗涤液（通常是水），由于该处的气流速度很高，由喷嘴喷出的洗涤液在高速气流的冲击下，进一步雾化成更细小的雾滴，而且气、液、固（粉尘颗粒）三相的速度都很大，使它们得以充分的混合，从而增加了粉尘颗粒与雾滴的碰撞机会。另一方面，由于洗涤液雾化充分，使气体达到饱和，从而破坏了粉尘颗粒表面的气膜，使得粉尘颗粒完全被水湿润。当气流进入扩散管后，这些被水湿润的粉尘颗粒与雾滴之间，以及不同粒径的粉尘颗粒或雾滴之间，在不同的惯性力作用下，在互相碰撞接触中凝并成颗粒较大的含尘液滴，这些颗粒较大的含尘液滴随气流进入脱水器后，在重力、惯性力、离心力的作用下，从气流中分离出来，从而达到除尘的目的。被净化后的烟气经除雾器排入大气。其结构如图 4.5.2 所示。

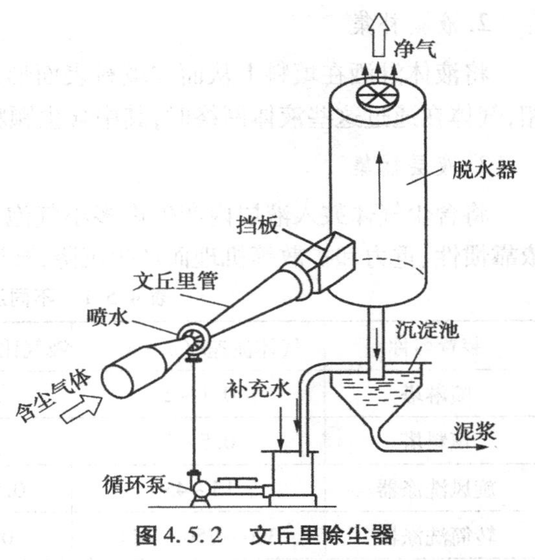

图 4.5.2　文丘里除尘器

三、洗涤塔

洗涤塔是一种新型的气体净化处理设备。它是在可浮动填料层气体净化器的基础上改进而产生的，广泛应用于工业废气净化、除尘等方面的前处理，净化效果很好。对煤气化工艺来说，煤气洗涤不可避免，无论什么煤气化技术都用到这一单元操作。由于其工作原理类似洗涤过程，故名洗涤塔。

洗涤塔与精馏塔类似，由塔体、塔板、再沸器、冷凝器组成。由于洗涤塔是进行粗分离的设备，所以塔板数量一般较少，通常不会超过十级。洗涤塔适用于含有少量粉尘的混合气体分离，各组分不会发生反应，且产物应容易液化，粉尘等杂质（也可以称之为高沸物）不易液化或凝固。当混合气从洗涤塔中部通入洗涤塔，由于塔板间存在产物组分液体，产物组分气体液化的同时蒸发部分，而杂质由于不能被液化或凝固，当通过有液体存在的塔板时将会被产物组分液体固定下来，产生洗涤作用，洗涤塔就是根据这一原理设计和制造的。

如图 4.5.3 所示，洗涤塔由塔体、塔板、再沸器和冷凝器组成。在使用过程中再沸器一般用蒸汽加热，冷凝器用循环水导热。在使用前应建立平衡，即通入较纯的产物组分用蒸汽和冷凝水调节其蒸发量和回流量，使其能在塔板上积累一定厚度液体，当混合气体组分通入时就能迅速起到洗涤作用。在使用过程中要控制好一个液位，两个温度和两个压差等几个要点：即洗涤塔液位、气体进口温度、塔顶温度、塔间压差（洗涤塔进口压力与塔顶压力之差）、冷凝器压差（塔顶与冷凝器出口压力之差）。

一般来说，气体进口温度越高越好，可以防止杂质凝固或液化不能进入洗涤塔，但是也不能太高，以防系统因温度过高而不易控制。控制温度的同时还需保证气体流速，即进口的压力不能太小，以便粉尘能进入洗涤塔。混合气体通入洗涤塔后，部分气体会冷凝成液体而留在塔釜，调节再沸器的温度使液体向上蒸发，再调节冷凝器使液体回流至塔板，形成一个平衡。由于塔板上有一定厚度液体，所以洗涤塔塔间会有一定压差，调节再沸器和冷凝器时应尽量使压差保持恒定才能形成一个平衡。调节塔顶温度时应防止温度过高而使杂质气化或升华为气体而不能起洗涤作用，但冷凝温度也不宜过低，防止产物液体在冷凝器积液影响使用。在注意以上要点的同时还需注意用再沸器调节洗涤塔的液位，为防止塔釜液中杂质浓度过高而产生沉淀，应使其缓慢上涨。

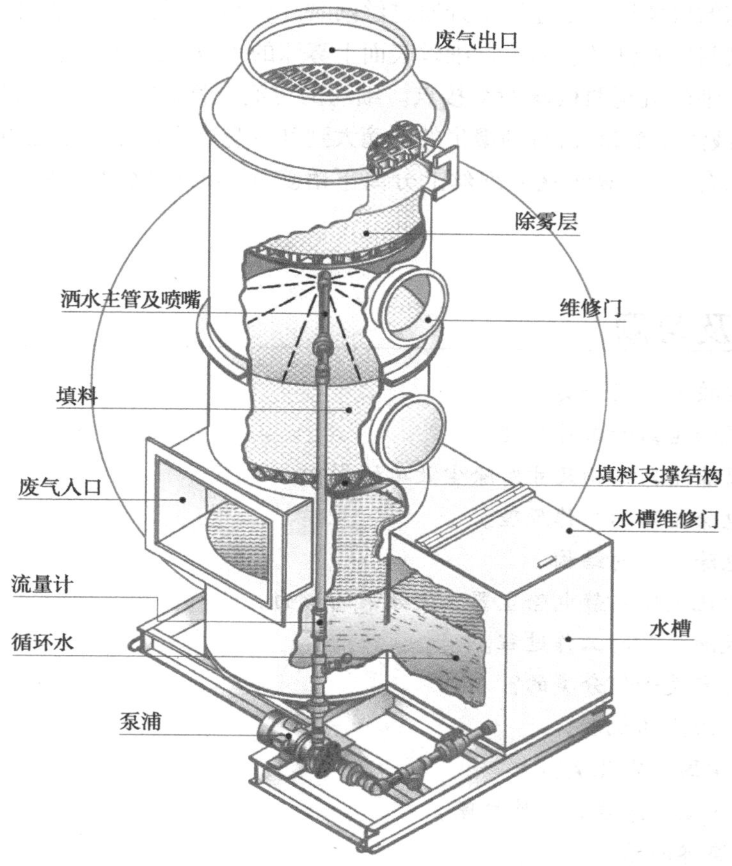

图 4.5.3　洗涤塔结构

四、除沫器

在各类湿法洗涤器中，除尘后气体中难免会带有许多液雾。所以都有除沫器将这些液雾尽可能地除去。丝网除沫器是一种常见的除沫装置，如图 4.5.4 所示。

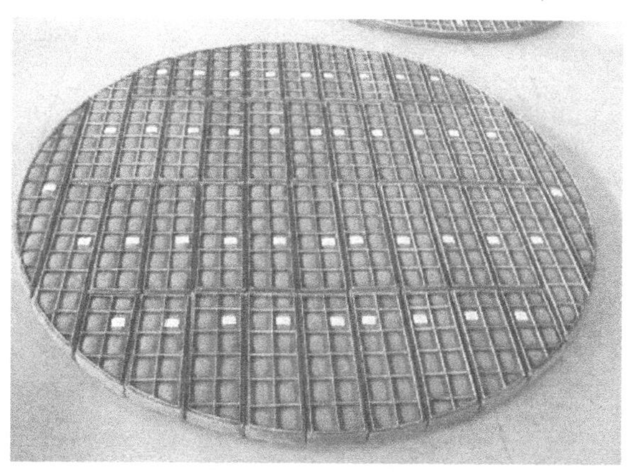

图 4.5.4　丝网除沫器

当带有雾沫的气体以一定速度上升通过丝网时，由于雾沫上升的惯性作用，雾沫与丝网细丝相碰撞而被附着在细丝表面上。细丝表面上雾沫的扩散、雾沫的重力沉降，使雾沫形成较大的液滴沿着细丝流至两根丝的交接点。细丝的可润湿性、液体的表面张力及细丝的毛细管作用，使得液滴越来越大，直到聚集的液滴大到其自身产生的重力超过气体的上升力与液体表面张力的合力时，液滴就从细丝上分离下落。气体通过丝网除沫器后，基本上不含雾沫。

思考题及习题

1. 工业除尘技术如何分类?
2. 简述旋风除尘器的工作原理。
3. 分析旋风除尘器结构尺寸对除尘效率的影响。
4. 简述静电除尘器的工作原理。
5. 简述静电除尘器的结构。
6. 分析粉尘比电阻对静电除尘器除尘效果的影响。
7. 简述袋式除尘器的工作过程。
8. 袋式除尘器是如何分类的?
9. 简述湿法除尘的机理。
10. 湿法除尘器有哪几类?
11. 简述文丘里洗涤器的工作机理。
12. 简述洗涤塔的结构。
13. 讨论:如何根据生产任务进行除尘器的选择。

第五章

煤气脱硫与变换技术

知识目标

- 了解煤气脱硫方法的分类；
- 了解几种典型的煤气脱硫方法；
- 掌握低温甲醇洗工艺基本原理、操作条件和工艺流程；
- 掌握克劳斯硫回收工艺基本原理、操作条件和工艺流程；
- 了解 WSA 硫回收工艺的流程和主要特点；
- 掌握煤气变换的基本原理、操作条件、主要设备和工艺流程。

能力目标

- 能对煤气脱硫装置进行评价；
- 能进行低温甲醇洗装置的运行与维护；
- 能进行硫回收装置的运行与维护；
- 能初步分析煤气脱硫过程中出现的问题并提出解决措施；
- 能进行煤气变换装置的运行与维护。

无论是在煤制煤气，还是在炼焦所副产的焦炉煤气中，都含有数量不同的硫化物，其含量和形态取决于煤气化和炼焦所采用的煤种性质，以及加工方法和工艺条件。一般来说，煤气中的硫含量与其加工处理的煤种硫含量成正比。

煤气中硫化物的存在，会造成生产设备和管道的腐蚀，引起后续合成工段催化剂中毒失活。当煤气用作工业和民用燃料时，排放的硫化物将严重污染环境，危害人民健康。因而，无论是用于何种用途的煤气，都必须采用相适宜的工艺方法，将煤气中的硫化物脱除至要求的技术指标。

第一节　煤气脱硫方法的选用

一、煤气脱硫技术分类

脱除煤气中硫化物的方法很多，按脱硫剂的状态，可分为干法和湿法两大类，见表5.1.1。

表5.1.1　煤气的脱硫与脱碳方法

分类		名称
干法		氧化锌法、氧化铁法、活性炭吸附法、锰矿脱硫法、钴-钼催化加氢法、分子筛法等
湿法	湿式氧化法	氨水液相催化法、栲胶法、EDTA法、砷碱法等
	物理吸收法	低温甲醇洗法、NHD法、聚乙二醇二甲醚法、碳酸丙烯酯法
	化学法	烷基醇胺法、碱性盐溶液法
	物理—化学法	环丁砜+二乙醇胺法、碳酸丙烯酯+甘醇胺或二异丙醇胺等

1. 干法脱硫

所用的脱硫剂为固体。当含有硫化物的煤气通过固体脱硫剂时，由于选择性吸附、化学反应的原因，使硫化物被脱硫剂截留，而煤气得到净化。

2. 湿法脱硫

利用液体吸收剂选择性地吸收煤气中的硫化物，实现煤气中硫化物的脱除。根据原理不同，湿法脱硫又可分为湿式氧化法、物理吸收法、化学吸收法和物理—化学吸收法。

(1)湿式氧化法

借助于吸收溶液中载氧体的催化作用，将吸收的H_2S转化成为硫黄，从而使吸收溶液获得再生。该法主要有改良ADA法、栲胶法、氨水催化法、PDS法及络合铁法等。

(2)物理吸收法

利用有机溶剂作为吸收剂,在吸收设备内选择性地吸收煤气中的硫化物。吸收液进行再生还原,解析出硫化氢。常用的方法有低温甲醇洗法、聚乙二醇二甲醚(NHD)法。

(3)化学吸收法

以弱碱性溶液为吸收剂。与 H_2S 进行化学反应而形成有机化合物,当吸收富液温度升高、压力降低时。该化合物即分解放出 H_2S。烷基醇胺法、碱性盐溶液法等都是属于这类方法。

(4)物理—化学吸收法

该法的吸收液由物理溶剂和化学溶剂组成,因而其兼有物理吸收和化学反应两种性质。

二、干法脱硫技术

煤气干法脱硫技术应用较早,最早应用于煤气的干法脱硫技术是以沼铁矿为脱硫剂的氧化铁脱硫技术,之后,随着煤气脱硫活性炭的研究成功及其生产成本的相对降低,活性炭脱硫技术也开始被广泛应用。

1. 氧化铁法脱硫技术

最早使用的氧化铁脱硫剂为沼铁矿和人工氧化铁,为增加其孔隙率,脱硫剂以木屑为填充料,再喷洒适量的水和少量熟石灰,反复翻晒制成,其 pH 值一般为 8 ~9,该种脱硫剂脱硫效率较低,必须塔外再生,再生困难,不久便被其他脱硫剂所取代。现在 TF 型脱硫剂应用较广,该种脱硫剂脱硫效率较高,并可以进行塔内再生。

氧化铁脱硫和再生反应过程如下:

(1)脱硫过程

$$2Fe(OH)_3+3H_2S \longrightarrow Fe_2S_3+6H_2O$$

$$Fe(OH)_3+H_2S \longrightarrow 2Fe(OH)_2+S+2H_2O$$

$$Fe(OH)_2+H_2S \longrightarrow FeS+2H_2O$$

(2)再生过程

$$2Fe_2S_3+3O_2+6H_2O \longrightarrow 4Fe(OH)_3+6S$$

$$4FeS+3O_2+6H_2O \longrightarrow 4Fe(OH)_3+4S$$

氧化铁脱硫剂再生是一个放热过程,如果再生过快,放热剧烈,脱硫剂容易起火燃烧,这种火灾现象曾在多个企业发生。

干法脱硫是在圆柱状脱硫塔内装填一定高度的脱硫剂,煤气自下而上通过脱硫剂,H_2S 被去除,实现脱硫过程,常用的脱硫剂为氧化铁,其粒状为圆柱状,氧化铁脱硫的原理如下:

$$Fe_2O_3 \cdot H_2O+3H_2S \longrightarrow Fe_2S_3 \cdot H_2O+3H_2O$$

由上面的反应方程式可以看出,Fe_2O_3 吸收 H_2S 变成 Fe_2S_3,随着煤气的不断产生,氧化铁吸收 H_2S,当吸收 H_2S 达到一定的量,H_2S 的去除率将大大降低,直至失效。Fe_2S_3 是可以还原再生的,与 O_2 和 H_2O 发生化学反应可还原为 Fe_2O_3,原理如下:

$$2Fe_2S_3 \cdot H_2O+3O_2 \longrightarrow 2Fe_2O_3 \cdot H_2O+6S$$

综合以上两反应式，煤气脱硫反应式如下：

$$H_2S+\frac{1}{2}O_2 \longrightarrow S+H_2O（反应条件是 Fe_2O_3 \cdot H_2O）$$

由以上化学反应方程式可以看出，Fe_2O_3 吸收 H_2S 变成 Fe_2S_3，Fe_2S_3 要还原成 Fe_2O_3，需要 O_2 和 H_2O，通过空压机在脱硫塔之前向煤气中投加空气即可满足脱硫剂还原对 O_2 的要求。

2. 活性炭法脱硫技术

活性炭脱硫主要是利用活性炭的催化和吸附作用，活性炭的催化活性很强，煤气中的 H_2S 在活性炭的催化作用下，与煤气中少量的 O_2 发生氧化反应，反应生成的单质 S 吸附于活性炭表面。当活性炭脱硫剂吸附达到饱和时，脱硫效率明显下降，必须进行再生。活性炭的再生根据所吸附的物质而定，S 在常压下，190 ℃时开始熔化，440 ℃左右便升华变为气态，所以，一般利用 450～500 ℃的过热蒸汽对活性炭脱硫剂进行再生，当脱硫剂温度提高到一定程度时，单质硫便从活性炭中析出，析出的硫流入硫回收池，水冷后形成固态硫。

活性炭脱硫的脱硫反应过程如下：

$$2H_2S+O_2 \longrightarrow S+2H_2O$$

3. 氧化锌法脱硫技术

化锌脱硫剂可直接脱除硫化氢和硫醇，反应式为：

$$ZnO+H_2S \longrightarrow ZnS+H_2O$$

$$ZnO+C_2H_5SH \longrightarrow ZnS+C_2H_4+H_2O$$

对于硫氧化碳和二硫化碳等有机硫，则部分先转化为硫化氢，然后再被氧化锌吸收；部分有机硫可直接被氧化锌吸收，反应过程为：

$$CS_2+4H_2 \longrightarrow CH_4+2H_2S$$

$$COS+H_2 \longrightarrow CO+H_2S$$

$$ZnO+COS \longrightarrow ZnS+CO_2$$

$$ZnO+CS_2 \longrightarrow 2ZnS+CO_2$$

氧化锌脱硫剂对噻吩的转化能力很弱，又不能直接吸收，因此单独使用氧化锌脱硫剂是不能把有机硫完全脱除的。氧化锌脱硫的化学反应速率很快，硫化物从脱硫剂外表面通过毛细也到达其内表面，内扩散速度较慢，无疑是脱硫过程的控制步骤。因此氧化锌脱硫剂粒度小，孔隙率大，有利于脱硫反应的进行。同样压力高也有利于提高脱硫反应速度和脱硫剂利用率。

氧化锌脱硫剂是以氧化锌为主体，约占 95%，并添加少量氧化锰、氧化铜或氧化镁为助剂。根据脱硫温度的不同，可分高温脱硫氧化锌脱硫剂和常温脱硫氧化锌脱硫剂。

三、湿法脱硫技术

1. 湿式氧化法

湿式氧化法脱硫技术是国内化工行业广泛使用的脱硫方法之一，顾名思义它是用稀碱

液吸收气相中的 H_2S，在吸收 H_2S 的液相中由于氧化催化剂的作用，将 H_2S 氧化为元素硫并分离回收。因此该技术包括 H_2S 吸收、氧化和硫回收。和其他的化学和物理方法相比：

(1)该法适用原料气中 H_2S 含量低(小于 20 g/m^3)，CO_2 含量较高工况，即适用于煤气和焦炉气等的脱硫。国内目前已有几百套生产装置在运行。

(2)本技术的特点是可将 H_2S 直接氧化为单质硫，不需要专门设置克劳斯硫回收装置，流程短，操作简便。

(3)该技术总的硫回收率在 80% ~85%，高于其他配套克劳斯硫回收的方法。

(4)溶液的硫容量低和副产少量盐是该技术的弊病。硫容量低使脱硫成本上升，少量副盐使碱的耗量上升，增加了操作的复杂性。

20 世纪 70、80 年代是我国化肥工业蓬勃发展时期，也是国内湿式氧化法脱硫技术快速工业化的年代，近千套的小合成氨厂是方便开发新技术的生产试验基地，那时除对传统的 ADA 和醇胺法进行深入研究外，当时有代表性的方法有栲胶法、FD 法、茶酚法和 EDFA 法等均在工业生产中得到了应用。经过近 30 年的发展，伴随市场经济和环保法规的建立，到目前为止，优胜劣汰，现存的有明显技术特色，市场占有率高的典型代表有络合催化和酚醌催化两大类。随着时间的迁移，占据市场主导地位的方法，20 世纪 80 年代是改良 ADA 和氨水液相法，80 年代末至 90 年代为栲胶法和 PDS，最近几年，888 异军突起，市场占据率顿然上升。

以往湿式氧化法脱硫技术主要运用于煤气粗脱硫，近几年来，其运用范围不断扩展，目前已推广到变换气和焦炉气脱硫、尿素生产中 CO_2、低温甲醇洗尾气、变压吸附脱碳尾气等高浓度 CO_2 气体的脱硫。

湿式氧化法实质上就是一种伴有氧化反应的湿式酸碱中和的过程，通过催化氧化，使负二价的硫转化成单质硫分离出去。其反应原理如下：

第一步用氨水或纯碱液吸收气体中的 H_2S 进行中和反应。

气相中 H_2S 被溶液吸收而转入液相中，

$$H_2S+H_2O = H_2S \cdot H_2O \longrightarrow HS^- + H^+ + H_2O \quad ①$$

在液相中离子反应

$$HS^{-1}+H^+ +2Na^+ +CO_3^{2-} \longrightarrow NaHS+NaHCO_3 \quad ②$$

综合①和②则为

$$H_2S+Na_2CO_3 \longrightarrow NaHS+NaHCO_3 \quad ③$$

第二步采用载氧体催化剂进行催化氧化反应把 HS^-、S^{-2} 氧化成单质硫。

液相中的氧化催化反应

$$NaHS+\frac{1}{2}O_2 \longrightarrow NaOH+S\downarrow \quad ④$$

第三步加入或喷射自吸空气氧化失活的催化剂，使其得到再生，恢复活性、循环使用。同时将单质硫浮选出来分离出去，熔炼硫黄。

$$NaHCO_3+NaOH \longrightarrow Na_2CO_3+H_2O \quad ⑤$$

从工艺上看,第一步吸收反应肯定在脱硫塔中进行。气液两相逆流接触,通过传质(填料)H_2S 从气相介面向液相介面转移,进入液相主体。酸碱中和反应,生成相应的盐转化为富液。此过程中受气膜控制属扩散式吸收。然而催化、氧化、析硫的第二步化学反应,也主要在脱硫塔内进行。因而,也形成了这种复杂相系共存格局。故此,传质面积、喷淋密度、液气比、碱度、pH 值、催化剂浓度、反应温度等都会影响吸收的选择性及析硫再生和气体净化度。

催化剂在整个过程中的变化示意为下:

$$\text{载氧体(氧化态)}+H_2S \longrightarrow \text{载氧体(还原态)}+S\downarrow$$

$$\text{载氧体(还原态)}+\frac{1}{2}O_2\text{(空气)} \longrightarrow \text{载氧体(氧化态)}+H_2O$$

载氧体即催化剂,氧化态的载氧体将溶液中被吸收的 H_2S 氧化成单质硫,同时自己变成还原态的载氧体。再生时还原态的载氧体被空气中的氧转换为氧化态的载氧体,这样周而复始地循环变化,达到脱除气相中 H_2S 的目标。溶液中生成的单质硫以硫泡沫的形式,再生时溢出再生槽后送硫回收,加工为成品硫黄后外售。

2. 化学吸收法

化学吸收法主要包括醇胺法(对不同天然气组成有广泛的适应性)、热钾碱法(主要用于合成气脱除 CO_2)。

烷基醇胺是一类弱碱性有机化合物,其水溶液具有吸收 H_2S 和 CO_2 的能力。醇胺法包括一乙醇胺法(MEA)、二乙醇胺法(DEA)、二异丙醇胺法(ADIP)以及具有选择性吸收的改良甲基二乙醇胺法(MDEA)。

一乙醇胺(MEA)在各种烷基醇胺中是碱性最强的,它与 H_2S 等酸性气体的反应速度最快,吸收能力最大,且一乙醇胺稳定性好,热降解少,价格低廉易回收。一乙醇胺的缺点是与有机硫化物 COS 和 CS_2 会形成降解产物,它的饱和蒸汽压比其他胺类高,气化损失大。

二乙醇胺(DEA)既可脱除 H_2S,又可脱除 CO_2,也没有选择性。与 MEA 不同,DEA 可用于原料气中含有 COS 的场合。虽然 DEA 的分子量较高,但由于它能适应两倍以上 MEA 的负荷,因而它的应用仍然经济。DEA 溶液再生之后一般具有较 MEA 溶液低得多的残余酸气浓度。

二异丙醇胺(ADIP)属于仲胺,它吸收 H_2S 和 CO_2 的化学反应与其他烷基醇胺相同。不同的是,二异丙醇胺在吸收过程中,能与 COS、CS_2 生成可再生的化合物,因而用于处理含 COS 和 CS_2 的酸性气体时,该吸收溶液的降解损失小。二异丙醇胺的缺点是吸收 H_2S 的速度比较慢,当气体中有 O_2、HCN 存在时,会引起二异丙醇胺的降解损失。

甲基二乙醇胺是一种叔胺,与其他烷基醇胺法相比,它对 H_2S 的吸收具有较高的选择性,MDEA 不易降解、腐蚀性小,特别适用于从高浓度的酸性气体中选择性吸收 H_2S。但 MDEA 工艺对有机硫的脱除效率低。

活化热钾碱法工艺是在热碳酸钾溶液中添加一定量的活化剂加快碳酸钾与 CO_2 的反应速度;并降低液面上方 CO_2 平衡分压,从而提高 CO_2 的吸收速度和气体净化度。该工艺主要用于脱碳,同时能脱除硫化氢、有机硫化物。

3. 物理吸收法

物理吸收法是利用有机溶剂在一定压力下进行物理吸收脱硫,然后减压而释放出硫化物气体,溶剂得以再生。物理溶剂法主要有低温甲醇法(Rectisol)和聚乙二醇二甲醚法(NHD),此外还有碳酸丙烯酯法(Fluar)和N-甲基吡啶烷酮法(Purisol)等。物理吸收法能耗低、吸收重烃、净化度高,需特殊再生措施,主要用于脱碳。

其中,低温甲醇法将在后面的章节中做详细介绍。下面对聚乙二醇二甲醚法(NHD)作简要介绍。

20 世纪 60 年代美国联合化学公司(Allies Chemical Corp)开发的一种酸性气体物理吸收溶剂—NHD 脱碳液,其化学名称为聚乙二醇二甲醚,商品名为 Selexol。我国南化(集团)公司研究院和杭州化工研究所于 20 世纪 80 年代从脱碳液筛选开始着手研究,找出了用于脱硫、脱碳的聚乙二醇二甲醚最佳脱碳液组成(命名为 NHD)。可以与国外开发的先进净化工艺 Selexol 法相抗衡,填补了国内空白。其物化性质与 Selexol 相似,但其组分含量与分子量都不同。聚乙二醇二甲醚结构式为 $CH_3O—(CH_2CH_2O)n—CH_3$,聚合度 n 不同,物性不同,$n<10$ 时,为五色或淡黄色透明液体,随着 n 的不断增大,其黏度逐渐增大,直至为白色或土灰色固体。式中 $n=3\sim8$,是一种浅黄色或无色透明液体,接近中性,无味、无毒、无腐蚀性,化学和热稳定性较好,使用时不起泡,不污染环境。

NHD 溶剂对气体中硫化物和二氧化碳具有较大的溶解能力,尤其是对硫化氢有良好的选择吸收性,蒸汽压低,运转时溶剂耗损少,是一种较理想的物理吸收剂,适合于以煤(油)为原料、酸气分压较高的合成气等的气体净化,脱硫时需消耗少量热量,脱碳时需消耗少量冷量,属低能耗的净化方法。

4. 物理-化学法

这是一种将化学吸收剂与物理吸收剂联合应用的脱硫方法,目前以环丁砜法最为常用。环丁砜法是用烷基醇胺和环丁砜的混合水溶液作为吸收剂,因此,兼有物理溶剂法和胺法的优点,其溶剂特性来自环丁砜,而化学特性来自二异丙醇胺和水。在酸性气体分压高的条件下,物理吸收剂环丁砜容许很高的酸性气体负荷,而化学溶剂 DIPA 可使处理过的气体中残余酸气浓度减小到最低。所以环丁砜法明显超过常用的乙醇胺溶液的能力,特别在高压和酸性组分浓度高时处理气流是有效的。环丁砜脱硫法所用溶剂一般是由 DIPA、环丁砜和水组成。实验表明,溶液中环丁砜浓度高,适于脱除有机硫(COS),反之,低的环丁砜浓度则使溶液适合于脱除 H_2S。

四、脱硫方法的选择

1. 湿法脱硫技术的选择

①原料气体中硫化氢含量中等,如硫化氢含量为2% ~3%的粗天然气净化,当前应用最广泛的是烷基醇胺法。

②原料气中硫含量低,并且含有较高的二氧化碳,用直接氧化法脱硫较合适,如改良

ADA 法、栲胶法、氨水液相催化法等。这几种方法技术成熟、过程完善、各项技术经济指标较好，特别是栲胶法运行费用低。

③原料气的硫化氢、二氧化碳等酸性气体含量较高时，用物理溶剂或者物理-化学混合溶剂吸收，再生时放出的硫化氢用克劳斯法回收硫黄。这类方法的共同特点是溶剂吸收能力强，能耗低。

2. 干法脱硫技术的选择

①含有少量 H_2S 及 RSH 的原料气体，单用 ZnO 脱除即可。

②含硫较高的原料气体，用活性炭和 ZnO 串联。

③如果原料气中的 COS 较多，应先将 COS 进行水解，再用 ZnO 或活性炭脱除。

④如果原料气中含有少量的硫醇和噻吩，可直接用分子筛脱除。

⑤对含有机硫较高的液态烃，先要经 Co-Mo 加氢转化，再经湿法脱硫，再用氧化锌等脱除。

五、干法脱硫与湿法脱硫技术结合应用

对于一些对煤气中的 H_2S 比较敏感的行业，可以结合干法脱硫与湿法脱硫技术的优点，将两种脱硫方法结合起来应用，利用湿法脱硫先将煤气中的大部分 H_2S 脱除，然后，再利用干法脱硫对煤气中的 H_2S 进行精脱，从而，达到较高的脱硫净度。这样既利用了湿法脱硫可以在线调整的优点，又利用了干法脱硫脱硫效率高的优点，并克服了由于干法脱硫脱硫剂硫容因素造成的脱硫剂失效过快的问题。

为了保持人们优良的生存环境和提高企业最终产品质量，对煤气进行脱硫是非常有必要的，而采用何种脱硫方法值得厂家研究与探讨，我们在选择何种脱硫方法，要结合各种脱硫方法的优缺点，优化选择。

从目前国内外大中型煤气化装置所采用的脱除酸性气体的工艺来看，属于冷法的低温甲醇洗工艺和 NHD 工艺较常见，而且多以低温甲醇洗工艺为主。

第二节　低温甲醇洗技术

低温甲醇洗是20世纪50年代初德国林德公司和鲁奇公司联合开发的一种气体净化工艺，低温甲醇洗是一种物理吸收方法。该方法以冷甲醇作为吸收剂，在低温高压下完成对CO_2、H_2S、COS等有害气体的吸收，吸收了酸性气体的甲醇溶液分别经节流降压、汽提、热再生等过程进行再生并循环使用。

一、低温甲醇洗基本原理

基本原理就是采用冷甲醇作为吸收剂，利用甲醇在低温下对酸性气体溶解度较大的物理特性，脱除原料气中的酸性气体。

1. 各种气体在甲醇中的溶解度

低温甲醇洗是典型的物理吸收过程，高压低温有利于吸收。降低温度，对不同的气体溶解度增加的并不相同。低温甲醇洗的操作温度在-30～70 ℃，各种气体在-40 ℃甲醇溶液的相对溶解度见表5.2.1。

表5.2.1　各种气体在-40 ℃甲醇溶液的相对溶解度

气体	相对溶解度		气体	相对溶解度	
	H_2 的溶解度	CO_2 的溶解度		H_2 的溶解度	CO_2 的溶解度
H_2S	2 540	5.9	CO	5.0	
COS	1 555	3.6	N_2	2.6	
CO_2	430	1.0	H_2	1.0	
CH_4	12				

由表5.2.1可见，H_2S、COS、CO_2等酸性气体在甲醇中有较大的溶解能力，而氢、氮、一氧化碳等气体在其中的溶解度甚微。因而，甲醇对原料气中酸性气体的吸收具有很好的选择性。有机硫在甲醇中的溶解度很大，这样就使得低温甲醇洗有一个重要的优点，即有可能综合脱除原料气中所有的硫杂质。表5.2.2和表5.2.3分别为H_2S和CO_2在不同温度和压力

下在甲醇中的溶解度。

表 5.2.2　不同温度，不同分压下 H_2S 的溶解度，m^3/吨甲醇

H_2S 平衡分压 kPa	0 ℃	−25.6 ℃	−50 ℃	−78.5 ℃
6.67	2.4	5.7	16.8	76.4
13.33	4.8	11.2	32.8	155.0
20.00	7.2	16.5	48.0	240.0
26.66	9.7	21.8	65.6	100%溶解
40.00	14.8	33.0	99.6	
53.00	20	45.8	135.2	

表 5.2.3　不同温度，不同分压下 CO_2 的溶解度，m^3/吨甲醇

CO_2 平衡分压 MPa	−26 ℃	−36 ℃	−45 ℃	−60 ℃
0.101	17.6	23.7	85.9	68
0.304	56	77.4	117	321
0.405	77	113	174	960.7
0.507	106	150	250	（平衡分压 0.405 为 50%溶解，0.42 为 100%）
0.709	155	262	570	
0.831	192	355	100%溶解	
0.912	223	444		
1.166	343	100%溶解		
1.317	468			
1.52	1 142			
1.621	100%溶解			

图 5.2.1 为常见气体在甲醇中的溶解度曲线，由图可见各种气体在甲醇中溶解度的差异及溶解度随温度变化的情况。

H_2S 和 CO_2 在甲醇中的溶解度随温度的降低，增加较快，当温度从 40 ℃下降到 20 ℃，CO_2 的溶解度约增加 6 倍，而 H_2、CO 及 CH_4 随温度的降低变化不大。在低温下，H_2S 的溶解度差不多比 CO_2 大 6 倍，这样就有可能选择性地从原料气中先脱除 H_2S，而在甲醇再生时先解吸 CO_2。

2. 各种气体在甲醇中的溶解热

根据各种气体在甲醇中的溶解度数据，可求得在甲醇中的溶解热，见表 5.2.4。

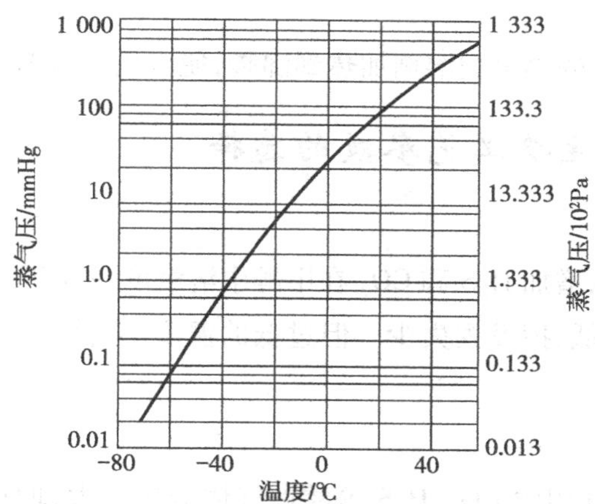

图 5.2.1　甲醇溶解度与温度的关系

表 5.2.4　各种气体在甲醇中的溶解热(kJ/mol)

气体	H_2S	CO_2	COS	CS_2	H_2	CH_4
溶解热	19.264	16.945	17.364	27.614	3.824	3.347

H_2S 和 CO_2 在低温甲醇中溶解度很大,因此,在不断的吸收过程中,必须不断地取走热量。

3. 净化过程中溶剂的损失

净化过程中甲醇溶剂的损失主要是甲醇的挥发,甲醇的蒸汽压和温度的关系,如图 4.2.2 所示。由表 5.2.2 可见,在常温下,甲醇的蒸汽压很大。即使气体挥发出来的甲醇溶剂浓度很小,但由于处理气量很大,溶剂的损失还是可观的。在实际生产中,采用低温吸收,一定程度上减少了溶剂的损失。

4. 低温甲醇洗吸收动力学

H_2S 不仅比 CO_2 的溶解度大 5.9 倍,而且在相同条件下,H_2S 的吸收速率是 CO_2 的 10 倍。混合气体中,H_2S 的浓度较小,吸收速度又快,因此控制吸收速度仅取决于 CO_2 的扩散速率。影响因素主要是温度和压力。温度降低时吸收速率缓慢降低。

5. 甲醇再生原理

根据亨利定律压力愈低、温度愈高,则愈利于溶质的解析,在温度等于溶剂的沸点时,溶质在溶剂中的溶解量为零。因此,选择溶剂解析的方法有:

(1)减压解析法

减压解析法即吸收了溶质的溶剂,通过节流和降低系统的总压(甚至到负压),实现溶质的解析。

(2)气提解析法

气提解析法即导入惰性气,降低溶质分压,实现溶质的解析。

(3)加热解析法

加热解析法即用外来的热量把溶剂加热到沸腾,使溶质在溶剂中的溶解量为零。

二、低温甲醇洗主要工艺参数的选择

1. 温度

降低吸收的温度可以增加 H_2S 和 CO_2 在甲醇中溶解度,提高吸收效果。同时,在低温下吸收,甲醇的饱和蒸汽压低,挥发损失少。但过低的温度,会使冷量损失加大。目前常用的温度为-70 ~ -20 ℃。

2. 压力

提高操作压力可使气相中 CO_2、H_2S 等酸性气体分压增大,增加吸收的推动力,从而减少吸收设备的尺寸,提高气体的净化度。提高压力同时也增加溶液的吸收能力,减少溶液的循环量,但是,过高的压力对设备材质要求高,有效组分 CO、H_2 等气体的溶解损失会增大。目前常用的吸收压力位 2 ~ 8 MPa。

3. 吸收剂的纯度

甲醇中的水含量是影响其吸收能力的重要因素。但甲醇中含有水分时,甲醇的吸收能力将会下降。较高的水含量还会增大对设备的腐蚀。目前,对贫甲醇的含水量要求为小于1%。

三、低温甲醇洗工艺流程

低温甲醇洗的流程有两步法和一步法之分。两步法的流程适用于非耐硫变换工艺,其做法为先用低温甲醇洗将原料中的 H_2S 脱除,经变化后,再用低温甲醇洗将原料气中的 CO_2 脱除。由于耐硫变化技术的应用,目前的流程倾向于在变换后同时脱除 H_2S 和 CO_2,称为一步法。在本部分,仅对一步法流程作介绍。其设备对照表见表 5.2.5。

一步法的流程可分为:煤气洗涤、主洗涤液再生、含硫甲醇富液再生及硫化氢浓缩、预洗甲醇的再生、尾气洗涤 5 个部分,如图 5.2.2 所示。

1. 原料气的预冷

来自一氧化碳变换工序的变换气,在 40 ℃,7.81 MPa 的状态下进入低温甲醇洗装置。由于低温甲醇洗装置是在-70 ~ -40 ℃的低温条件下操作的,为了防止变换气中的饱和水分在冷却过程中结冰,在混合气体进入进料气冷却器 E1 之前,向其中喷入贫甲醇。然后再进入进料气冷却器 E1,与来自本装置的 3 种低温物料——汽提尾气、CO_2 产品气和净化气进行换热,被冷却至-10 ℃左右。冷凝下来的水与甲醇形成混合物。冰点降低,从而不会出现冻结现象。甲醇水混合物与气体一起进入进料气体甲醇/水分离罐 V1 进行气液分离,分离后的气体进入甲醇洗涤塔 T1 底部,而分离下来的甲醇水混合物送往甲醇/水分离塔 T5 进行甲醇水分离。

表 5.2.5 低温甲醇洗流程设备对照表

编号	设备名称	编号	设备名称	编号	设备名称
C1	循环气压缩机	E13	H_2S 馏分氨冷却器	S2	甲醇第二过滤器
E1	进料气冷却器	E14	H_2S 馏分冷交换器	T1	甲醇洗涤塔
E2	压缩机后水冷却器	E15	甲醇水分离塔再沸器	T2	CO_2 解析塔
E3	含硫甲醇冷却器	E16	进料加热器	T3	H_2S 浓缩塔
E4	无硫甲醇氨冷器	E17	无硫甲醇冷却器	T4	甲醇再生塔
E5	循环甲醇氨冷器	E18	贫甲醇水冷却器	T5	甲醇水分离塔
E6	循环甲醇冷却器	P1	H_2S 浓缩塔上塔出料泵	V1	甲醇水分离罐
E7	含硫甲醇第二换热器	P2	闪蒸甲醇泵	V2	含硫富甲醇闪蒸罐
E8	第三贫甲醇冷却器	P3	甲醇再生塔进料泵	V3	无硫富甲醇闪蒸罐
E9	第二贫甲醇冷却器	P4	贫甲醇泵	V4	甲醇中间贮罐
E10	第一贫甲醇冷却器	P5	甲醇水分离塔进料泵	V5	H_2S 馏分分离罐
E11	甲醇再生塔再沸器	P6	甲醇再生塔回流泵	V6	回流液分离罐
E12	H_2S 馏分水冷却器	S1	甲醇第一过滤器	V7	循环甲醇闪蒸罐

2. 酸性气体(CO_2,H_2S 等)的吸收

甲醇洗涤塔 T1 分为上塔和下塔两部分,共 4 段,上塔 3 段,下塔 1 段。下塔主要是用来脱除 H_2S 和 COS 等硫化物。来自进料气体甲醇/水分离罐 V1 的原料气,首先进入甲醇洗涤塔 T1 的下塔,被自上而下的甲醇溶液洗涤,H_2S 和 COS 等硫化物被吸收,含量降低至 0.1 mg/m^3 以下,然后气体进入上塔进一步脱除 CO_2。由于 H_2S 和 COS 等硫化物在甲醇中的溶解度比 CO_2 高,而且在原料气中 H_2S 和 COS 等硫化物的含量比 CO 低得多,仅用出上塔底部吸收饱和了 CO_2 的甲醇溶液总量的一半左右来作为洗涤剂。此部分甲醇溶液吸收了硫化物后从塔底排出,依次经过含硫甲醇冷却器 E3 和含硫甲醇第二换热器 E7,温度由出塔底的 −6.8 ℃依次降低至−10.5 ℃、−31.7 ℃,然后经减压至 1.95 MPa,进入含硫富甲醇闪蒸罐 V2 进行闪蒸分离。

上塔的主要作用为脱除原料气中的 CO_2。经下塔脱除硫化物后的原料气,通过升气管进入甲醇洗涤塔 T1 上塔。由于 CO_2 在甲醇中的溶解度比 H_2S 和 COS 等硫化物小,且原料气中的 CO_2 含量很高,所以上塔的洗涤甲醇量比下塔的大。吸收 CO_2 后放出的溶解热会导致甲醇溶液的温度上升,为了充分利用甲醇溶液的吸收能力,减少洗涤甲醇流量,在设计上采取了分段操作,段间降温的方法。甲醇吸收 CO_2 所产生的溶解热一部分转化为下游甲醇溶液的温升,另一部分被段间换热装置取出。

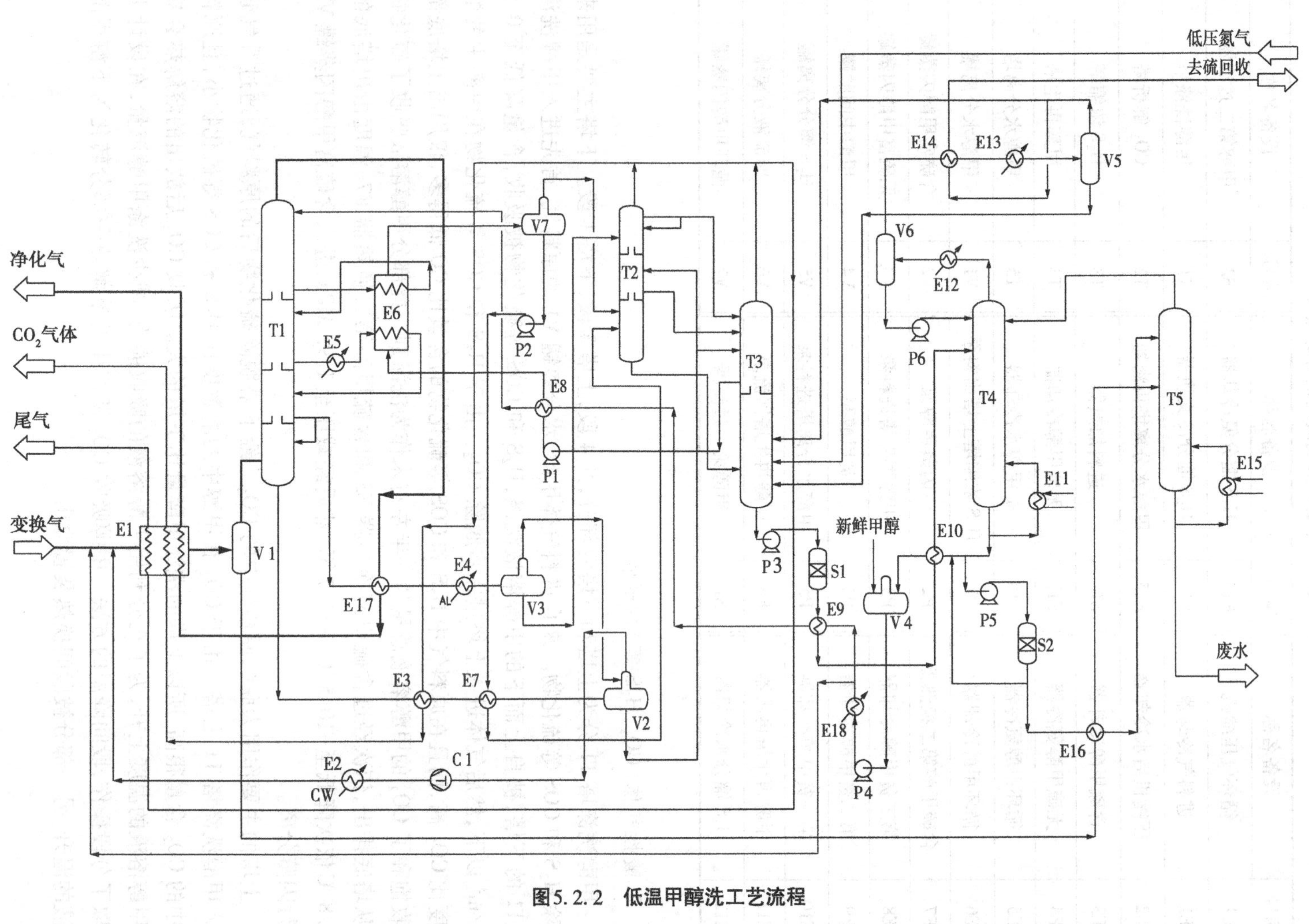

图5.2.2　低温甲醇洗工艺流程

来自热再生部分的贫甲醇，经冷却后，以-64.5 ℃进入甲醇洗涤塔T1的顶部，其甲醇含量为99.5%，水含量小于0.5%。出上塔顶段的甲醇溶液，温度上升至-18.8 ℃，经过循环甲醇冷却器E6被冷却至-44.5 ℃后，进入上塔中段继续吸收CO_2；出中段的甲醇溶液，温度上升至-17.1 ℃，依次经过循环甲醇氨冷器E5和循环甲醇冷却器E6被冷却至-44.5 ℃后，进入上塔的第三段进一步吸收CO_2，温度上升至-10.0 ℃后出上塔。其中占总量52%的甲醇溶液，进入下塔作为洗涤剂，剩余部分依次在洗涤塔底无硫甲醇冷却器E17中，无硫甲醇氨冷器E4中被冷却，温度分别降至-22.1 ℃、-33.0 ℃，然后被减压至1.95 MPa，进入无硫富甲醇闪蒸罐V3进行闪蒸分离。

出甲醇洗涤塔T1顶部的净化气温度为-64.0 ℃、压力为7.67 MPa，经无硫甲醇冷却器E17和进料气冷却器E1回收冷量后，去后工序。

3. 氢气的回收

为了回收溶解在甲醇溶液中的H_2、N_2和CO等有效气体，提高装置的氢回收率，以及保证CO_2产品气的纯度，流程中设置了中间(减压)解吸过程即闪蒸过程。无硫富甲醇闪蒸罐V3中闪蒸出来的闪蒸气，在含硫富甲醇闪蒸罐V2的顶部，与V2中闪蒸出来的气体汇合，经循环气压缩机C1加压至7.81 MPa，然后经水冷器E2冷却至71.6 ℃后，送至进料气冷却器E1前，汇入进本工段的变换气中。

当C1出现故障时，循环氢气送入H_2S浓缩塔T3的上段底部，经洗涤后随尾气一起放空。

4. CO_2的解吸回收

CO_2解吸塔T2的主要作用是将含有CO_2的甲醇溶液减压，使其中溶解的CO_2解吸出来，得到无硫的CO_2产品。CO_2产品的来源主要有如下3处：

①无硫富甲醇闪蒸罐V3底部流出的富含CO_2的无硫半贫甲醇溶液，温度为-31.8 ℃，压力为1.95 MPa，经减压至0.27 MPa后，温度降低至-53.9 ℃，进入CO_2解吸塔T2的上段进行闪蒸分离，解吸出CO_2。从上段底部流出的闪蒸后的甲醇溶液，一部分回流至T2中段的顶部，作为对下塔上升气的再洗液；剩余部分经减压至0.07 MPa，温度降低为-65.8 ℃后，送至H_2S浓缩塔T3上段的顶部作为洗涤液。

②从含硫富甲醇闪蒸罐V2底部流出的含H_2S的富甲醇溶液，温度为-31.0 ℃、压力为0.58 MPa。经减压至0.27 MPa后，温度降为-53.9 ℃，进入T2的中段进行闪蒸分离，解吸出CO_2。从中段底部流出的甲醇溶液，温度为-52.6 ℃，压力为0.27 MPa，根据需要送往T3塔的上段中部或直接送至T3上段的积液盘上。

③出T3上段底部的富甲醇溶液温度为-59.79 ℃、压力为0.11 MPa，经出料泵P1加压至0.58 MPa后，依次流经第三贫甲醇冷却器E8、循环甲醇冷却器E6，温度上升至-36.5 ℃。在压力为0.27 MPa下进入循环甲醇闪蒸罐V7进行闪蒸分离。从V7顶部出来的气体直接进入T2的下段。出V7底部的闪蒸甲醇溶液，经闪蒸甲醇泵P2加压至0.55 MPa，进入E7，温度上升至-28.1 ℃，然后进入T2底部进一步解吸所溶解的CO_2。

出T2底部的甲醇溶液温度为-28.6 ℃，压力为0.27 MPa，经减压至0.11 MPa后，温度降低至-35.5 ℃,进入 T3 下段的顶部。

出 T2 顶部的 CO_2 产品气,温度为-55.3 ℃,压力为 0.22 MPa,依次流经 E3、E1,温度上升至 9.9 ℃后,送往尿素装置。

5. H_2S 的浓缩

T3 塔称为 H_2S 浓缩塔,也叫做气提塔,主要作用是利用气提原理进一步解吸甲醇溶液中的 CO_2,浓缩甲醇溶液中的 H_2S,同时回收冷量。进入 T3 的物料主要有如下 7 部分:

①自 T2 上段积液盘的 CO_2 未解吸完全的无硫半贫甲醇溶液,经减压后进入 T3 顶部,作为洗涤剂,以洗涤从下部溶液中解吸出来的气体中的 H_2S 等,使出塔顶的气体中 H_2S 含量低于 7 ppm,达到排放标准。

②自 T2 中段积液盘上含有 CO_2 及少量 H_2S 的甲醇溶液,经减压阀减压后,进入 T3 上段。在系统负荷低于 70%时,为了保证能生产出满足尿素生产所需的 CO_2,此股甲醇溶液直接进入上段的积液盘处。

③T2 底部的含 H_2S 甲醇溶液,经减压后进入 T3 下段的顶部。

④来自 H_2S 馏分分离罐 V5 底部的富含 H_2S 的甲醇溶液在温度-35.4 ℃,压力 0.13 MPa 下进入 T3 下段的底部。

⑤为了提高 T3 底部甲醇溶液中的 H_2S 含量,从而保证出系统的酸性气体中的 H_2S 含量满足要求,从出 V5 顶部的酸性气体中引出一股流量约占总量 26.8%的酸性气体,在温度为-33.0 ℃,压力为 0.12 MPa 的状态下回流至 T3 下段塔板上。

⑥为了使进入 T3 的甲醇溶液中的 CO_2 进一步得到解吸,浓缩 H_2S,将低压氮气导入 T3 的底部作为气提介质,用以降低气相中 CO_2 的分压,使甲醇溶液中的 CO_2 进一步解吸出来。

⑦在 C1 出现故障时,出 V2 的循环气直接进入 T3 上段的底部,经甲醇洗涤后与尾气一起排放至大气(图 5.2.2 中未画出)。

出 T3 顶部的气提尾气温度为-70.3 ℃,压力为 0.07 MPa,经 E1 回收冷量,温度上升至 28.0 ℃后排放至大气。

出 T3 上段积液盘的甲醇溶液,经泵 Pl 加压后,送往前面的系统回收冷量复热后进入 T2 底部解吸出所含的 CO_2,然后依靠压力差进入 T3 底部,完成此股甲醇溶液的小循环。

6. 甲醇溶液的热再生

出 T3 下段底部浓缩后的甲醇溶液,温度为-48.7 ℃,压力为 0.13 MPa,经 T3 底泵 P3 加压至 1.20 MPa,首先进入甲醇第一过滤器 S1,除去固体杂质后,进入第二贫甲醇冷却器 E9 冷却贫甲醇,温度上升至 35.5 ℃,然后进入第一贫甲醇冷却器 E10,温度上升至 88.1 ℃,在 0.24 MPa 下进入 T4 的中部塔板上,进行加热气提再生,将其中所含的硫化物和残留的 CO_2 解吸出来。

出 T4 顶部的富含 H_2S 的酸性气体温度为 88.0 ℃,压力为 0.24 MPa,经 H_2S 馏分水冷却器 E12 被循环水冷却至 43.0 ℃后,进入回流液分离罐 V6 进行气液分离。出 V6 底部的甲醇溶液,经回流泵 P6 加压至 0.24 MPa 后,返回 T4 塔顶部作为回流液。出 V6 顶部的气体,依次进入 H_2S 馏分换热器 E14,H_2S 馏分氨冷器 E13,温度依次降低至 36.5 ℃、-33.9 ℃,然后

进入 H_2S 馏分离罐 V5 进行气液分离。分离出的甲醇溶液送往 T3 底部;分离出的酸性气体,部分送往 T3 下段塔板上,以提高 T3 底部甲醇溶液中的 H_2S 浓度,剩余部分经 E14 复热后,温度上升至 36.5 ℃,在压力为 0.14 MPa 下送硫回收装置。

来自甲醇-水分离塔 T5 顶部的甲醇蒸气,直接进入 T4 的中部塔板上,此股甲醇蒸气所携带的热量在 T4 中被利用,节省了热源。

T4 的底部设置有热再生塔再沸器 E11,利用 0.33 MPa、146.3 ℃的低压饱和蒸汽作为热源,为甲醇的热再生提供热量。

从 T4 底部出来的贫甲醇,经热再生塔底部泵 P5 加压至 0.70 MPa 后,进入甲醇第二过滤器 S2 进行过滤,除去其中的固体杂质。过滤后的贫甲醇大部分进入第一贫甲醇冷却器 E1,温度降低至 35.5 ℃,然后进入甲醇中间贮罐 V4。另外的部分,进入甲醇-水分离塔进料加热器 E16 被冷却至 71.1 ℃后,在 0.25 MPa 下,进入 T5 的顶部作为回流液。

收集在 V4 中的贫甲醇,经贫甲醇泵 P4 加压至 8.97 MPa 后,进入水冷却器 E18 被循环冷却水冷却至 43.0 ℃。出 E18 的贫甲醇,一小部分作为喷淋甲醇喷入 E1 前的原料气管线内,其余的贫甲醇依次经过 E9 和 E8,被冷却至-64.5 ℃,然后在 7.69 MPa,下进入 T1 的顶部作为洗涤剂。

7. 甲醇水分离

出 V1 的甲醇水混合物的温度为-10.6 ℃,压力为 7.77 MPa,经过滤器(未画出)除去固体杂质后,进入 E16 被加热至 71.7 ℃经过减压至 0.27 MPa 后,进入 T5 的上部塔板上。

来自 T4 底部,被 P5 加压、S2 过滤后的部分贫甲醇,在经过 E16 冷却后,进入 T5 顶部作为回流液。

在 T5 的塔底设有再沸器 E15,它利用来自减温减压站的 178.1 ℃、0.85 MPa 的低压蒸汽为甲醇水分离提供热量。

出 T5 顶部的甲醇蒸气温度为 99.7 ℃,压力为 0.25 MPa,直接进入 T4 的中部塔板上。

出 T5 底部的废水,温度为 141.8 ℃,压力为 0.28 MPa,甲醇含量为 122 mg/kg,喷入循环冷却水进行冷却后,在 40.0 ℃下,送往废水处理工序进行处理。

四、低温甲醇洗工艺特点

1. 优点

(1)选择性好

从低温时各种气体在甲醇中的相对溶解度可以看出,甲醇对 H_2S、COS、CO_2 吸收能力特别强,因此,气体脱硫脱碳可在两个塔或同一塔内分段选择进行。相比之下对 CH_4、CO、H_2S 只有较小的吸收能力,因而具有良好的选择性。

(2)气体净化度高

采用低温甲醇洗,净化气中总硫可脱至 0.1×10^{-6} 以下,CO_2 可净化至 2×10^{-6} 以下,可满足绝大部分工艺的净化要求。比其他脱硫脱碳工艺有明显优势。

(3)低温甲醇洗可以脱除气体中的多种杂质

在-30 ℃到-70 ℃的低温下,甲醇可同时脱除气体中的H_2S、COS、CS_2、RSH、C_4H_4S、CO_2、HCN、NH_3、NO以及石蜡烃、芳香烃、粗汽油等杂质,并可同时脱水使气体彻底干燥,所吸收的组分可在甲醇的再生过程中加以回收。

(4)甲醇的热稳定性和化学稳定性都较好

甲醇不会被有机硫、氰化物等组分所降解,在操作中甲醇不起泡、不分解,纯甲醇对设备和管道也不腐蚀,因此,设备与管道大部分可以用碳钢或耐低温的低合金钢。甲醇的黏度不大,在-30 ℃时,甲醇的黏度与常温水的黏度相当,因此,在低温下对传递过程有利。

(5)热稳定性及化学稳定性好

甲醇不会被有机硫、氰化物等组分降解,也不起泡。纯甲醇对设备无腐蚀,黏度小,有利于节省动力。甲醇也比较便宜容易获得。

(6)容易再生

减压后,溶解气体逐渐解吸回收,甲醇热再生后经冷却冷凝,循环使用。

2. 主要缺点

工艺流程长,甲醇有毒;投资大,低温材料可能要引进;大型的装置要引进进口工艺技术。

五、低温甲醇洗装置的运行

1. 低温甲醇洗装置的开车

(1)开车条件及准备工作

①甲醇系统各项检修项目按计划检修完毕。

②各机泵的电机单体试车合格,与机泵已对中连接好。

③空分装置已开车正常,外送合格氮气、仪表风、工厂风,且保证正常用量。

④各仪表安装正确,调试合格(最终调试的除外)。

⑤循环水已送入界区内,各换热器进出口阀全部打开。

⑥公用工程已送出合格锅炉给水、除盐水。

⑦煤气化装置、污水处理装置具备接受处理污水的条件。

⑧锅炉厂开车正常,已具备外送高、中、低压蒸汽条件。

⑨确认所有盲板、阀门均处于正确位置。

(2)系统充压

按照系统进行分别充压。利用高、低压氮气充压,塔的充压速度按照1 MPa/min的速率充到正常或接近正常操作压力。该充压也有助于将调节阀、下游泵保持在操作范围之内。泵初次在甲醇环境中使用之前,应处于关闭位置和手动模式下。

(3)系统进甲醇

由甲醇罐区向塔内充甲醇,并通过调节阀建立甲醇在各个设备内的液位。

(4)建立主循环回路甲醇循环

在确认各塔、换热器液位建立后,开启甲醇主循环回路上的泵和阀门建立甲醇循环。甲醇循环后温度不能超过 50 ℃,在达到 45 ℃之前氨蒸发器必须投运,以防保冷材料熔化。甲醇循环后将各回路的循环量调整在设计值的 50%。泵的操作按照泵的操作规程进行,不允许泵干运转,流量不能小于泵的最小流量。现场要检查各泵的运行情况,备用泵应处于备用状态。

(5)投用冷却器的冷却水

打开换热器冷却水回水管线(或设备上)的排气阀,打开冷却水进口阀门,充液排气后关闭排气阀,打开冷却水回水阀,关冷却水旁路阀,用回水阀控制水量和温度。

(6)投用氨冷器

甲醇流量提高到正常流量的 60% 以后,投用氨冷却器,控制系统的降温速度在 1 ~ 2 ℃/h。

(7)投用甲醇热再生塔

(8)投用甲醇—水分离塔

通常甲醇会从水循环中收集留在系统中的水。这样会导致甲醇中的水含量升高至超过规定的最高限 1%。超过的水应在引入原料气之前除去。因此甲醇水塔必须在甲醇循环建立之后和引入原料气之前开车。

(9)导入原料气

①现场缓慢开启原料气进口阀的旁路阀进行充压,压力平衡后,开启原料气进口大阀,关闭旁路阀。

②控制系统压力,关闭管线上的氮气充压阀,把原料气缓慢引入低温甲醇洗装置。

③系统引入煤气后,系统引入气提氮气。

④导气后,控制室人员及时调整甲醇循环量。

⑤导气后,密切注意各点温度变化,及时调整各氨冷器的液位。

⑥当 T2、T3、T4 压力达到正常后,现场人员关闭手动充氮阀。

⑦分析净化气中的 H_2S 和 CO_2 含量,合格后,外送净化气到合成装置。

⑧克劳斯气的送出:开启克劳斯气浓缩管线上阀门将 H_2S 气体送入克劳斯硫回收工段,并调整其流量在正常范围内。

⑨循环气的送出:确认闪蒸气压力稳定,缓慢开启入口阀,把循环气引入压缩机。

2. 低温甲醇洗装置的停车

低温甲醇洗装置正常停车时,系统内的甲醇应保持较低的量。部分排出的甲醇应是贫甲醇且无气体存在。因此,在完成停产前应尽量降低收液槽液位,同时把不纯甲醇储存在地下排液罐中;如有必要,应安排临时设施来贮存甲醇。

(1)计划停车程序

①通知调度,低温甲醇洗后系统做停车准备。

②系统逐渐减少负荷,逐渐关小原料气流量泵直至煤气流量为零。

③现场关闭管线上粗煤气入口截止阀，关闭管线上净化气出口截止阀。

④关停循环气压缩机，停止向硫回收装置送克劳斯气。

⑤当粗煤气退出，向压缩机充低压 N_2 维持循环并进行再生。

⑥停喷淋甲醇，关锅炉水。

⑦低温甲醇洗装置保持循环再生 4 ~6 h。

⑧关闭各氨蒸发器液位调节阀及前截止阀。

⑨停甲醇循环：按程序停泵。停车要求控制好各塔、各容器的液位。各循环回路停车要逐步进行，防止甲醇带出系统。

⑩停气提氮，停高压氮和低压氮。

⑪把各台再沸器蒸汽阀关闭后，关闭疏水器后截止阀，打开阀前导淋排净冷凝液。

⑫如果设备需要检修，需排净内部的甲醇时，除卸压隔离外，抽取各设备底部导淋盲板，逐一打开排放阀排放甲醇至地下槽。

⑬确认系统甲醇排净后，在交付检修前对系统进行水冲洗及水循环和 N_2 置换干燥；必要时用工厂空气将 N_2 置换，使 O_2 含量在20%以上，方可进入设备内检修。

(2)短期停车

短期停车需要维持甲醇循环，可以按照计划停车步骤 1 ~8 来进行。

第三节 硫回收技术

硫回收是指将含硫化氢等有毒含硫气体中的硫化物转变为单质硫或者硫酸,从而变废为宝,保护环境的化工过程。用吸收法进行煤气脱硫时,吸收液再生释放出来的含硫气体,还必须设置专门的处理装置来回收再生气中的 H_2S,并对尾气作进一步处理,达到环保要求的排放标准后,方可排入大气。工业上对含硫再生气的处理方法主要有两种:一种是采用克劳斯法,将再生气中的 H_2S 制成硫黄加以回收;另一种是将 H_2S 制成硫酸产品,具有代表性的是 WSA 工艺。

一、克劳斯硫回收技术简介

1883 年英国化学家 Claus 开发了 H_2S 氧化制硫的方法,即:

$$H_2S+\frac{1}{2}O_2 \longrightarrow \frac{1}{x}S_x+H_2O+205\ kJ/mol$$

上式称为克劳斯反应,该反应是一个强放热反应,从化学平衡的角度来说,高温不利于反应的进行。但是,如果 H_2S 含量过高,反应时放出大量的热使得床层温度难以控制,这就限制了克劳斯反应的广泛应用。

二、克劳斯硫回收技术原理

1. 改良克劳斯工艺

20 世纪 30 年代,德国法本公司将克劳斯工艺发展为改良克劳斯工艺,将克劳斯分两阶段进行。

第一阶段是 1/3 的 H_2S 氧化为 SO_2 的自由火焰氧化反应(高温放热反应或燃烧反应):

$$H_2S+\frac{3}{2}O_2 \longrightarrow SO_2+H_2O+519.2\ kJ/mol \tag{1}$$

第二阶段是余下的$\frac{2}{3}$的 H_2S 在催化剂上与反应炉中生成的 SO_2 反应(中等放热的催化反应):

$$2H_2S+SO_2 \longrightarrow S_x+2H_2O+93.1\ kJ/mol \tag{2}$$

2. 克劳斯工艺分类

改良克劳斯法目前应用的有直接氧化法、分流法和部分燃烧法 3 种基本形式。其中前两种应用最为广泛。在这 3 种基本形式的基础上发展起来了一系列特殊的变形形式，例如超级克劳斯工艺、低温克劳斯工艺、克劳斯直接氧化工艺以及富氧克劳斯工艺等。

(1)直接氧化法

直接氧化法就其实质而言是原始克劳斯法的一种形式。原料气中 H_2S 含量比较小，在 2% ~15%(体积分数)范围内推荐使用此法。直接氧化法的特点是不设置高温反应炉，而是将原料气预热至适当的温度，再与空气加以混合后直接送入催化转化反应器，按反应式(1)和(2)进行低温催化反应，所需配入的空气量仍为$\frac{1}{3}$体积 H_2S 完成燃烧生成 SO_2 所需的量。

(2)分流法

原料气中 H_2S 含量在 25% ~40% 内推荐使用分流法。该法先将原料气中$\frac{1}{3}$体积的 H_2S 送入高温反应炉，配以适量的空气燃烧而全部生成 SO_2，其过程如反应(1)所示，生成的 SO_2 气体与其余$\frac{2}{3}$的 H_2S 混合后在催化转化反应器内进行低温催化反应。分流法一般都采用两级催化转化，其总硫转化率大致为 88% ~92%，适宜规模较小的硫黄回收装置。

(3)部分燃烧法

原料气中 H_2S 含量大于 40% 推荐使用部分燃烧法。首先在燃烧炉内$\frac{1}{3}$的 H_2S 与氧燃烧，生产 SO_2，然后剩余的 H_2S 与生成的 SO_2 在催化剂的作用下，进行克劳斯反应生成硫黄。

3. 克劳斯工艺的发展

克劳斯工艺经过不断发展，形成了一些新的技术，归纳起来可分三大类。

(1)低温克劳斯类工艺

该类工艺原理是在低于硫露点下进行 Claus 反应，由于反应温度低，反应转化率大幅上升，总硫回收率提高。经过多次的更新换代，最具有代表的工艺有 sulfren 和 Clauspol 150。前者总硫回收率为 99.7%，后者为 99.9%。

(2)氧化吸收工艺

其原理是将尾气中各种形态的硫化物氧化为 SO_2，然后用溶液吸收 SO_2，制成化工产品。此法用于处理烟道气中的 SO_2 较多，而用于处理 Claus 尾气的领域很少。不再赘述。

(3)还原吸收工艺

其原理是先将尾气中各种形态的硫还原为 H_2S，再将 H_2S 用溶液吸收而除去，最具有代表性的为由荷兰 Shell 公司开发的 SCOT(Shell Claus Off-gas Treatment)工艺，该工艺由于 H_2S 吸收富液可同天然气中富液共同进入再生系统，它是目前应用最多的尾气处理工艺之一。特别是新开发的 Super-Scot 工艺，总硫回收率≥99.9%，净化气中总硫含量≤50 mL/m^3，这是目前应用最广泛的工艺。

三、克劳斯硫回收操作条件

1. 原料气中 H_2S 含量

原料气中 H_2S 含量高可增加硫回收率和降低装置投资，见表 5.3.1。

表 5.3.1　原料气中 H_2S 含量与硫回收率和投资比

H_2S 含量/%	16	24	58	93
装置投资比	2.06	1.67	1.15	1
硫回收率/%	93.6	94.2	95	96

上游脱硫装置有效降低酸气中的 CO_2，对改善克劳斯装置原料气质量非常有利。

2. 原料气和过程气中杂质组分含量

（1）CO_2

原料气中一般含有 CO_2，它不仅起稀释作用，也会和 H_2S 在炉内反应生成 COS、CS_2，这两种作用都将导致硫回收率降低。当原料气中 CO_2 从 3.6% 上升至 43.5%，随尾气排放的硫量将增加 52.2%。

（2）烃类及其他有机物

主要影响是提高了反应炉温度和废热锅炉热负荷，同时增加了空气消耗量，在空气不足时，相对摩尔质量较高的烃类和醇胺类溶剂将在高温下与硫反应生成焦油，严重影响催化剂活性，此外过多烃类存在也会增加反应炉内 COS、CS_2 生成量，影响转化率，一般要求烃类以 CH_4 计不超过 2% ~4%。

（3）水蒸气

水蒸气是惰性气体，同时是克劳斯反应产物，它的存在能抑制反应，降低反应物的分压，从而降低总转化率。温度、含水率和转化率见表 5.3.2。

表 5.3.2　温度、含水率和转化率

气流温度/℃	转化率/%		
	含水 24%	含水 28%	含水 32%
175	84	83	81
200	73	73	70
225	64	60	56
250	50	45	41

（4）NH_3

产生多硫化铵及氮的氧化物，造成堵塞、腐蚀和催化剂中毒。

3. 风气比

空气与酸气体积比。在原料气中 H_2S、烃类及其他可燃组分已确定，可按化学反应理论需氧量计算风气比。

在克劳斯反应过程中，空气量的不足和剩余均会使转化率降低，但空气不足对硫回收率影响更大，见表 5.3.3。

表 5.3.3　风气比与平衡转化率的关系

		空气不足				空气过量		
完全反应为 100% 计		97	98	99	100	101	102	103
转化率损失/%	两级转化	3.6	3.12	2.7	2.53	2.56	2.79	3.2
	三级转化	3.1	2.14	1.32	1.05	1.2	1.54	2.1

三级转化一般控制在±1%，同时仅按空气流量调节风气比是不够的，必须分析原料气中 H_2S 含量，并据此对空气流量作相应调节。

4. H_2S/SO_2 比例

理想克劳斯反应要求 H_2S/SO_2 摩尔比为 2 : 1，才能获得较高转化率。

反应前 H_2S/SO_2 与 2 有极小偏差，反应后 H_2S/SO_2 与 2 偏差放大，转化率越高，偏差越大，转化级数越多，偏差越大。一般用紫外分光光度计或气相色谱仪在线分析仪连续测定尾气中 H_2S/SO_2，并根据此信号来调节风气比。

5. 空速

空速是控制过程气与催化剂接触时间的重要操作参数。空速过高导致过程气在催化剂上停留时间不够，一部分物料来不及充分接触反应，从而使平衡转化率降低。同时空速过高，床层温升过大，反应温度高也不利于提高转化率，空速过低，设备效率降低，体积过大。

一般空速控制在 500 h^{-1}，催化剂活性较高，可提高至 800 ~ 1 000 h^{-1}。

四、克劳斯硫回收工艺流程

克劳斯硫回收工艺流程如图 5.3.1 所示。

来自低温甲醇洗的气体总量$\frac{1}{3}$的含 30% 酸性气体进入燃烧炉与一定量的空气进行燃烧，配风比根据使气流中的 H_2S 完全燃烧来控制，外加 20 Nm^3/h 的燃料气作为长明灯，以使酸气在波动的情况下炉子不致熄灭，使 H_2S 全部转化生成 SO_2，反应生成大量的热，出燃烧炉的工艺气体约 1 300 ℃，进入废热锅炉进行余热回收利用，产生 0.5 MPa 的低压饱和蒸汽，送入低压蒸汽管网。工艺气体降到一定温度与另一路总气量$\frac{2}{3}$的酸性气体汇合后进入 1 段转化器，在催化剂作用下进行克劳斯反应，H_2S 与 SO_2 反应生成元素硫，进入 1 段换热器与来自 1 级冷凝器的低温气体进行换热，在 1 段冷凝器内与循环冷却水换热温度降到 165 ℃

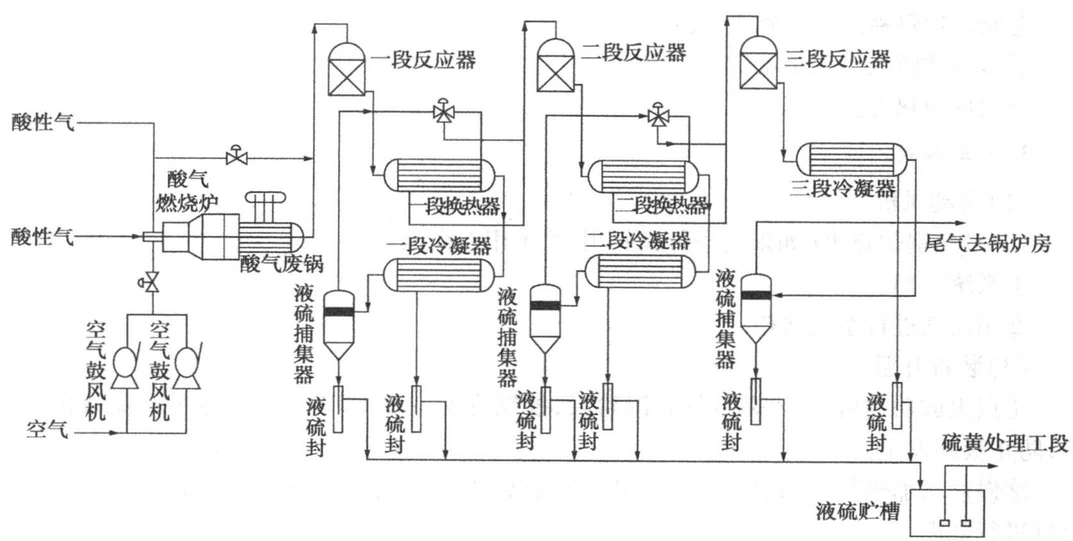

图 5.3.1 克劳斯硫回收工艺流程

左右,使转化器中生成的硫蒸汽冷凝下来生成液硫。工艺气体经过液硫捕集器将硫液收集,气体进入 1 级换热器升至反应适宜温度后,再进入 2 段反应器里进行克劳斯反应。反应后的工艺气体进一步经过换热、冷凝、捕集液硫及换热升温后,进入 3 段反应器里进行克劳斯反应。经过 3 级克劳斯反应后,酸性气体总转化率高达 95% 以上,尾气送出界外,去废热锅炉燃烧。

液硫捕集器捕集的液态硫黄流入液硫封后溢流至液硫贮槽中,再由硫黄泵送往硫黄造粒机,将 165 ℃左右的液态硫黄用冷却水冷却成固体片状硫黄,作为硫黄产品。

五、克劳斯硫回收装置的运行

(一)原始开车

1. 开车前的准备工作

①催化剂升温还原已结束。

②确认主流程已打通,有足够的 H_2S 气体且浓度满足要求。

③确认公用工程具备条件:蒸汽、锅炉给水、燃料气、循环水。

2. 开车前的检查、确认工作

①阀位的确认。

②确认所有的仪表调节阀动作正常。

③确认系统联锁动作正常无误。

④确认所有盲板限流孔板位置正确无误。

⑤确认转动设备备用。

⑥确认蒸汽盘管、夹套、伴热管线蒸汽已投用,各疏水器畅通、疏水正常。

⑦确认换热器液位已到正常值。

⑧密封槽液位已充至溢出口。

⑨投用换热器蒸汽。

3. 开车步骤

(1)启动风机

(2)H_2S 锅炉点火(如果电子打火好用,可不用点火枪)

①系统吹扫。

②用氮气进行系统吹扫。

(3)装置升温

①点火成功之后,进入燃料气升温阶段,控制升温速率≤100 ℃/h(尽量避免液化气升温,防止吸碳发生)。

②慢慢增加燃料气和空气的量加快升温速度;当炉温过高大于 1 200 ℃时,可用蒸汽或氮气进行降温。

③调节空气和燃料气的配比确保换热器出口 O_2 含量在 0.1% ~0.2%。

④控制蒸汽量,使克劳斯反应器出口温度保持在 230 ℃。

⑤换热器所产生的蒸汽并入管网。

⑥在最终冷凝器蒸汽侧压力升高到 0.1MPa 时,所产生的蒸汽放空。

⑦当炉膛温度达到 1 200 ℃,克劳斯反应器 1、2、3 段出口温度达到 200 ℃时,升温结束。

⑧开蒸汽喷射器。

(4)酸性气导入

①导气之前的条件确认:

炉膛温度约 1 200 ℃;

废热锅炉出口 O_2 含量在 0.1% ~0.2%;

克劳斯反应器 1 ~3 段床层出口温度>200 ℃;

所有蒸汽盘管、加套、伴热投用;

液硫封中硫黄应全部融化,为避免杂质进入 1#、2#密封槽,在导入酸性气前几个小时,可打开换热器与硫封之间球阀吹扫 2 ~3 次;

低温甲醇洗工段送来的酸性气体温度、压力、浓度、流量满足要求。

②打开 H_2S 气体进界区阀门,打开导淋进行排放。

③开 H_2S 烧嘴的 H_2S 气体截止阀。

④投用分析仪表。

⑤打开并调节进入燃烧炉的 H_2S 流量,同时相应增加燃烧空气量,保持 H_2S 锅炉温度稳定。

⑥通过调节,使最终冷凝器尾气中 H_2S/SO_2 的值接近 2∶1。

⑦逐渐减少燃料气的量,直至完全关闭。

⑧熄灭 H_2S 点火烧嘴,并取出。

⑨打开废热锅炉、最终归冷凝器上的熔硫球阀,确认液硫封硫黄溢出,应注意打开熔硫

球阀时有硫蒸气产生。

⑩检查各项指标正常，投用联锁。

（二）正常开车（短期停车后的开车）

当具备以下条件时：

①炉膛温度高于1 000 ℃。

②反应器催化剂温度高于200 ℃。

③每台设备内温度高于120 ℃。

装置可按“热态开车”进行，具体步骤同“导入酸性气”一节。

（三）停车

1. 计划长期停车

（1）系统减负荷

①在低温甲醇洗工段减负荷以前，调节气体中引入的燃料气。

②逐步减少来自低温甲醇洗工段的 H_2S 气体，直至全关。

③调节燃料气的量，用燃料气建立稳定的燃烧。

（2）系统扫硫

由于残留在设备里的硫黄凝固、堵塞，停车后必须尽可能的进行扫硫工作，扫硫就是用在废热锅炉中燃烧燃料气得到的惰性气体对设备及管道里的硫黄吹扫，也包括对克劳斯反应器催化剂中残留物的吹扫。

①用 N_2 置换吹扫下游设备及管线。

②确认废热锅炉烟道气中氧含量在0.1%～0.2%。

③慢慢提高克劳斯反应器内的温度，随着吹扫的进行，出口温度将逐步降低。

④继续吹扫直到液硫封熔硫溢出为止。

⑤熔硫排完之后保持吹扫气量不变，缓慢增加空气量，确认废热锅炉出口烟道气中氧含量增加，观察第一克劳斯反应器催化剂床层温度变化，如床层温度有升高的趋势，降低氧含量继续吹扫。

⑥每30～60 min进行一次氧含量升高的操作，直到废热锅炉烟道气中氧含量升高到1%或空气量增加到理论空气量的150%，第一克劳斯反应器床层温度仍没升高，说明扫硫结束。

（3）降温

①通过蒸汽放空阀来调节废热锅炉压力。

②逐步减少燃料气量和空气流量，增加 N_2 流量以提高冷却速率。

③当第一克劳斯反应器的床层温度冷却至150 ℃时，切断燃料气和空气，并观察第一克劳斯反应器的床层温度。

④缓慢通入空气冷却装置，当温度升高时，立即关掉空气并视温度情况通入 N_2。

⑤废热锅炉的降温速率应控制不超过100 ℃/h。

2. 紧急停车

联锁动作或按停车按钮后，系统作紧急停车处理。

(1)停车后处理

①查明停车原因，进行相应处理。

②手动关闭 H_2S 酸性气体、燃料气、空气进废热锅炉阀门。

③各伴热管、蒸汽夹套、盘管蒸汽不停。

(2)停车后的再开车

①若 H_2S 浓度高，并具备热态开车的条件，可考虑热态开车。

②若 H_2S 浓度低，并具备冷态开车的条件，可考虑冷态开车。

(四)正常操作

1. 加减量操作

酸性气组分和流量的变化：

①在其他条件不变时，H_2S 气体量和 H_2S 组分的减少会引起废热锅炉炉膛温度的降低。

②微调进入废热锅炉的量和旁路 H_2S 气体量，维持炉温不低于 800 ℃，如果不能奏效，通过燃料气助燃。

③确认出最终冷凝器尾气中 H_2S/SO_2 为 2。

2. 操作要点

要特别注意以下参数：

①进工段的酸性气总量、空气量、燃料气量。

②废热锅炉炉膛温度；克劳斯反应器床层入口温度。

③酸性气压力及蒸汽压力。

④各个换热器的液位。

(五)注意事项

①点火时要确保炉膛形成负压。

②为提高硫黄回收率要掌握好 H_2S 和 SO_2 反应比例。

③系统为低压设备，在检修后气密，运行中系统压力不能高于 0.1 MPa。

④长期停车必须扫硫。

小资料

WSA 硫回收技术

WSA 硫回收技术是由丹麦托普索公司于 20 世纪 70 年代开发成功并实现工业化的，可用于炼油化工厂、煤焦化及煤气厂、冶炼厂、电厂及矿山的含硫尾气和烟气的处理，原料气中的硫化物可以是 H_2S、SO_2、废硫酸及硫黄等形式。

H_2S 制硫酸的 WSA 硫回收工艺主要包括：H_2S 的燃烧、SO_2 的氧化和硫酸蒸气的冷凝 3 个阶段，分别发生下列反应：

$$H_2S+\frac{3}{2}O_2 \longrightarrow SO_2+H_2O+519.2\ kJ/mol$$

$$SO_2+\frac{1}{2}O_2 \longrightarrow SO_3+99\ kJ/mol$$

$$SO_3(g)+H_2O(g) \longrightarrow H_2SO_4(g)+101\ kJ/mol$$

$$H_2SO_4(g) \longrightarrow H_2SO_4(l)+69\ kJ/mol$$

WSA 硫回收技术工艺流程如图 5.3.2 所示。

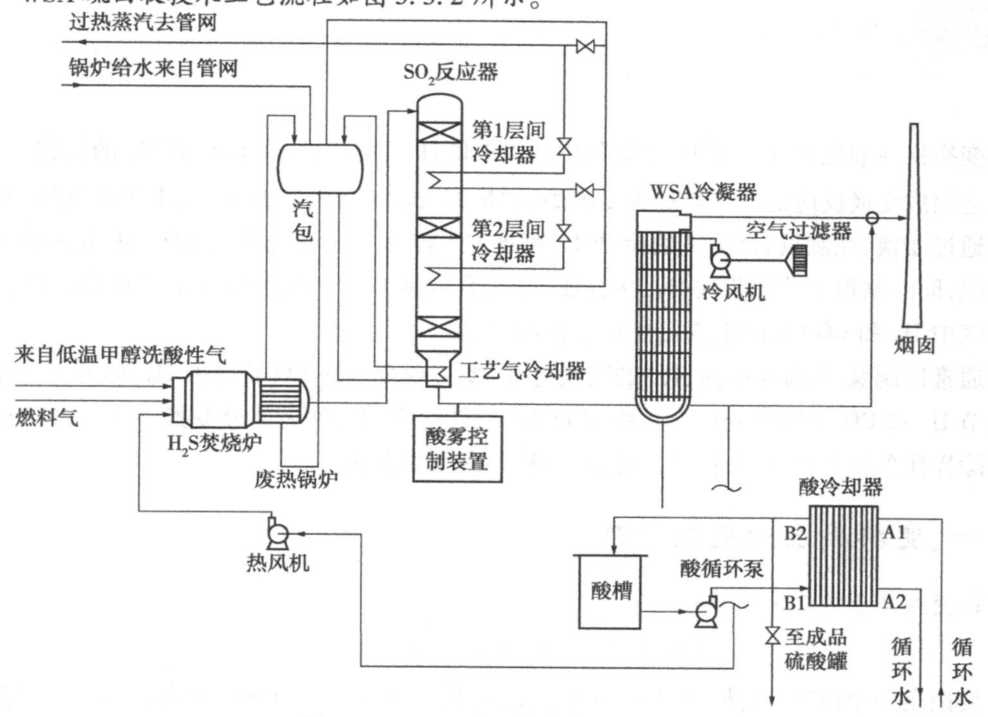

图 5.3.2　WSA 硫回收技术工艺流程

该工艺的主要技术特点是：

①硫回收率高　采用活性较高的 VK 型专用催化剂和合理的温度控制来获得较高的 SO_2 转化率，硫的回收率可达 99.9% 以上。

②适用范围广　原料组成、进料数量等大幅度波动不会影响装置正常运行，尤其不受原料中烃类、氰化物、碳化物等组分的影响，能处理 H_2S 体积分数在 3% ~60% 内的酸性气体。

③无环境污染　该工艺除消耗催化剂外不需要任何化工药品、吸附剂或添加剂。装置配置合理，不用工艺水，不产生废料或废水，对环境没有二次污染。

④运行成本低　除装置开车时需启动燃料和热载体熔盐熔融时需要外加热源外，一旦运转起来，可高效回收大量的工艺反应热，副产 4.0 MPa、420 ℃的过热蒸汽。

⑤操作简单可靠　可处理各种含硫酸性气体及废硫酸，操作经济且简单。整个装置采用 DCS 自动控制，仅有 1 个操作工和 1 个巡检工就可以控制整个装置操作。

第四节 煤气变换装置运行与维护

变换指在催化剂的作用下，让煤气中的 CO 和 H_2O 反应，生成 CO_2 和 H_2 的过程。工业生产上完成变换反应的反应器称为变换炉，进炉的气体为煤气和水蒸气，出炉的气体为变换气。通过变换，在制氢、合成氨的生产中，可把 CO 转变成容易脱除的 CO_2，从而实现了 CO 的脱除，同时制得了等体积的 H_2，在合成甲醇、合成油及生产城市煤气的过程中，可实现调节煤气中 H_2 和 CO 的比例，满足生产过程的需要。

通常以制氢、脱除 CO 为目的的变换过程，要实现全部的 CO 转变为 H_2，称为完全变换，而调节 H_2 和 CO 比例的变换只是将部分的 CO 转变为 H_2，称为部分变换。在生产过程中，两者除操作条件有些区别外，生产原理、生产设备无大区别。

一、变换反应的反应原理

1. 变换反应的化学方程式

$$CO+H_2O \longrightarrow CO_2+H_2+41.2\ kJ/mol$$

变换是一个可逆、放热、等体积的化学反应，从化学反应平衡角度来讲，一氧化碳与水蒸气的变换反应在开始时，由于一氧化碳及水蒸气浓度大，正反应速度最大，随着反应的进行，一氧化碳及水蒸气浓度逐渐减少，正反应速度也逐渐减慢，同时在生成二氧化碳和氢的一瞬间，逆反应也就开始了，起始逆反应速度很慢，随着反应的进行，生成物的 CO_2 和 H_2 浓度逐渐增加。经过一段时间后，正反应速度和逆反应速度相等，反应处于平衡状态，这时称之为化学平衡。在一定反应条件下，达到平衡状态的反应混合物浓度是不变的。如果反应达到平衡状态以后反应条件有了改变，反应混合物的组成也就随着改变，而达到新的平衡，这叫作化学平衡移动。

2. 变换反应的平衡常数

平衡常数 K_p 表示反应达到平衡时，生成物与反应物之间的数量关系，因此，它是化学反应进行完全程度的衡量标志。变换反应一般在压力不高的条件下进行。经计算，平衡常数用分压表示就足够准确了，所以其平衡常数可表示为

$$K_p=\frac{p_{CO_2}^* p_{H_2}^*}{p_{CO}^* p_{H_2O}^*}=\frac{y_{CO_2}^* y_{H_2}^*}{y_{CO}^* y_{H_2O}^*}$$

式中　p_i^*——平衡状态下各组分的分压；

y_i^*——平衡状态下各组分的摩尔分数。

由于变换反应是放热反应，降低温度有利于平衡向右移动，因此平衡常数随温度的降低而增大。不同温度下变换反应的平衡常数见表5.4.1。

表5.4.1　不同温度下一氧化碳变换反应的平衡常数值

温度/℃	350	400	450	500	550	600	650	700	750	800
K_p	20.34	11.70	7.31	4.878	3.434	2.527	1.923	1.519	1.228	1.015

3. 变换反应的变换率

反应的程度通过变换率来表示。定义为已变换的一氧化碳量与变换前的一氧化碳量的百分比率，若反应前气体中有 a mol 一氧化碳，变换后气体中剩下 b mol 一氧化碳，则变换率 E 为：

$$E=\frac{a-b}{a}\times 100\%$$

反应到达化学平衡时的变换率叫做平衡变化率，用 E^* 表示。

二、变换反应的操作条件

欲使变换过程在最佳工艺条件下进行，达到高产、优质和低耗的目的，就必须分析各工艺条件对反应的影响，综合选择最佳条件。

1. 压力

变换反应是等分子反应，故压力对平衡状态没有影响。但从动力学考虑，提高压力可使反应速度加快，生产能力增加。实践证明，压力从常压升至2.0 MPa，变换效率迅速提高，但超过此值以后再增加压力变换效率提高的不明显了。由于变换反应是气体体积增加的反应，所以从能量消耗上看，增加压力是有利的，在实际操作中，由于气化压力远高于2.0 MPa，所以变换压力是由前系统气化压力决定的。完全可以满足变换压力的要求。

2. 温度

温度是CO变换最重要的工艺条件，由于CO变换为放热反应，随着CO变换反应的进行，温度不断升高。温度开始升高时，反应速度的影响大于化学平衡的影响，故对反应有利。再继续增加温度，二者的影响相互抵消，当温度超过一定值时，化学平衡的影响大于反应速度的影响，此时CO变换率会随温度的升高而下降。对一定类型的催化剂和气体组成而言，必将出现最大的反应速度值，与其对应的温度称为最佳反应温度。

在确定操作温度时还要考虑催化剂的最高和最低允许温度。最低允许温度是指能使反应快速进行而又能保证CO变换率的温度，称为燃起温度。变换炉进口温度是考虑运转末期催化剂的活性而定的，通常比燃起温度高 30～50 ℃。所以在运转初期，进口温度应尽可能接近最低允许温度。最高允许温度的选择必须考虑催化剂的活性温度范围。

随着使用时间的延长，由于催化剂中毒、老化等原因，催化剂活性降低，操作温度应适当提高。

从表 5.4.2 中可以看出，反应热随温度升高而降低，也就是反应温度越高，反应放出的热越少，因此，很好地控制反应温度，利用反应热来维持反应系统平衡具有很重要的意义。在工业生产中，一旦升温硫化结束，转入正常生产后，即可利用其反应热维持生产过程的连续进行。

表 5.4.2　变换反应的反应热

温度	℃	25	200	250	300	350	400	500	550
	K	298	473	523	573	623	673	773	823
反应热 Q	cal/mol	9 389	9 570	9 474	9 375	9 263	9 153	8 909	8 190

3. 汽气比

汽气比是指 H_2O/CO，或水蒸气/干原料气的比值。

在压力、温度和空速一定时，增加汽气比，有利于提高变换率，但当增加到一定值以后，实际变换率反而下降了，这是因为增加蒸汽量以后，气体与催化剂的接触时间减少所引起的。

汽气比改变时，应注意防止蒸汽在变换炉内冷凝，气体中如含有水蒸气，当温度降低到蒸汽分压等于该温度下的饱和水蒸气压力时，就会出现冷凝，此时温度即为“露点”。压力越高，或汽气比越大，则露点越高。在生产中实际操作温度应至少高出露点 20 ℃。

过量的水蒸气还起到热载体的作用，所以改变水蒸气的用量是调节床层温度的有效手段。但过高的汽气比会带来以下缺点：增加蒸汽消耗；增加系统阻力；降低生产能力；变换炉内反应温度无法维持；减少反应时间；降低变换率。

表 5.4.3　不同温度及水蒸气比例下，干变换气中 CO 平衡含量

温度/℃	H_2O/CO，摩尔比			
	1	3	5	7
150	0.009 538	0.001 757	0.000 065	0.000 035
200	0.016 999	0.002 137	0.000 216	0.000 120
250	0.027 313	0.003 017	0.000 576	0.000 316
300	0.059 030	0.008 375	0.004 314	0.002 900
350	0.078 495	0.015 234	0.008 030	0.005 436
400	0.099 126	0.024 781	0.013 469	0.009 210

续表

温度/℃	H_2O/CO,摩尔比			
	1	3	5	7
450	0.120 184	0.036 818	0.020 748	0.014 310
500	0.141 059	0.050 849	0.029 791	0.020 951
550	0.161 286	0.066 249	0.040 362	0.028 866
600	0.180 547	0.082 407	0.052 123	0.037 937

在实际生产中必须选取一个适宜的汽气比,它决定于以下3个因素。

①催化剂的性能,在相同的变换率下,性能好的催化剂所需蒸汽量比性能差的要少。

②在温度、压力、空速一定的条件下,当系统受平衡控制时,特别在较低温度下,加大汽气比不会提高变换率,甚至会因接触时间的减少而使出口CO含量增加。

③为了取得相同的出口平衡CO浓度,温度越高,所需的汽气比越大。经验表明,最适宜的汽气比,以H_2O/CO计为3~4。表5.4.3反映了不同温度及水蒸气比例下,干变换气中CO平衡含量。

4. 空速

空速是指单位时间通过单位体积催化剂的气体量。空速过大,则气体和催化剂的接触时间短,CO来不及反应就离开了催化剂层,变换率低;过小,则通过催化剂层的气量小,降低生产强度,形成浪费。一般在催化剂活性好时,反应速度快,可以采用较大的空速,充分发挥设备的生产能力。在生产后期,催化剂活性较差时,适当降低空速,以保证出口CO的含量。

5. CO_2的影响

在变换反应过程中,如果能将生成的CO_2除去,就可以使变换反应向右移动,提高CO的变换率。中型合成氨厂除去CO_2的方法是将CO变换到一定程度后,送往脱碳工序除去气体中的CO_2,然后再进行第二次变换。

6. 副反应的影响

CO变换过程中,可能发生CO分解析出C和生成CH_4等副反应,其反应式如下:

$$2CO \longrightarrow C+CO_2+Q$$

$$CO+H_2 \longrightarrow C+H_2O$$

$$CO+3H_2 \longrightarrow CH_4+CO_2+Q$$

$$2CO+2H_2 \longrightarrow CH_4+CO_2+Q$$

$$CO_2+4H_2 \longrightarrow CH_4+2H_2O+Q$$

副反应不仅消耗原料气中有效成分H_2和CO,增加了无用成分CH_4的含量,而且CO分解后析出的游离碳极容易附着在催化剂表面上,使催化剂的活性降低。以上这些副反应均为体积减小的放热反应,因此提高温度、降低压力可抑制副反应的进行。但在实际生产中所采用的工艺条件下,这些副反应一般不容易发生。

三、一氧化碳变换催化剂

1. 变换催化剂的选择与分类

一氧化碳的变换反应,在通常状况下进行的速度非常慢,远远不能满足工业生产的要求,经过长期试验研究,发现加入催化剂可以大大加快这个反应的速度。催化剂能加快反应速度,对于可逆反应来说,加速正反应的同时,也加速逆反应,并且对于正反应和逆反应速度的加快是相同倍数的。因此催化剂只能使反应较快地到达平衡,而不能改变平衡位置。

对于变换工艺生产来说,必须在一定的通气量下,保证变换气体中的残余一氧化碳低于一定值。因此,催化剂必须符合下述几个条件:

①活性好,在较低或中等温度下,就能促进反应的加速进行。

②寿命长,经久耐用,为达到长寿的目的,催化剂要具有足够的机械强度,以免在使用中破碎。

③耐热和抗毒性强,在一定的温度范围内,不致因温度的升高或波动而损坏催化剂,还要有足够的抗毒能力。

④选择性能好,就是能抑制副反应的发生。

⑤原料容易获得,成本低,制造简单。

变换催化剂按组成分为铁铬系、铜锌系和钴钼系 3 类。铁铬系催化剂机械强度好、能耐少量硫化物、耐热性能好、寿命长、成本较低,但由于活性温度高,变换效果差等原因,使用越来越少;铜锌系催化剂用于中温变换串低温变换的流程,虽然低温活性很好,但由于活性温区窄,极易中毒等原因,使用受到限制;钴钼催化剂的突出特点是活性温度范围宽,具有良好的抗硫性能,适用于含硫化物较高的煤气,可实现“先变换,后一次性脱硫脱碳”的工艺,因此,现代煤化工项目都倾向于使用钴钼系催化剂。

2. 钴钼系变换催化剂的组成

钴钼系耐硫变换催化剂的种类很多,主要含有氧化钴和氧化钼,载体以 Al_2O_3 和 MgO 为最好。MgO 载体的优点在于 H_2S 浓度波动对催化剂的活性影响较小,有的催化剂还加入碱金属氧化物来降低变换反应温度。钴钼系耐硫变换催化剂能耐浓度很高的硫化氢,而且强度好。这样原料气中的硫化氢和变换气中的二氧化碳脱除过程可以一并考虑,以节约蒸汽和简化流程。

3. 钴钼系变换催化剂的硫化

(1)硫化原理

钴钼催化剂中真正的活性组分是 CoS 和 MoS_2,因此必须经过硫化才具有变换活性。硫化的目的还在于防止钴钼氧化物被还原成金属态,而金属态的钴钼又可促进 CO 和 H_2 发生甲烷化反应,这一强放热反应有可能造成巨大温升而将催化剂烧坏。

催化剂可以用含 H_2S 的合成气直接硫化,也可以在氢气存在下用 CS_2 硫化。其反应式为：

$$MoO_3+2H_2S+H_2 \longrightarrow MoS_2+3H_2O+48.2\ kJ/mol \quad (1)$$

$$CoO+H_2S \longrightarrow CoS+H_2O+13.4\ kJ/mol \quad (2)$$

硫化反应是放热反应，所以须控制床层温度。若温度过高，则易发生还原反应：

$$CoO+H_2 \longrightarrow Co+H_2O$$

金属钴对以下甲烷化反应有强烈的催化作用，因此将会使变换反应的选择性下降。

$$CO+3H_2 \longrightarrow CH_4+H_2O+206.2\ kJ/mol$$

(2)硫化注意事项

采用合成气直接硫化时，为满足合成气中 H_2S 含量的要求，在磨机进口加入一定量的硫黄，将合成气中 H_2S 含量提高至 2 500 ~ 6 000 ppm，系统水煤气压力控制在 0.4 MPa。硫化过程中要严格控制氮气流量与水煤气的流量总量在 8 000 ~ 10 000 Nm^3/h，以防系统超压导致氮气无法进入系统，造成床层超温。硫化初期氮气量与水煤气量比例为 3 : 1，硫化后期根据床层温度逐步加大水煤气流量（根据硫化升温速率表），减少氮气流量直至退出。

采用 CS_2 硫化时，因为 CS_2 氢解热很大，容易引起床层温度暴涨，因此 CS_2 加入量必须谨慎小心，严防床层温度暴涨，在整个硫化过程中，必须坚持“提浓不提温、提温不提浓”的原则，当遇到床层温升较快时，应果断切断 CS_2，减少加入蒸汽量，加大空速，移出热量，防止超温。

硫化是否完全彻底，要用“床层温度”、“出口 H_2S 含量”和“硫化时间”3 个要素来衡量，当 3 个要素都达到要求时才合格。

4. 钴钼系变换催化剂的反硫化

根据动力学的研究和催化剂表征认为，在含硫水煤气中催化剂的硫化和反硫化处于动态平衡，钴钼耐硫变换催化剂在活性组分处于硫化状态下具有活性，因此对工艺气中硫含量的上限不加限制，但对下限有严格的指标，要求使用的原料中含硫量不能小于某一数值，否则将出现反硫化现象而引起催化剂的失活。因此，应避免已硫化的催化剂在无硫情况下操作。

钴钼系催化剂的反硫化主要是催化剂中的活性组分 MoS_2 的反硫化，其化学方程式为：

$$MoS_2+2H_2O \longrightarrow MoO_2+2H_2S-Q$$

在一定的反应温度、蒸汽量和 H_2S 浓度下，会导致反应向右进行，使 MoS_2 逐步转变成 MoO_2，表现为催化剂的失活，生产中一旦发生反硫化现象，催化剂的活性下降。在生产中，为了保证 CO 变化率，又必须增加蒸汽用量及提高反应温度，而蒸汽用量的增加和反应温度的提高虽暂时保证了工艺要求，但又进一步促进了反硫化反应，失活进一步加深，以致必须重新硫化催化剂，严重影响生产。

根据热力学方程可知，反硫化反应平衡常数 K_p 随着温度的提高而急剧增加，因此降低 CO 变换反应温度，有利于防止反硫化反应的发生。

由反硫化的反应方程式可以看出，水蒸气量的增加会使反硫化反应的发生，亦即是水气比越大，会有利于反硫化反应的进行。

由反硫化的反应式还可以看出，H_2S 浓度越高，越促使氧化态物质向硫化态方向反应，即生成活性组分的动力越大。因此 H_2S 浓度越高，可抑制反硫化反应，从而使活性区域越大。表 5.4.4 是不同温度和汽气比反硫化的最低 H_2S 含量。

表 5.4.4　不同温度和汽气比反硫化的最低 H_2S 含量　单位：g/m^3 干气

温度/℃	汽气比							
	0.2	0.4	0.6	0.8	1.0	1.2	1.4	1.6
200	0.014	0.02	0.043	0.057	0.071	0.85	0.100	0.114
250	0.041	0.082	0.123	0.164	0.205	0.246	0.286	0.327
300	0.098	0.195	0.293	0.391	0.488	0.586	0.684	0.781
350	0.202	0.404	0.607	0.809	1.011	1.213	1.416	1.618
400	0.357	0.750	1.125	1.50	1.874	2.49	2.624	2.999
450	0.637	1.273	1.91	2.547	2.183	3.82	4.457	5.093
500	1.007	2.015	3.022	4.209	5.037	6.044	7.051	8.059
550	1.504	3.008	4.513	6.017	7.521	9.025	10.53	12.03

综上所述，反应温度、水气比和 H_2S 浓度是影响钴钼耐硫变换催化剂活性的主要因素，防止反硫化催化剂才能有活性，硫化的好坏直接影响催化剂的活性，因此对硫化必须相当重视。

5. 钴钼系催化剂的氧化和再生

钴钼催化剂在使用一段时间后，由于重烃聚合而会产生结碳。这不仅降低催化剂活性，而且会使催化剂床层阻力增加，产生压差，此时就应将催化剂进行烧碳以获得再生。在粗煤气被切断，并加上了相应的盲板之后，将中压蒸汽与正常变换过程的流向相反，由反应器底部通入，自顶部排出，这样可将粉尘杂质吹出。

蒸汽给催化剂床层升温，直到催化剂床层温度为 350 ~ 450 ℃时为止（若超过 500 ℃将会损害催化剂）然后继续通蒸汽，直到气流的冷凝液在取样中大致没有杂质为止。

之后通入工作空气，使蒸汽中含氧量为 0.2% ~0.4%（即空气 0.5% ~2%），进行烧炭；观察床层温度，可以从床温的变化来观察床层含碳物质的燃烧情况，蒸汽中的空气决不能超过 5%，通入的空气量可适量调节，以将床温控制在 500 ℃以下。

在烧炭过程中也会将催化剂中的硫烧去，而使催化剂变成氧化态。

烧炭过程中应当密切观测床层温度，调节空气或氧的浓度来控制床层温度，当床层中不出现明显温升、燃烧前缘已经通过反应器，出口温度下降，气体中 O_2 上升，就意味着烧炭结束。适当提高氧浓度进一步烧炭。若温度不出现明显上升，可连续提高氧浓度，最后用空气冷却到 50 ℃以下。

烧炭之后的催化剂需重新硫化方能使用。若需将催化剂卸出，由于使用过的催化剂在

70 ℃以上有自燃性，因此应先在反应器内冷却至大气温度。卸时准备水龙头喷水降温熄火。除了一个卸出孔外，不要再特意开孔，以免因“烟囱效应”导致催化剂床层温度飞升。

四、工艺流程简述

全低温耐硫宽温 CO 变换工艺流程如图 5.4.1 所示。

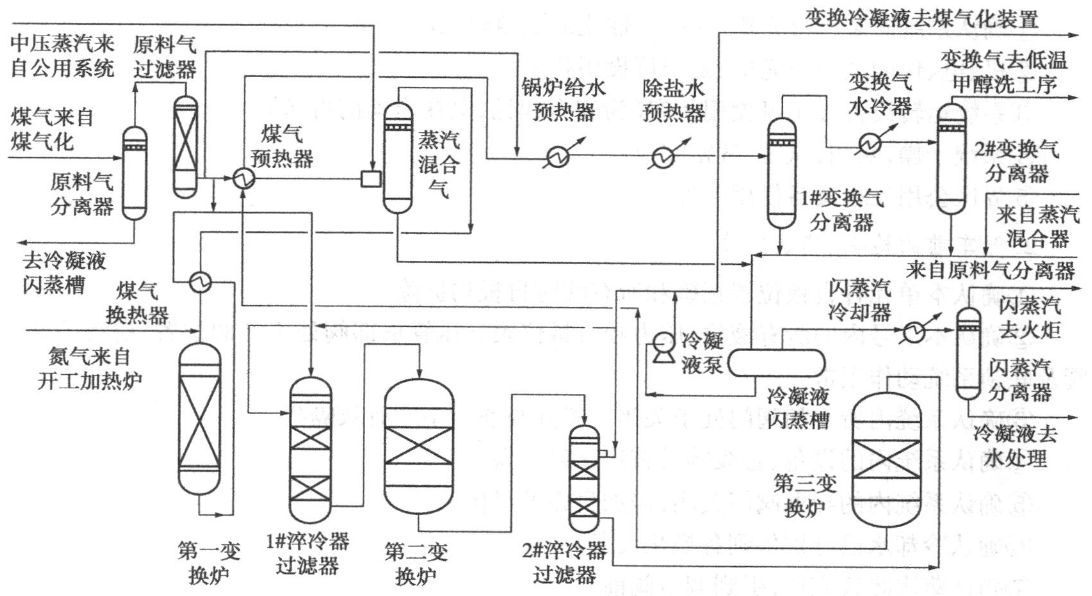

图 5.4.1 全低温耐硫宽温 CO 变换工艺流程

来自煤气化装置的粗煤气，首先进入原料气分离器，分离出夹带的水分；然后进入原料气过滤器，除去固体机械杂质。从原料气过滤器出来的粗煤气被分成 3 股：一股（约 35%）进入煤气预热器，与来自第三变换炉出口的变换气换热，进入蒸汽混合器，与加入的蒸汽混合，再进入煤气换热器，与来自第一变换炉出口的气体换热，进入第一变换炉进行变换反应。出第一变换炉的变换气进入煤气换热器换热后，与来自原料气过滤器的另一股粗煤气（约 30%）混合，进入 1#淬冷过滤器，气体经喷水降温后，进入第二变换炉进行变换反应。第二变换炉出口的气体与粗煤气中剩余 35% 的气体（来自原料气过滤器的第三股粗煤气）混合后，进入 2#淬冷过滤器，喷水降温后进入第三变换炉进行变换反应。第三变换炉出口的变换气进入煤气预热器进行换热后，依次经过各台换热器、分离器进行降温、分离冷凝水后，出界区去低温甲醇洗装置。

原料气分离器、蒸汽混合器、1#变换气分离器、2#变换气分离器的工艺冷凝液一起进入冷凝液闪蒸槽，在此减压后，将溶解的大部分气体解吸出来。解吸出来的气体经闪蒸汽冷却器冷却至 40 ℃后，进入闪蒸汽分离器，分离出夹带的液体后，去火炬。闪蒸后的冷凝液，通过冷凝液泵加压，去水处理工段。

五、煤气变换装置的运行

(一)原始开车(包括大修后开车)

1. 开车前的准备工作

①确认系统安装检修完毕,变换炉催化剂装填硫化已完成。

②机、电、仪调试检修完毕,处于可投用状态。

③系统运转设备处于可投用状态(为安全起见,电在启动前再送)。

④系统干燥,吹扫,试压,气密完成。

⑤界区公用工程具备使用条件。

2. 开车前的检查、确认工作

①确认本单元各盲板位置正确和所有临时盲板均拆除。

②确认本工号内的所有液位、压力和流量仪表导压管根部阀处于开的位置,所有的调节阀及联锁系统动作正常。

③确认系统内所有的阀门处于关闭位置并与前后系统有效隔离。

④确认系统内的设备、管线等设施均正确无误。

⑤确认系统内的导淋阀门关闭,需加盲板的已倒盲。

⑥确认冷却水已分别供到各换热设备。

⑦确认蒸汽暖管完毕,引到调节阀前。

3. 系统氮气置换

①联系调度,打开进一氧化碳变换工序原料汽管线上的氮气管线阀门,用低压氮气置换系统。

②当系统压力升至0.4 MPa时,打开系统放空阀排放,在此过程中要及时与空分联系,防止氮气压力及流量出现大的变化。

③重复以上动作,直至分析系统中 $O_2 \leqslant 0.5\%$,然后保持系统压力0.4 MPa,关氮气管线截止阀,置换结束。

4. 耐硫变换催化剂升温硫化

(1)升温前的准备

①水、电、原料气(粗合成气)、氮气、蒸汽确保正常供应。

②变换系统气密试验合格,升温用盲板抽加完毕,关系畅通,仪表齐全,取样点好用。

③开工蒸汽加热器、氮气循环鼓风机、转子流量计确保好用。

④画好理想升温硫化曲线,并准备好直尺、彩笔记录本、U形管压差记等。

⑤将二硫化碳加入储槽内,并在储槽液面上用氮气保持0.5 MPa(g)左右的压力,储槽液位计要加装刻度,以便计算二硫化碳加入量。

(2)升温

①氮气循环升温系统用氮气置换,分析 O_2 小于0.5%为合格,二硫化碳储槽置换后充压至0.5 MPa备用。

②开启氮气管线上的阀门,给氮气循环升温系统充氮气至0.5 MPa(g),启动氮气鼓风机,倒置三个变换器进出口氮气管线上的8字盲板,并打开相应的截至阀,调节有关阀门,使气体循环量保持在18 000 Nm^3/h 左右进行循环。

③开工蒸汽加热器通蒸汽升温,每0.5 h记录1次,并分析绘制曲线。

④用调节开工蒸汽加热器出口蒸汽放开量的方法来控制升温速率,调节要平稳,控制开工蒸汽加热器出口温度,以保证变换炉入口升温操作如下:

变换炉入口温度升温速率为25 ℃/h,最大不超过50 ℃/h。

保持变换炉入口温度为150 ℃,直至变换炉出口温度达到50 ℃。

保持变换炉入口与出口温差小于100 ℃的同时,缓慢将床层温度提高到大于230 ℃。床层的最低点温度不低于200 ℃。

⑤当催化剂床层温度大于180 ℃,床层温度最低点不低于160 ℃时,开氢氮气(来自界外)补充阀,向氮气循环升温系统补加氢氮气,并从氮气分离器后放空,以调节循环气成分,使循环气中 $H_2>25\%$,边升温边调节循环气成分。

⑥当催化剂床层保持恒温时,放水要完全,注意要排放氮气分离器的导淋。

⑦各变换炉的升温可以串连,也可以分开进行,控制两床层温差不大于120 ℃,当温差过大时,可打开各炉的氮气升温阀,对变换炉补充升温。

(3)硫化

当变换炉催化剂床层温度升至230 ℃时,可稍开二硫化碳储槽出口阀,使二硫化碳经转子流量计后进入开工蒸汽加热器的入口管线。

变换炉催化剂床层温度在230~260 ℃时,变换炉入口总硫量(硫化氢+二硫化碳)应维持在20~40 L/h,同时提高床层的温度;当温度升至260~300 ℃时,保持 CS_2 补充量同时定期分析变换炉出口 H_2S 和 H_2 含量,如果床层有 H_2S 穿透要增加CS量至80~200 L/h;硫化主期可控制在300~380 ℃;硫化末期要维持催化剂床层温度在400~420 ℃,进行高温硫化2 h,当连续分析变换炉出口 H_2S 含量均大于10 g/m^3 时可认为硫化结束,分析的间隔时间要大于10 min。

硫化过程要消耗氢,为了防止惰性气体在循环气中积累,应在氮气分离器后的放空管连续放空少量循环气,补充氢氮气要连续加入,使循环气中氢气含量维持在25%以上。

当变换炉进出口总硫量相等或接近时,硫化结束,逐渐减少并切断开工蒸汽加热器,用氮气吹除至出口的 $H_2S<1$ g/m^3 后,关变换炉进出口阀,充氮气保持正压。

硫化结束后,停开工加热蒸汽,停氮气鼓风机,关闭氢氮气阀,系统置换合格后,关截止阀。

(4)升温硫化过程中的注意事项

升温硫化严格按催化剂供货商提供的技术方案进行。

升温硫化过程中要始终保证氮气压力在0.3~0.35 MPa(g),氢氮压力为0.3~0.35 MPa(g)。

要保证氮气和氢氮气氧含量小于0.5%,且每1 h分析1次。循环气中的H_2>25%,O_2<0.5%,每1 h分析2次,变换炉进口硫含量每1 h分析2次。

为防止催化剂床层超温,应坚持“加硫不提温,提温不加硫”的原则,应严格控制床层温度不超过450 ℃。

若床层温度增长过快并超过500 ℃,应立即停止加CS_2,并加大氮气循环量,使温度下降。

加入氢氮气时催化剂床层温度要控制在180 ℃左右,严格控制氢气浓度25%~35%,防止过量,与催化剂发生还原反应。

CS_2的加入温度以230~250 ℃为宜,CS_2在200 ℃以上才会发生氢解,若有CS_2积累,到200 ℃以上时CS_2会氢解放热,使催化剂床层温度飞涨。若超过250 ℃才加入CS_2,H_2会和CoO或MnO_3发生还原反应,使催化剂床层温度飞涨。这两个反应,对催化剂都是有害的,会使其失活。

二硫化碳要严格管理,附近不可有明火,不可泄漏,不可靠近高温热源(小于100 ℃)。充装二硫化碳时要暂时封锁现场,要有专人负责。二硫化碳储槽充装前要清洗干净,严禁油污。二硫化碳和催化剂升温硫化过程中消防队应派人监护,准备好消防救护器材,消防车现场待命。

5.系统导气

硫化好的催化剂在初期有很高的活性,在导气的过程中如果操作不当或导气量变动不及时,就会引起床层的飞温。在导气时要先进工艺气,视催化剂床层温度变化及时投用蒸汽,蒸汽流量控制可以与工艺气流量控制串机调节。

变换单元的伴热及保温要及时投用,变换炉入口温度在245 ℃。

在导气前,由于气化到本工段的工艺气管线过长,会使大量工艺气中的水冷凝下来,因此首先要进行排液。

继续开大旁路阀,当流量稳定在500 Nm^3/h后,注意观察催化剂床层温度,保持500 Nm^3/h流量30 min,如果床层温度无异常,可以继续以100 Nm^3/min的递增速度增加粗合成气量。如果床层温度突然上升,应立即关闭旁路阀,断气。断气的同时,按比例加入蒸汽。

设定第二变换炉的进口温度为235 ℃,第三变换炉的进口温度为220 ℃。

旁路阀全开后,可以稍开粗合成气界区大阀。这时我们要谨慎操作,密切注意系统压力、催化剂床层温度、压差的变化情况。

通过界区大阀控制粗合成气的流量,缓慢提高粗合成气的流量达到60 000 Nm^3/h。这时要注意观察第一变换炉床层的温度,如果温度飞升,应立即关闭大阀及旁路阀,必要时用氮气降温。

逐步提高系统压力到1.5 MPa(升压速率小于0.05 MPa/min),粗合成气大阀的开度要保证气体流量稳定在60 000 Nm^3/h。提压过程中,切记要注意床层温度的变化。

当压力升至1.5 MPa，要运行2～3 h，以使催化剂继续深度硫化，提高催化剂的活性。

变换系统负荷增大到100 000 Nm^3/h，逐步提高系统压力的设定值，到达3.5 MPa左右。控制升压速率小于0.05 MPa/min，升压时要注意床层温度，严禁超温。

6. 系统增加负荷

调节粗合成气大阀开度，将前系统工艺气缓慢导入本系统，提高系统负荷。

导工艺气时要慢，注意保持床层温度、压差的稳定。同时要注意CO浓度的调节。

7. 向甲醇洗导气

当变换工段正常且各指标合格后，可以向低温甲醇洗工段导气。在向甲醇洗导工艺气时要慢，一定要注意变换压力的波动，防止由于压力的波动造成催化剂床层压差的增大。

（二）正常操作

1. 加减负荷

加减负荷要与前后工段配合，与调度联系。

加负荷时，就要视床层温度而定，每次加量要小。

2. 床层温度的调节

催化剂运行初期，变化炉入口温度设定要尽可能低，当变换率下降，床层温度维持困难时，可适当调高设定值。

3. 工艺气回路注意事项

运行时要检查各分离器的液位和温度，以免雾滴夹带进入工艺气中。

注意变换炉压差的升高。

（三）系统停车

1. 长期停车

通知煤气化车间退气，协调甲醇洗单元降低负荷。

缓慢降低系统负荷，逐步关闭粗合成气界区大阀，关闭去甲醇洗的大阀。

同步粗合成气界区大阀的开度，减小并关闭蒸汽混合器的蒸汽，1#、2#淬冷器的锅炉给水，防止变换炉床层温度突降，出现液态水，损坏催化剂。

关闭煤气水分离器、汽气混合器、变换气气水分离器的冷凝液排放阀。冷凝液闪蒸槽液位降低后，停送煤气化的水泵。剩余液位，送到污水处理。

停变换气冷却器、闪蒸气冷却器循环水。

以0.1 MPa/min的速率降低系统压力，系统压力至0.1 MPa以下时，接通氮气管线。

氮气置换：打开氮气管线的截止阀，向系统充压，控制压力上升到0.5 MPa时，进行卸压。反复数次，直到分析 $CO+H_2$ 含量小于0.5%时，即可认为置换合格，系统保压0.4 MPa。

2. 短期停车

在停车时间不超过24 h的情况下，停车要按上述步骤，但不需要卸压和氮气置换，保持正常压力即可。

(四)事故处理

①如气化突然停止向本工段送气应立即通知后工段并快速关闭粗合成气界区大阀,系统作停车处理。

②锅炉给水故障,出现1#、2#淬冷器断水时,系统作停车处理。

③冷却水中断,会使变换器冷却器工艺气温度升高而且带水量加大,变换系统要作停车处理。

④仪表空气中断或晃电时,系统应立即停车。

⑤如果床层温度飞温,要减小原料气量,加大蒸汽量,打开放空阀,将热量迅速带走。

思考题及习题

简述低温甲醇洗脱除煤气中 CO_2 和 H_2S 的原理。

简述温度、压力和吸收剂的纯度对吸收的影响。

简述甲醇再生原理。

简述低温甲醇洗的特点。

简述低温甲醇洗系统的主要构成部分。

简述硫回收的作用及主要方法。

简述改良克劳斯工艺有哪些。

简述原料气中杂质气体对硫回收过程的影响。

简述过程气中 $n(H_2S)/n(SO_2)$ 的比例对硫转化率的影响。

通常可将硫回收的装置分为哪几部分?

变换反应的特点有哪些?

变换工序的任务是什么?

解释变换率、平衡变换率的概念。

温度、蒸汽用量对平衡变换率的影响如何?

在变换过程中除去二氧化碳的目的是什么?

铁铬系变换催化剂的主要组成是什么?各组分的作用是什么?

催化剂为什么在使用前要进行升温还原、卸出前要钝化?

什么是最适宜温度?变换反应存在最适宜温度的原因是什么?

什么是最适宜温度温度曲线?生产中为何要求变换反应沿最适宜温度曲线进行?

加压变换有哪些优点?

在中温变换中,如何利用反应热?

第六章

煤基合成化学品技术

知识目标

- 掌握煤气甲烷化工艺基本原理、操作条件、主要设备和工艺流程；
- 掌握煤气合成甲醇工艺基本原理、操作条件、主要设备和工艺流程；
- 掌握甲醇制烯烃工艺基本原理、操作条件、主要设备和工艺流程；
- 掌握煤基合成油工艺基本原理、操作条件、主要设备和工艺流程。

能力目标

- 能进行煤气甲烷化装置的运行与维护；
- 能进行煤气合成甲醇装置的运行与维护；
- 能进行甲醇制烯烃装置的运行与维护；
- 能进行煤基合成油装置的运行与维护；
- 能初步分析煤气合成与转化生产中出现的问题并提出解决措施。

第一节　合成气甲烷化技术

煤制天然气是指煤经过气化产生合成气，再经过甲烷化处理，生产的代用天然气（SNG）。

天然气主要成分是烷烃，其中甲烷占绝大多数，另有少量的乙烷、丙烷和丁烷，此外一般还含有硫化氢、二氧化碳、氮气和水蒸气，以及微量的惰性气体，如氦和氩等。

在标准状况下，甲烷至丁烷以气体状态存在，戊烷以上为液体。天然气在燃烧过程中产生的能影响人类呼吸系统健康的物质极少，产生的二氧化碳含量仅为煤燃烧产生的二氧化碳含量的40%左右，产生的二氧化硫也很少。天然气燃烧后无废渣、废水产生，相较于煤炭、石油等能源具有使用安全、热值高、洁净等优势。

随着我国工业化、城镇化的发展和人民生活水平的提高，对清洁能源天然气的需求量迅速增长，天然气供不应求的局面将会长期存在。利用我国煤炭资源相对丰富的特点发展煤制天然气产业，补充天然气资源的不足，是一条缓解我国天然气供求矛盾的有效途径，有着广阔的发展前景。

煤制天然气主要分为两步：煤制合成气和合成气甲烷化。本节主要介绍合成气甲烷化技术。

一、甲烷的性质及用途

1. 甲烷的性质

甲烷分子式为CH_4，是最简单的有机化合物。甲烷是无色、无味的气体，沸点为-161.4 ℃，比重比空气轻，一种极难溶于水的可燃性气体。甲烷和空气成适当比例的混合物，遇火花会发生爆炸。化学性质相当稳定，跟强酸、强碱或强氧化剂（如$KMnO_4$）等一般不起反应。在适当条件下会发生氧化、热解及卤代等反应。

2. 甲烷的用途

在我国，甲烷的主要用途是作为燃料。在标准压力的室温环境中，甲烷无色、无味，家用天然气的特殊味道，是为了安全而添加的人工气味，通常是使用甲硫醇或乙硫醇。甲烷燃烧热值高，几乎不产生有毒有害物质，燃烧后无废渣、废水产生，而且甲烷可以通过管道进行长距离输送，运输和使用都非常方便。

甲烷高温分解可得炭黑，用作颜料、油墨、油漆以及橡胶的添加剂等；氯仿和 CCl_4 都是重要的溶剂。甲烷用作热水器、燃气炉热值测试标准燃料。生产可燃气体报警器的标准气、校正气。还可用作医药化工合成的生产原料。

二、甲烷化反应基本原理

甲烷化反应属于气固相反应，其基本反应式如下：

$$CO+3H_2 \longrightarrow CH_4+H_2O+219.3\ kJ/mol \tag{6.1}$$

生成的水与一氧化碳作用生成氢气和二氧化碳（变换反应）：

$$CO+H_2O \longrightarrow CO_2+H_2+38.4\ kJ/mol \tag{6.2}$$

当一氧化碳完全转化为氢气和二氧化碳时，二氧化碳又反应生成甲烷和水，其反应为：

$$CO_2+4H_2 \longrightarrow CH_4+H_2O+164.9\ kJ/mol \tag{6.3}$$

主要副反应：

一氧化碳的析碳反应：　$2CO \longrightarrow CO_2+C+171.7\ kJ/mol$　（6.4）

碳的加氢反应：　$C+2H_2 \longrightarrow CH_4-84.3\ kJ/mol$　（6.5）

通常在甲烷合成温度下，反应（6.5）进行得很慢，因此当一氧化碳分解后，沉积的碳会堵塞催化剂，造成催化剂活性下降。为了避免积碳，必须添加水蒸气以使氢适当过量、控制反应温度等措施。

甲烷化反应属于强放热反应，其释放的能量约为原料整体能量的 20%，如何利用好这 20% 的热量，是提高整个甲烷化工艺效率的关键之一。

三、甲烷化反应操作条件

1. 反应温度

甲烷化反应是强放热反应，低温有利于反应平衡。但对反应速率而言，却是在最适宜的反应温度下最大。催化剂初期操作温度通常控制在 300 ℃，因为在 200 ℃以上，甲烷生成的催化反应能达到足够高的反应速度。在后期可适当提高温度，但是在 450 ℃以上，CO 分解反应增加。为了避免碳在催化剂上沉积，可在原料气中添加蒸汽，使气体温升减小，以抑制析碳反应。同时因化学平衡移动而使 CO 转化率有所增加。当原料气的 H_2/CO 比值较小时，也需要引入蒸汽，使其发生变换反应。但是，还应考虑到蒸汽对催化剂的影响。反应后期，催化剂活性降低，如果仍保持较高的温度，不利于反应向正方向转化，CO 的转化率将很难提高。因此，反应可以分步进行。第一步尽可能在较高的合理温度下进行，以便利用反应热，而且保持较好的反应速率；第二步残余的 CO 加氢反应应在低温下进行，以便 CO 最大限度的转换为甲烷。

两个甲烷化反应的放热是很大的，相当于合成气（$M=3$）的热量的 20%。工业化甲烷化的运行效率关键的一点就是回收这些热量。如图 6.1.1 中 3 线说明，第一台反应器出口温度在700 ℃区间。4个温区的设计允许在反应器出口灵活选择换热器温度。这使整合热量的灵活性更大,并最小化冷却工艺需要的水。这样的工艺最终有85%的热量都可以通过热高压蒸汽形式被回收。与之对比的,如果反应器按1线温度运行,则产出蒸汽的温度较低。

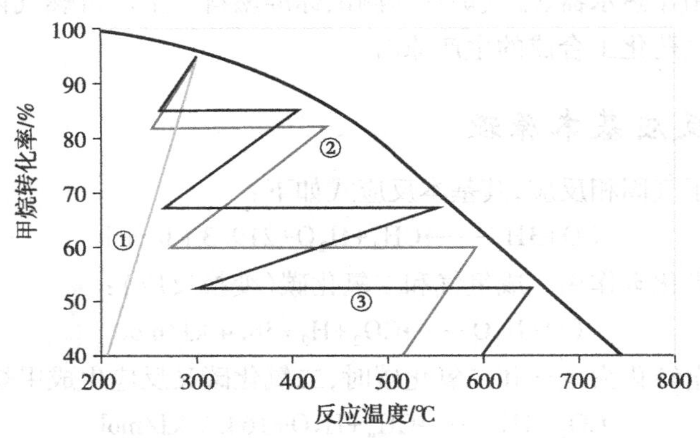

图6.1.1 绝热反应器运行图

2. 反应压力

甲烷化反应为体积减小反应,提高压力有利于反应的进行;提高压力也相应增大反应物分压而加快反应的进行。

3. 原料气的 H_2/CO 的摩尔比

原料气中 H_2/CO 摩尔比较低时,易产生析碳现象,因此必须用蒸汽量和温度来控制,采用不同的催化剂和工艺,对 H_2/CO 的摩尔比要求也不同,一般在3.0~3.4。

四、甲烷脱水

甲烷气脱水的方法一般包括低温法、溶剂吸收法、固体吸附法、化学反应法和膜分离法等。溶剂吸收法脱水是目前工业中应用最普遍的方法。溶剂吸收法中常采用甘醇类物质作为吸收剂,甘醇的分子结构中含有羟基和醚键,能与水形成氢键,对水有极强的亲和力,具有较高的脱水深度。在甘醇类物质中,三甘醇(TEG)溶液具有热稳定性好、易于再生、吸湿性很高、蒸汽压低、携带损失量小、运行可靠等优点。

TEG脱水装置主要由吸收系统和再生系统两部分构成,工艺过程的核心设备是吸收塔。天然气脱水过程在吸收塔内完成,再生塔完成三甘醇富液的再生操作。其工艺流程如图6.1.2所示。

原料天然气从吸收塔的底部进入,与从顶部进入的三甘醇贫液在塔内逆流接触,脱水后的天然气从吸收塔顶部离开,三甘醇富液从塔底排出,经过再生塔顶部冷凝器的排管升温后进入闪蒸罐,尽可能闪蒸出其中溶解的烃类气体,离开闪蒸罐的液相经过过滤器过滤后流入贫/富液换热器、缓冲罐,进一步升温后进入再生塔。在再生塔内通过加热使三甘醇富液中的水分在低压、高温下脱除,再生后的三甘醇贫液经贫/富液换热器冷却后,经甘醇泵泵入吸

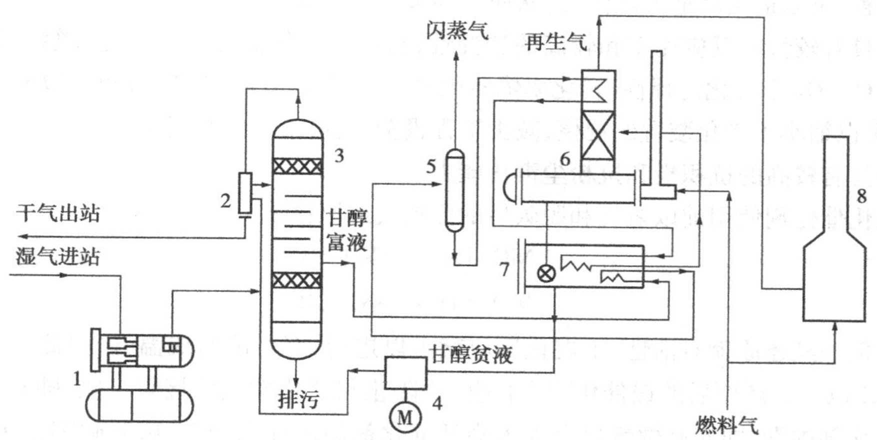

图 6.1.2 三甘醇脱水工艺流程

收塔顶部循环使用。

五、甲烷化反应催化剂

目前用于 CO 甲烷化的催化剂主要是镍基催化剂,镍基催化剂一般由活性组分 Ni、载体、助剂等几部分组成,镍基催化剂主要活性元素为镍,其含量通常为 15% ~35%(质量分数),有时还需要加入稀土元素作为促进剂,为了使催化剂能承受更高的温升,镍通常使用耐火材料作为载体,且都是以氧化镍的形态存在,催化剂可压片或做成球形,粒度为 4 ~6 mm。催化剂的载体一般选用 Al_2O_3、MgO、TiO、SiO_2 等,一般通过浸渍或共沉淀等方法负载在氧化物表面,再经焙烧、还原制得。其活性顺序为:Ni/MgO < Ni/Al_2O_3 < Ni/SiO_2 < Ni/TiO_2 < Ni/ZrO_2。稀土在甲烷化催化剂中的作用主要表现在:提高催化剂活性和稳定性、抗积炭性能好、提高了催化剂耐硫性能。近年来,为增强 Ni 基甲烷化催化剂的抗硫性和耐热性,人们对于 Ni 作为主活性组分,Mo 作为助剂载型的 Mo-Ni 双金属催化剂进行了不少研究。Mo 的加入可以促进 Ni 的还原,抑制 Ni 的烧结,从而提高 Ni 催化剂的催化活性。但是 Mo 对催化剂抗硫能力的提高,却没有统一的认识。

目前主要有以下 3 个方面的解释:

①含 Mo 催化剂有较大吸附 H_2S 的能力。

②硫化 Mo 参与了催化甲烷化反应。

③还原处理后生成的 Mo-Ni 合金是主要的抗硫活性相。

贵金属 Ru、Rh、Pd 等催化剂对 CO、CO_2 甲烷化反应都具有良好的催化性能。尤其是 Ru 催化剂,与 Ni 基甲烷化催化剂相比,具有如下优点:

一是具有较好的低温活性。据报道,钌基甲烷化催化剂在 90 ℃条件下,能使 90% 的 CO、CO_2 有效地转化为 CH_4,这对需要通过消耗主能源、以加热方式提高反应温度、保证反应速率的装置,可以适当降低反应温度,从而达到节能的目的。

二是具有较快的反应速率和较高的选择性,钌基甲烷化催化剂在反应接触时间极短的情况下,CO、CO_2 甲烷化选择性、转化率依然很高。由于反应接触时间较短可以允许空速较大,因此可以缩小甲烷化装置的规模,减少工程投资,提高设备的利用率。

三是具有较高的抗积炭和抗粉尘毒化能力。

甲烷化催化剂使用前以氢气和脱碳后的原料气还原:

$$NiO+H_2 \longrightarrow Ni+H_2O$$

$$NiO+CO \longrightarrow Ni+CO_2$$

催化剂一经还原就有活性,甲烷化反应就可以进行,有可能造成温升,因此应控制碳氧化物在 1% 以下。还原后的镍催化剂会自燃,要防止与氧化性气体接触。硫、砷和卤素元素都能使催化剂中毒,即使有微量也会大大降低催化剂的活性和寿命,硫和砷都是永久毒物,不能恢复。

六、甲烷化主要工艺介绍

1. 托普索甲烷化技术

丹麦托普索公司开发甲烷化技术可以追溯至 20 世纪 70 年代后期,该公司开发的甲烷化循环工艺技术(TREMP),已在不同规模装置中进行了验证,在工业状态下可生产 200 ~ 3 000 m^3/h 的代用天然气产品,如图 6.1.3 所示。

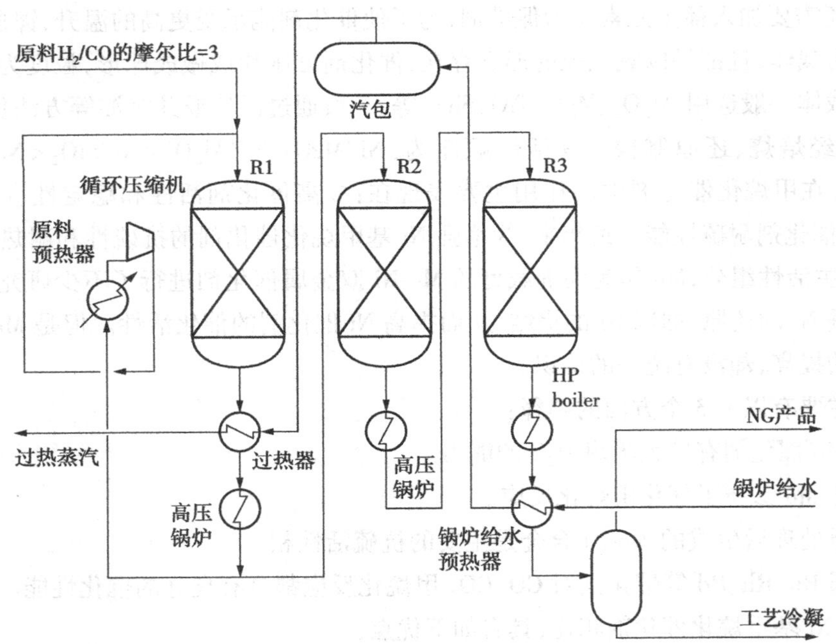

图 6.1.3 托普托普索 TREMP 甲烷化工艺

托普索甲烷化催化剂 MCR-2X，可在宽温区（250～700 ℃）范围内保持稳定的活性，并已在 Topsoe 中试和德国中试装置中进行测试，最长稳定运行 10 000 h，证明该催化剂具有优越的稳定性；

整个甲烷化装置设置 4 段（根据出口 CO 浓度要求，可调整反应器数量）甲烷化绝热反应器，每个反应器出口设置高压废锅，可利用过热器将蒸汽过热后送管网，利用部分气体循环控制反应器温度，但是高压废锅投资较高，制造难度较大；利用其催化剂可在高温下反应的性能，也可以降低循环气量，减少压缩能耗。

托普索 TREMP 工艺的特点如下：

①单线生产能力大，根据煤气化工艺不同，单线能力为 10 万～20 万 m^3/h 天然气。

②MCR-2X 催化剂活性好，转化率高，副产物少，消耗量低。

③MCR-2X 催化剂在 250～700 ℃温度范围内都具有很高且稳定的活性。催化剂允许的温升越高，循环比就越低，设备尺寸和压缩机能力就越小，能耗就越低。托普索 TREMPTM 工艺循环气量是其他工艺的十分之一。

④MCR-2X 催化剂在高压情况下可以避免羰基形成，保持高活性，寿命长。

⑤可以产出高压过热蒸汽（8.6～12.0 MPa，535 ℃），用于驱动大型压缩机，每 10^3 m^3 天然气副产 3.5 t 高压过热蒸汽，能量利用效率高。

2. 鲁奇甲烷化技术

鲁奇甲烷化技术首先由鲁奇公司、南非沙索公司在 20 世纪 70 年代开始在两个半工业化实验厂进行试验，证明了煤气进行甲烷化可制取合格的天然气，其中 CO 转化率可达 100%，CO_2 转化率可达 98%，产品甲烷含量可达 95%，低热值达 8 500 kJ/m^3，完全满足生产天然气的需求。鲁奇甲烷化工艺如图 6.1.4 所示。

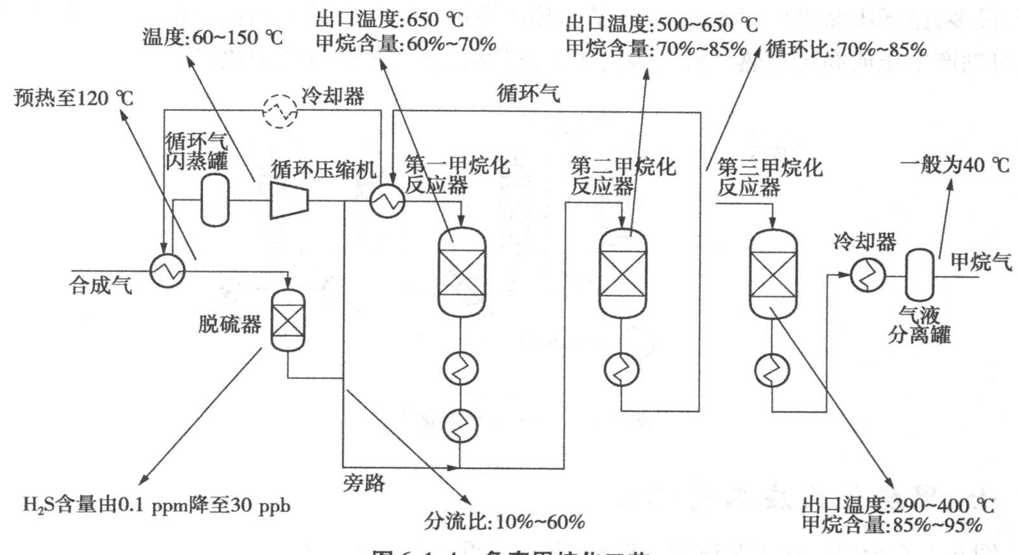

图 6.1.4　鲁奇甲烷化工艺

美国大平原煤制天然气厂使用的是鲁奇公司煤气化技术。气化原料煤采用褐煤，进甲烷化 H_2/CO 体积比约为 3，设计值为日产 3.54 Mm^3 合成天然气，天然气的热值达到 37 054 kJ/Nm^3。目前该装置处理原料煤 18 000 t/d，合成天然气产量达到 4.67 Mm^3/d。该套甲烷化装置采用 3 个固定床反应器，前两个反应器为高温反应器，采用串并联形式，CO 转化为 CH_4 的反应主要在这两个反应器内进行，称大量甲烷化反应器。第 3 个反应器为低温反应器，用来将前两个反应器未反应的 CO 转化 CH_4，使合成天然气的甲烷含量达到需要的水平，称补充甲烷化反应器。

前两个反应器采用部分反应气循环进料的方式。来自上游工段的新鲜合成气分成两股，一股与循环气混合后进入第 1 个反应器，反应后的气体与另一股新鲜合成气混合后进入第 2 反应器。第 2 个反应器出口气体一部分经冷却、压缩循环回第 1 个反应器入口，另一部分到第 3 个反应器反应后生产合格的合成天然气。

3. Davy 甲烷化技术

20 世纪 90 年代末期，Davy 工艺技术公司获得了将 CRG 技术对外转让许可的专有权，并进一步开发了 CRG 技术和最新版催化剂。Davy 甲烷化工艺技术除具有托普索工艺可产出高压过热蒸汽和高品质天然气特点外，还具有如下特点：催化剂已经过工业化验证，拥有美国大平原等很多认证。催化剂具有变换功能，合成气不需要调节 H/C 比，转化率高。催化剂使用范围很宽，在 230 ~ 700 ℃都具有很高且稳定的活性，如图 6.1.5 所示。

CRG 技术流程和鲁奇甲烷化技术流程类似，前两个反应器为高温反应器，采用串并联形式，采用部分反应气循环进料的方式，根据原料气组成和合成天然气甲烷含量要求，后面设一个或多个补充甲烷化反应器。CRG 甲烷化压力可达 3.0 ~ 6.0 MPa，CRG 催化剂在 230 ~ 700 ℃温度范围内具有高而稳定的活性。由于高温反应器在高温下操作，循环比比低温操作降低很多，循环压缩机尺寸变小，节省了循环压缩机成本并降低了能量消耗。由于反应温度高，可副产中压或高压过热蒸汽直接用于蒸汽轮机，提高了能量利用效率。

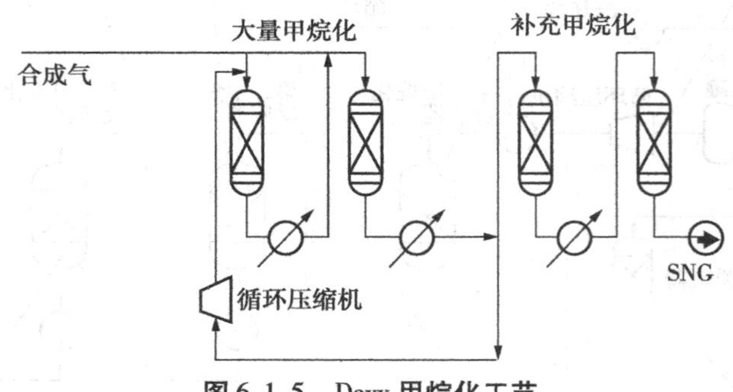

图 6.1.5 Davy 甲烷化工艺

七、甲烷化反应工艺流程

图 6.1.6 为甲烷化工艺流程，其设备名称及设备见表 6.1.1。

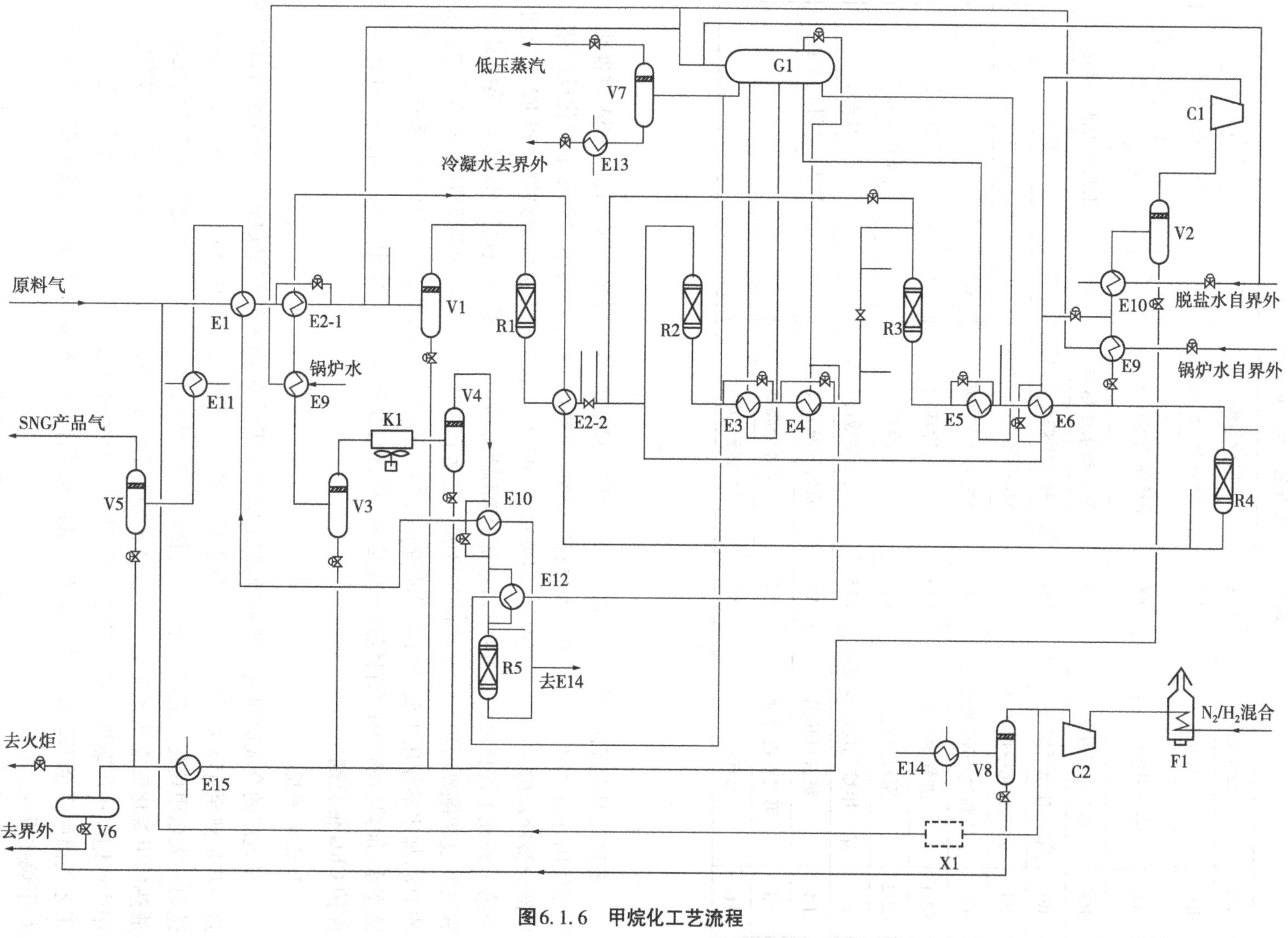

图6.1.6　甲烷化工艺流程

表 6.1.1　设备名称与设备对应表

编号	设备名称	编号	设备名称	编号	设备名称
R1	脱硫槽	E7	循环锅炉给水加热器	V4	2#气液分离罐
R2	第一甲烷化反应器	E8	循环脱盐水加热器	V5	第二补充甲烷化反应器气液分离器
R3	第二甲烷化反应器	E9	锅炉给水加热器	V6	工艺冷凝液闪蒸罐
R4	第一补充甲烷化反应器	E10	第二补充甲烷化换热器	V7	排污罐
R5	第二补充甲烷化反应器	E11	SNG 循环水冷却器	V8	开车气液分离罐
E1	原料气/SNG 换热器	E12	甲烷化开车加热器	G1	汽包
E2-1	进气预热器	E13	排污冷却器	F1	开车加热器
E2-2	原料预热器	E14	开车冷却器	C1	循环压缩机
E3	第一甲烷化反应器废锅	E15	工艺冷凝液冷却器	C2	开车压缩机
E4	蒸汽过热器	V1	原料气液分离器	X1	开车变压吸附 PSA 装置
E5	第二甲烷化锅炉	V2	循环分离器		
E6	循环换热器	V3	1#气液分离器		

1. 脱硫

来自低温甲醇洗的原料气(27 ℃,3.3 MPa,42×10^4 Nm^3/h)除小部分送往 PSA 供催化剂还原使用外,正常生产中首先进入原料气/SNG 换热器 E1 壳程与第二补充甲烷化反应器出口部分被冷却的 SNG 产品气换热,温度提到 141 ℃左右再进入进气预热器壳程 E2,在这里与第一补充甲烷化反应器 R4 出口被部分降温后的热工艺气体交换热量被继续加热提温,原料气经过增湿器时喷加少量热锅炉给水温度达到 180 ℃,气体中水汽化后含量约占总体积的 1%,加水的作用主要是用来辅助脱硫,然后进原料气液分离器 V1 中分离掉未被汽化的液态水;加热后的合成原料气进脱硫槽 R1 中进行脱硫,出口气体中总硫含量小于 4 ppm 以保护 CRG 催化剂。

2. 大量甲烷化

脱硫后的合成原料气在原料预热器 E2-2 壳程中被第一补充甲烷化反应器的出口气体进一步加热至 355 ℃后分为两股,分别进入第一甲烷化反应器 R2 和第二甲烷化反应器 R3。进第一大量甲烷化反应器的原料气与循环气混合后温度 337 ℃,进入绝热反应器催化床层,放热的甲烷化反应在此发生。出口的热气温度大约为 620 ℃,进第一甲烷化反应器废锅 E3 中生产饱和中压蒸汽并在蒸汽过热器 E4 中加热为过热蒸汽送出界外。离开蒸汽过热器的工艺气温度降至 332 ℃与另一股新鲜原料气混合,在 338 ℃下进第二大量甲烷化反应器进行甲烷化反应。

第二大量甲烷化反应器出口气体温度 620 ℃左右,用于在第二甲烷化锅炉 E5 生产饱和中压蒸汽并在循环换热器 E6 中预热循环气体，出循环换热器的气体温度降至 280 ℃再次分成两股，一股经循环锅炉给水加热器 E7 和循环脱盐水加热器 E8 连续冷却后温度降至 152 ℃，进入循环分离器 V2 将工艺冷凝水分离出来，气体由循环分离器顶部出来送往循环压缩机 C1 加压，再经循环换热器加热提温至 331 ℃循环至第一大量甲烷化反应器入口，以调整第一甲烷化反应器出口温度；另一股气体直接进入第一补充甲烷化反应器 R4 继续进行甲烷化反应。经过大量甲烷化反应后工艺气中的 CO 含量降至 1.64%（湿基），甲烷含量达到 52.7%（湿基）。

3. 补充甲烷化

第一补充甲烷反应器出循环换热器的另一股气体进入第一补充甲烷化反应器 R4，继续甲烷化反应，反应器出口热气温度大约 450 ℃，经过原料气预热器 E2 管程来预热新鲜原料气，降温后的工艺气温度降至 254 ℃，再进入锅炉给水加热器 E9 冷却至 168 ℃，冷凝后的工艺气进入第一补充甲烷化反应器 1#气液分离器 V3 中分离工艺冷凝水，分离器顶部出来的工艺气进到空冷器 K1 再进一步冷却至 109 ℃，并在第一补充甲烷化反应器 2#气液分离罐 V4 中分离掉冷凝液后送往第二补充甲烷化反应器 R5 进行终极甲烷化反应；经过连续两次分离工艺冷凝液后工艺气中 CO 含量降至 0.08%（湿基），甲烷含量达 82%（湿基）。

第二补充甲烷化反应器在第二补充甲烷化换热器 E10 中，由第二补充甲烷化反应器出口成品气将来自于第一补充甲烷化反应器 2#分离器的工艺气加热至 250 ℃，少量的甲烷化反应发生在第二补充甲烷化反应器 R5 中，以达到终极产品气。第二补充甲烷化反应器出口气体温度大约 326 ℃，在第二补充甲烷化换热器一次降温后，进入进料气/SNG 换热器中预热来自于低温甲醇洗的新鲜原料气，最后在 SNG 循环水冷却器 E11 中降至 40 ℃，所产生的工艺冷凝水在第二补充甲烷化反应器气液分离器 V5 中除去，成品气从分离器的顶部出来送至首站，完成甲烷化合成任务，成品气中甲烷含量大于 97%。

由 V1、V2、V3、V4 各分离器排出的工艺冷凝液在工艺冷凝液冷却器 E15 中冷却至 40 ℃与 V5 冷凝液汇合后送到工艺冷凝液闪蒸罐 V6，闪蒸出来的燃料废气送往火炬，工艺冷凝液排出界区。

4. 蒸汽系统

由界外来的 150 ℃锅炉给水分为两股，分别经过循环锅炉给水加热器 E7 和甲烷化锅炉给水加热器 E9，锅炉给水在上述两个换热器中由工艺气加热后混合，水温达 238 ℃，除少部分送往原料气分离器 V1 前的加湿器中辅助脱硫使用外，大部分锅炉给水送往汽包 G1 用来产生蒸汽。

第一甲烷化反应器废锅 E3 和第二甲烷化反应器废锅 E5 分别用来回收第一甲烷化反应器 R2 和第二甲烷化反应器 R3 的出口余热，产生蒸汽。这些锅炉通过一系列上升管和下降管与汽包相连构成自循环系统，汽包产生的饱和中压蒸汽（t=263 ℃，P=4.9 MPa），经过蒸汽过热器 E4 壳程与其管程的工艺气换热，加热为过热蒸汽（t=450 ℃）后送出界区。

来自界区外的脱盐水（t=40 ℃，P=1.89 MPa）主要是进入脱盐水加热器 E8 管间来冷却到循环压缩机的入口气温度，其中一小部分脱盐水在进入 E8 前直接送到汽包加药装置，供配药使用。在汽包加药装置中配入一定量磷酸盐，加入到汽包中对水的 pH 值进行调整，同时也防止产生水垢。汽包和废锅的排污是通过连续排污或间接排污来维持。汽包连续排污进入排污罐 V7，在此降压产生低压蒸汽并送出界区，液体从排污灌罐底部排出，在排污冷却器 E13 中经冷却水冷却后送出界区。

5. 开车系统

因开车和催化剂升温还原需要，甲烷化装置提供了 N_2/H_2 循环系统。开车压缩机 C2 输送 N_2(或 N_2/H_2 混合气）至直接点火式 N_2 开车加热器 F1 中，开车加热器出口的热气可直接到达甲烷化装置中的一个或多个催化剂床层及反应器。热气体在流经催化剂床层后循环回开车冷却器 E14 中冷却，通过开车气液分离罐 V8 分离冷凝水，再返回开车压缩机入口。在开车分离罐顶部气体出口有通往火炬的放空管线和开车 N_2 补充管线，通往火炬的放空管线主要用于开车系统置换或泄压，N_2 补充管线主要在开车时向系统补充新鲜 N_2 以维持开车压缩机入口气压稳定。

在开车过程中，一小股合成气原料引入开车变压吸附 PSA 装置 X1 以提供氢气，纯度高达 99.99% 的氢气送往开车压缩机入口，加入到循环氮气中用来还原催化剂，PSA 装置的富碳尾气送火炬。

八、甲烷化生产装置的运行

（一）开车

1. 准备工作

①系统管线经过吹扫、试压试漏、N_2 置换合格，各反应器催化剂已经还原结束，设备处于 N_2 正压保护之中。

②各种仪表、电气、自调阀等合格。

③现场防护设施、消防设施和通信设施齐备。

④现场所有杂物清理干净，具备充足的照明。

⑤各种分析仪器准备齐全。

⑥循环压缩机准备充分，具备开机条件。

⑦确认公用系统和动力系统运行正常，并送至甲烷化界区。

⑧参与开车人员熟悉工艺流程和开车操作规程。

⑨净化低温甲醇洗运行正常，并送至甲烷化界区。

⑩检查并确认开车压缩机 C2 的入口管线和回路的短管恢复安装。

⑪主控检查并确认微机上各控制阀处于手动和关闭模式。

⑫汽包和废锅补充锅炉给水至正常液位。

⑬循环冷却水运行正常，排污冷却器 E13 和开车冷却器 E14 通循环冷却水。

⑭提前准备好各岗位记录报表。

2. 系统升温

①检查并关闭以下阀门：工艺气系统所有管线和设备上的导淋、放空及通往火炬的阀，进入工艺系统的各种 N_2 管线阀门，进入各反应器的蒸汽管线阀，PSA 装置的根部阀 V-02。并插好“8”字盲板。

②关闭工艺气去 PSA 根部阀以及 PSA 装置下游进入开机装置的阀，关闭循环气加热器 E16 出口阀。

③关闭开车装置到各反应器的阀门，关闭 PSA 出口到开车压缩机的阀，开 E14 前的阀和开车加热器出口阀，同时关闭开车加热器出口通往火炬管线上的安全阀旁路上的球阀和管线上的球阀。

④上述工作完成后，联系调度开氮气阀向开车系统冲压，将开车压缩机 C2 的入口压力提至 0.4 MPa，按照压缩机的操作规程调试回流装置，将防喘振阀置于自动模式以调节流量。

系统充压期间应取样分析开车系统中氮气的 O_2 含量，如果氮气中 O_2 含量较高应对系统进行置换，O_2<0.5% 且开车压缩机入口压力达到 0.4 MPa 时，关闭 N_2 阀，停止充压。

向脱硫槽 R1 充 N_2 前，应检查并关闭锅炉原料水切断阀、分离器 V3 的底部导淋，开工加热器出口通往脱硫槽的自调阀处于手动关闭状态。缓慢打开阀门，通过开工加热炉出口到脱硫槽入口的控制阀控制进入脱硫槽的 N_2 流量，使整个系统按照开车压缩机 C2 的设计，气体顺流直至系统冲压平稳。

脱硫槽充压期间，注意观察开车压缩机入口压力，保证开车压缩机入口压力稳定在 0.4 MPa，压力降低时向系统补入 N_2。当压力稳定后，按照开车压缩机 C2 的启动程序开启开车压缩机，并调整至合适流量，使系统循环正常。

开车压缩机运行正常，系统循环稳定，氮气中 O_2 含量分析合格。通过开工加热器出口温控器将开工加热器温度设定为 100 ℃，按照升温要求将报警的跳车复位，处于可启动状态；开工加热器 F1 点火，开始对 ZnO 脱硫槽床层进行升温还原。

用开工加热器 F1 出口温度控制升温速率≤50 ℃/h，将脱硫槽 R1 进行升温还原，注意观察开机分离器 V8 底部导淋排水情况，直至没有冷凝液排出。脱硫剂床层温度均达到 180 ℃且开机分离器导淋没有冷凝液排出时，ZnO 脱硫槽升温结束。

⑤开启系统通往 1#和 2#甲烷化反应器入、出口阀门。

通过温控器将开工加热炉出口温度迅速降低到 100 ℃，缓慢打开通往 1#甲烷化反应器 R2 和通往 2#甲烷化反应器 R3 的两自调阀，向 1#和 2#大量甲烷化反应器充压。压力稳定后，使开车压缩机的 N_2 在 1#和 2#甲烷化反应器之间循环，循环稳定后关闭压力调节阀。

在向 1#和 2#大量甲烷化反应器充压循环期间，注意观察开车压缩机入口压力，压力降低时，及时补入新鲜 N_2。

1#和 2#甲烷化反应器循环稳定后，投运空冷器 K1 使之运行正常，为提高 1#（R4）和 2#（R5）补充甲烷化反应器的床层温度做好准备。

⑥手动关闭开车系统去 1#和 2#补充甲烷化反应器的自调阀，缓慢打开开车系统通往 R4 和 R5 的阀门，同时打开甲烷化开车加热器 E12 入出口阀。开启上述阀门时，注意观察压

缩机入口压力及时补入新鲜 N_2。

用自调阀控制气量，气体通入 1#和 2#补充甲烷化反应器，投运甲烷化开车加热器 E12 加热进入 2#补充甲烷化反应器的入口 N_2，气体经过 E2-1、E2-2、空冷器等设备，要检测分离器 V3 和 V4 不得发生窜气和带液等事故。

逐渐手动开启通往 1#补充甲烷化反应器 R4 入口自调阀阀门开度，平衡好 R2、R3 和 R4 三者之间的流量，初期按 R2 氮气占 30%，R3 氮气占 40%，R4 和 R5 的氮气占 30% 的比例进行分配。

在对 1#和 2#甲烷化反应器升温前，应检查蒸汽过热器 E4 蒸汽出口管线上的压力控制自调阀，将其设置为手动关闭，用放空阀来控制蒸汽压力。

升温时按照小于 50 ℃/h 的升温速率对各床层进行升温。随着 1#和 2#甲烷化反应器出口温度逐渐升高，汽包蒸汽压力升至 0.2 MPa，向甲烷化开车加热器 E12 通蒸汽时，先打开排污分离器 V7 的底阀，再缓慢开启 E12 根部阀对 R5 进行加热，蒸汽通过 E12 壳程时，小心打开管线上的排液阀，排尽管内存留的冷凝液。

调整自调气量，使床层获得等同的升温速率，由 E12 出口温控器通过自调阀动作来控制进入 E12 的蒸汽流量从而控制 R5 入口 N_2 升温速率。

随着 R2 和 R3 出口温度升高，两台废锅产生的蒸汽逐渐增多，将汽包压力升至 2.8 MPa，设置自动模式控制汽包压力稳定，除蒸汽用于 2#补充甲烷化反应器 R5 升温外，其余放空，直至需要供给蒸汽为止。

蒸汽大量产出，汽包液位下降，应及时通过补充锅炉给水维持汽包液位，来确保汽包液位稳定。

蒸汽压力增加后，可根据情况启动汽包排污管线上的阀向排污罐排污，排污时应考虑甲烷化开车加热器 E12 的蒸汽冷凝液排放情况，以确保甲烷化反应器床层温度稳定。

⑦当 R4 出口温度达 280 ℃和 R5 出口温度接近 250 ℃，停止加热，并将 E12 中的水排尽，停空冷器。

⑧重新调整氮气分配，以保证两床层温度相等的升温速率，直至床层温度全部升至 337 ℃。

3. 投入原料气

(1)投原料气前准备工作

①确认循环脱盐水加热器 E8 投脱盐水。

②按照循环压缩车操作规程提前准备，具备启动条件。

③公用管网中压蒸汽送至现场，可随时投运。

④关闭开车装置到脱硫槽 R1 进、出口阀门，确认脱硫槽出口氮气管线阀门关闭，盲板插好。

(2)接原料气开车

甲烷化装置各床层提温至工艺要求：脱硫槽床层温度均达 180 ℃，R2 和 R3 的床层温度均达到 337 ℃，R4 床层温度均达 280 ℃，R5 床层温度均达 250 ℃，且开车装置 N_2 仅循环于 R2 和 R3 的床层并保证床层温度在操作温度(337 ℃)，汽包的正确压力约 2.8 MPa，E3 出口

N_2 温度 240 ℃左右，汽包所产生的蒸汽放空，具备投原料气的条件。

投原料气前将开车压缩机切换为循环压缩机运行。N_2 冲压稳定后，将 C1 回路喘振阀置于手动全开位置并启动压缩机。

缓慢打开循环压缩机与开车压缩机连通阀，使开车压缩机与循环压缩机联通并准备切换，增加进入循环压缩机的流量；逐渐使 N_2 全部送入循环压缩机入口，用 R3 入口温度控制器调整其入口温度，调整开工加热炉出口温度以保证 R2 入口温度维持在 337 ℃。

倒换压缩机期间，保证两台压缩机入口压力稳定，及时对压缩机运行状况作出调整。全开开车压缩机 C2 的回流阀。

按照操作规程将开车压缩机停运，将管内压力排往火炬，压力泄尽后关闭到火炬的排气阀。

缓慢增加循环压缩机入口温度，并逐渐达到正常的运行温度。

联系调度接原料气，送往火炬置换管道，取样分析后，将不合格的气体送往火炬。

手动控制 10% 的原料气进入系统，通过在线分析仪检测脱硫槽出口气体中硫含量并做好记录。

将通过脱硫槽的原料气流量维持在 10%，逐渐将开工加热炉来的热氮气导入原料气液分离器 V1 中，使 V1 出口气体温度逐渐升至 180 ℃。

分析人员在脱硫槽出口采样点取样分析硫含量与在线分析仪数据对比，正常情况下出口硫含量不应该在在线分析仪上显示出来，待脱硫槽出口温度达 230 ℃且手动分析总硫含量与在线分析显示总硫含量均小于 0.01 ppm，可向后工序通气。

打开汽包去 E12 根部阀，把汽包产生的蒸汽引入到 E12 中。

首先确认 E8、E9 和空冷器 K1 投用，确认 R5 入口电磁阀关闭。调整循环加热器 E6 出口气温度达到 R4 入口温度要求时，将 R4 入口自调手动关闭，控制蒸汽流量以提高 R5 入口气温度，并控制气体压力在 0.9 MPa。

脱硫槽 R1 出口总硫含量分析合格后，打开通往 R2 的蒸汽管线上的底阀，关闭蒸汽管线上的放空及根部阀的旁路阀。打开根部阀向 R2 供给蒸汽，保证 R2 入口温度在 300 ℃左右，投蒸汽时注意排放 R2 入口导淋，防止冷凝水进入反应器中。

投入蒸汽 15 分钟内应将精脱硫后的气体引入 R2 内，控制好 V2 的液位。原料气引入反应器后，蒸汽与原料气比例大于 120 kg/Nm^3，调整循环压缩机入口温度不低于 110 ℃。向 R2 充入气体前，注意控制好系统压力。

当原料气进入 R2 后，控制好 R2 床层温升，发现温度增长较快时，立即切断进入 R2 的原料气，改脱硫后入火炬；然后加大循环气速率，再以较低的比率重新投入原料气。注意监测反应器入出口温度，通过调整开工加热炉出口温度，确保 R2 入口温度保持在 220 ℃以上。

当系统压力稳定且 R2 的床层温升速率平稳后，逐渐减少循环气流量，将 R2 的出口温度控制在 560 ℃；将蒸汽的流量提高到 12 t/h，再将原料气的比率逐步增加到 20%；随着进入 R2 原料气比率逐渐增加，出口温度将会逐渐升高，当出口温度达到 560 ℃时，将出口温控器设置为自动模式。

随着原料气流量逐渐增大，把锅炉给水加入系统，以辅助脱硫。

逐渐向 R3 引入原料气，注意控制 R3 床层升温速率；随着加入到 R3 中原料气比率增加，出口温度会增长到 560 ℃，达 560 ℃时将 R3 出口温度控制器设置为自动模式。

随着原料气和蒸汽流量的逐步增大，应及时调整开工加热炉出口温度，保证脱硫槽 R1 入口温度维持在 180 ℃和 R2 的入口气温度维持在 337 ℃。

当 E2-1 所提供的热量能完全满足脱硫槽入口温度需求时，则不再需要 F1 提供热量，隔开开工加热炉，并停运。

缓慢将开车蒸汽增加到 18 t/h，原料气流速增加到 30%，并将成品气压力提至正常的操作压力，同时随着工艺气压力升高，逐渐提高蒸汽压力至正常。

当 R5 不再需要依靠 E12 提高热量即可满足入口温度需求时，隔开第二补充甲烷化开车加热器，同时停止向 E12 供应蒸汽，将 R5 入口温控器设置为自动模式运行。

继续增加蒸汽流量到 24 t/h，把原料气流量增加到 40%，控制好 R2 和 R3 的出口气温度。检查循环压缩机 C1 入口温度是否控制在 152 ℃，检查进入 1#甲烷化反应器 R2 原料气与循环气比率及进入 1#和 2#甲烷化反应器的原料气比率是否都在跳车极限范围内，如果不在跳车极限范围内，通过调整甲烷化反应器出口温度来实现。

原料气量增加到 40% 稳定后，逐步清除工艺蒸汽。控制蒸汽流量，按照每 15 分钟清除 5 t 蒸汽的速率递减，但不能因减少蒸汽而引起床层温度波动，直至把工艺蒸汽清除完毕后，关闭开车蒸汽管线上的根部阀和底阀。监控并调整好好 R2 入口原料气与循环气比率，避免发生跳车事故。

汽包和废锅系统的蒸汽压力和温度均已正常，在保证蒸汽压力稳定前提下，逐渐关闭通向大气的自调阀，向管网送出蒸汽。

当原料气量增加到 40% 后，如果各床层温度正常，压力和工艺指标均合格，所要求的各种气体比率均在跳车极限范围内，且出界区的气体组分在在线分析仪与取样分析的数据基本一致情况下，把成品气送出界区外。

根据调度安排，当系统需增加原料气量生产时，应以 5% 的递增速率逐步加满到 100%。在每增加 5% 的原料气后，注意观察系统各设备及反应器的运行情况，待系统稳定后，再继续增加，严禁连续增加气量，造成跳车或超温事故发生。

(3)原料气开车注意事项

原料气投入系统时，应根据要求缓慢加入，不得太快，以免造成床层超温或跳车等事故发生。

在开车过程中每次增加(或减少)原料气或蒸汽时均要事先与调度联系，经调度同意后方可实施。

跟随开车进程，分析随开车进行。

蒸汽过热器的压差不得超过 3.0 MPa。

在引入原料气前，将 E14、V8、C2 等设备隔离。

(二)正常停车

1. 停车步骤

停车前联系调度,待调度同意后,逐渐将系统由100%的满负荷状态按照5%的量逐渐递减,每递减5%的气量时应稍作停顿,待床层稳定后再继续递减,直至降至40%负荷。随着负荷的递减应保证系统压力和设备、床层的稳定。

负荷降至40%后,联系调度准备停车。接停车指令后,手动逐渐关闭汽包向界外送汽,同时控制好蒸汽压力,将不合格的蒸汽放空。

切断进入甲烷化装置原料气,同时停止向脱硫槽的锅炉给水供给,控制好循环压缩机的操作。原料气中断后,循环压缩机应继续运行,使循环气体全部进入R2中,排出设备中的热量,按照25 ℃/h的速率逐渐降低R2的温度,随着R2的出口温度降低,循环率也会降低,直至R2和R3的出口温度均降至300 ℃。

温度降至300 ℃后,手动控制逐渐降压,并确保泄压速率不大于0.1 MPa/min。降压过程中,维持反应器的进口温度高于露点温度,防止催化剂上的液体凝结;同时随着工艺气体压力降低而相应降低汽包蒸汽压力,控制汽包蒸汽的压力高于工艺气压力1~2 MPa。当系统压力降至0.9 MPa,反应器入口温度最小应为300 ℃,继续将系统压力降到0.3 MPa为止,准备充入N_2置换。

从E1前氮气管线向系统引入氮气,开始从装置中置换工艺气,并保证出界区前的气体压力仍在0.3 MPa,注意监测好反应器出口温度。手动关闭向系统提高锅炉给水自调阀,停止供水,同时也防止汽包的回流。

从SNG气液分离器V5出口采样点取样分析(1次/30分钟)气体中的氮气含量,当出口气体中N_2含量达50%时,系统温度应降低到90 ℃;当N_2含量达80%时,系统温度应降低到65 ℃;继续使用N_2将系统降温至尽可能低的温度,直至N_2含量达95%时结束。

当确认气体中N_2含量达到不低于95%时,停运循环压缩机。

分别通过氮气管线向对应的甲烷化反应器输入氮气进行置换,直至整个系统中的氮气含量达99.9%为止,关闭系统上所有氮气管线。

关闭每个反应器入出口阀,关闭入、出界区阀门。

向脱硫槽通入N_2,加压到0.4 MPa,慢慢开启脱硫槽入口上的球阀降压至火炬;反复几次,直至取样分析不再含有原料气组分结束。

分别向各甲烷化反应器和脱硫槽通入N_2,加压到0.4 MPa,反复几次,直至出口处取样分析不再含有原料气组分时结束。

上述各反应器经过反复置换,不能再监测出工艺气体的成分时,使各反应器处于N_2正压保护,将各反应器的充N_2阀和通往火炬的泄压阀门关闭。

2. 注意事项

各反应器处于N_2正压保护下,要监测好各反应器压力和床层温度,做好记录。

若反应器压力下降或床层温度上涨,应立即汇报并充入N_2。

第二节　甲醇合成装置运行与维护

甲醇是最简单的饱和醇,也是重要的化学工业基础原料和清洁液体燃料。它广泛用于有机合成、医药、农药、涂料、染料、汽车和国防等工业中。

甲醇合成是指以固体(如煤、焦炭)、液体(如原油、重油、轻油)或气体(如天然气或其他可燃性气体)为原料、经造气、净化(脱硫)变换、除去二氧化碳、配制成一定配比的合成气(一氧化碳和氢),在不同的催化剂存在下,选用不同的工艺条件,进行化学反应生成甲醇。合成后的粗甲醇,经预精馏脱除甲醚,精馏而得成品甲醇。

一、甲醇的性质与用途

1. 甲醇的物理性质

常温常压下,纯甲醇是无色透明、易燃、极易挥发且略带醇香味、刺激性气味的有毒液体。甲醇能和水以任意比互溶,但不形成共沸物,能和多数常用的有机溶剂(乙醇、乙醚、丙酮、苯等)混溶,并形成恒沸点混合物。甲醇能和一些盐如 $CaCl_2$、$MgCl_2$ 等形成结晶化合物,称为结晶醇,如 $CaCl_2 \cdot CH_3OH$、$MgCl_2 \cdot 6CH_3OH$,和盐的结晶水合物类似。甲醇能溶解多种树脂,但不能与脂肪烃类化合物互溶。甲醇水溶液的密度随甲醇浓度和温度的增加而减小;甲醇水溶液的沸点随液相中甲醇浓度的增加而降低。甲醇蒸汽和空气混合能形成爆炸性混合物,遇明火、高热能引起爆炸。甲醇燃烧时无烟,其燃烧时显蓝色火焰。与氧化剂接触发生化学反应或引起燃烧。在火场中,受热的容器有爆炸危险,其蒸汽比空气重,能在较低处扩散到相当远的地方,遇明火会引起回燃,属危险性类别;试剂甲醇常密封保存在棕色瓶中置于较冷处。有毒,一般误饮 15 mL 可致眼睛失明。

甲醇相对分子质量为 32.04,熔点 −97.8 ℃,沸点 64.5 ℃,闪点 12.22 ℃,易燃,蒸汽能与空气形成爆炸极限 6.0% ~36.5%(体积分数)。

2. 甲醇的化学性质

甲醇不具酸性,也不具碱性,对酚酞和石蕊均呈中性。

(1)氧化反应

甲醇完全氧化燃烧,生成 CO_2 和 H_2O,并放出热量:

$$2CH_3OH+3O_2 \longrightarrow 2CO_2+4H_2O+1\,453.10\ kJ/mol$$

甲醇在电解银催化剂上可被空气氧化成甲醛。这是重要的工业制备甲醛的方法：

$$CH_3OH+1/2O_2 \longrightarrow HCHO+H_2O+159\ kJ/mol$$

(2)脱氢反应

甲醇分子内脱水也可生成甲醛

$$CH_3OH \longrightarrow CH_2O+H_2-83.68\ kJ/mol$$

(3)酯化反应

甲醇可与多种无机酸和有机酸发生酯化反应。

甲醇与硫酸作用，生成硫酸氢甲酯：

$$CH_3OH+H_2SO_4 \longrightarrow CH_3OSO_2OH+H_2O$$

硫酸氢甲脂加热减压蒸馏生成重要的甲基化试剂硫酸二甲酯：

$$2CH_3OSO_2OH \longrightarrow CH_3OSO_2OCH_3+H_2SO_4$$

甲醇与硝酸作用，生成硝酸甲酯：

$$CH_3OH+HNO_3 \longrightarrow CH_3NO_3+H_2O$$

甲醇与盐酸作用，生成氯甲烷：

$$CH_3OH+HCl \longrightarrow CH_3Cl+H_2O$$

甲醇与甲酸反应生成甲酸甲酯：

$$CH_3OH+HCOOH \longrightarrow HCOOCH_3+H_2O$$

(4)羰基化反应：甲醇与 CO 在一定温度和压力下发生羰基化反应生成醋酸、醋酐。

$$CH_3OH+CO \longrightarrow CH_3COOH(醋酸)$$

$$2CH_3OH+2CO \longrightarrow (CH_3O)_2O+H_2O(碳酸二甲酯)$$

(5)胺化反应：甲醇与氨基酸在活性 Al_2O_3 作催化剂时可生成一甲胺、二甲胺、三甲胺的混合物。

$$CH_3OH+NH_3 \longrightarrow CH_3NH_2+H_2O$$

$$2CH_3OH+NH_3 \longrightarrow (CH_3)_2NH+2H_2O$$

$$3CH_3OH+NH_3 \longrightarrow (CH_3)_3N+3H_2O$$

(6)脱水反应生成二甲醚：甲醇在高温、高压下分子间脱水生成二甲醚。

$$2CH_3OH \longrightarrow (CH_3)_2O+H_2O$$

(7)甲醇与苯作用，生成甲苯：

$$CH_3OH+C_6H_6 \longrightarrow C_6H_5\cdot CH_3+3H_2O$$

(8)甲醇与金属钠作用，生成甲醇钠：

$$2CH_3OH+2Na \longrightarrow 2CH_3ONa+H_2$$

(9)甲醇和异丁烯在催化剂作用下生成甲基叔丁基醚(MTBE)：

$$CH_3OH+CH_2=C(CH_3)2 \longrightarrow CH_3—O—C(CH_3)_3$$

(10)甲醇在酸性分子筛催化剂 ZSM-5 或者 SAPO-34 的作用下可以裂解制取低碳烯烃(0.1～0.5 MPa，300～500 ℃)

$$2CH_3OH \longrightarrow C_2H_4+H_2O$$

$$2CH_3OH \longrightarrow C_3H_6+H_2O$$

$$2CH_3OH \longrightarrow C_4H_8+H_2O$$

3. 甲醇的用途

甲醇是一种重要基本有机化工原料和溶剂，在世界上的消费量仅次于乙烯、丙烯和苯。甲醇可用于生产甲醛、甲酸甲酯、香精、染料、医药、火药、防冻剂、农药和合成树脂等；也可以替代石油化工原料，用来制取烯烃（MTP、MTO）和制氢（MTH）；还广泛用于合成各种重要的高级含氧化学品如醋酸、酸酐、甲基叔丁基醚（MTBE）等。

甲醇是较好的人工合成蛋白的原料，蛋白转化率较高，发酵速度快，无毒性，价格便宜。另外，由于世界石油供给不稳定因素的影响以及世界能源危机与交通运输业蓬勃发展形成了极度尖锐的矛盾。利用甲醇、二甲醚等清洁燃料部分替代汽油、柴油、液化石油气，其燃烧热值高、挥发性好且燃烧气毒物排放量低，在工业上和民用上具有较大的应用潜力。

二、甲醇生产工艺简介

甲醇合成的工艺流程有多种，按生产原料不同可将甲醇合成方法分为合成气（$CO+H_2$）方法和其他原料方法。以一氧化碳和氢气为原料合成甲醇的工艺过程有多种。其发展的历程与新催化剂的应用，以及净化技术的进展是分不开的。

1. 高压法

合成甲醇最早开始于1923年，德国BASF公司研究人员用一氧化碳和氢气在压力为30 MPa，温度360～400 ℃，通过锌铬催化剂的催化作用合成甲醇，并于当年首先实现了工业化生产，此法的特点是：技术成熟，投资及生产成本较高。

2. 低压法

1966年，英国ICI公司研制成功铜基催化剂，并开发了甲醇低压合成工艺，简称ICI低压法。1971年，德国鲁奇公司开发了另一种甲醇低压合成工艺，简称鲁奇低压法。国际上20世纪70年代中期以后，新建的装置全部采用低压法。中压法是在低压法的基础上发展起来的，由于低压法操作压力低，导致设备体积相当庞大，因此发展了10 MPa左右的甲醇合成中压流程。

3. 合成氨联醇工艺

我国结合中小型氮肥厂的特殊情况，自行开发成功了在合成氨生产流程中同时生产甲醇的工艺。这是一种合成气的净化工艺，是为了替代我国不少合成氨生产厂用铜氨液脱除微量碳氧化物而开发的一种新工艺。采用铜基催化剂，合成压力在10.0～13.0 MPa，合成温度在235～315 ℃。原来大部分以前要在铜洗工序除去的一氧化碳和二氧化碳在甲醇合成塔内与氢气反应生成甲醇，联产甲醇后进入铜洗工序的气体一氧化碳含量明显降低，减轻了铜洗负荷；同时变换工序的一氧化碳指标可适量放宽，降低了变换的蒸汽消耗，而且压缩机前几段汽缸输送的一氧化碳成为有效气体，压缩机电耗降低。在联醇工艺中，铜基催化剂易中毒，要求合成甲醇的原料气中含硫总量应小于 1 mL/m^3。该法不但流程简单，而且投资省，建设快，可以大中小同时并举，对我国合成甲醇工业的发展具有重要意义。

三、甲醇合成的基本原理

甲醇合成中主要反应：

$$CO+2H_2 \longrightarrow CH_3OH+90.64\ kJ/mol$$

$$CO_2+3H_2 \longrightarrow CH_3OH+H_2O+49.67\ kJ/mol$$

甲醇合成过程中主要副反应：

$$2CO+4H_2 \longrightarrow (CH_3)_2O+H_2O+Q$$

$$2CO+4H_2 \longrightarrow C_2H_5OH+H_2O+Q$$

$$4CO+8H_2 \longrightarrow C_4H_9OH+3H_2O+Q$$

$$CO+3H_2 \longrightarrow CH_4+H_2O+Q$$

$$2CO+2H_2 \longrightarrow CH_4+CO_2+Q$$

甲醇合成是可逆的气体分子数减小的放热反应，随反应温度升高，平衡常数迅速减小；在同一温度下，随反应压力提高，平衡常数增大。从热力学考虑，提高压力、降低温度有利于化学平衡。从化学平衡考虑，温度升高，对平衡不利；从动力学考虑，温度提高，反应速率常数增大。

四、甲醇生产主要操作工艺条件

1. 温度

甲醇合成铜基催化剂的最佳温度范围为 210～260 ℃。从动力学角度考虑，提高温度反应速率加快，对反应有利；但从化学平衡角度考虑，提高温度甲醇平衡浓度下降对平衡不利。温度过高，催化剂容易衰老；温度过低，催化剂活性差，容易生成羰基化合物。另外，反应温度高，副反应生成物量增大，使粗甲醇中的杂质增多，不但影响产品质量，而且增加了 H_2 消耗；还有在高温下易生成甲酸，会造成设备的氢腐蚀，降低设备机械强度。

为了保证催化剂有较长的使用寿命，应在确保产量的前提下，尽可能在允许的较低温度下操作，同时反应器的操作温度应根据催化剂使用的初期、中期及后期制定出合理的温度操作范围。催化剂使用初期，活性较好，反应温度可以低些，催化剂使用后期，温度要适当提高；对铜基催化剂而言，一般其初期使用温度在 220～240 ℃，中期在 250 ℃左右，后期使用温度可提高到 260～270 ℃。

2. 压力

甲醇反应是分子数减少的反应，增加压力对正反应有利；压力升高，组分的分压提高，因此催化剂的生产能力也随之提高。而且操作压力受催化剂活性、负荷高低、空速大小、冷凝器分离好坏、惰性气含量等影响。对于合成塔的操作，压力的控制应根据催化剂不同时期活性的不同做适当的调整。总之，操作压力须根据催化剂活性、气体组成、反应器热平衡、系统能量消耗等方面的具体情况而定。

3. 空速

空间速度(空速)是指单位时间内,单位体积催化剂所通过的气体流量,其单位为 $m^3/(m^3 \cdot h)$(简写为 h^{-1})。它表示气体与催化剂接触时间长短。

空速的大小意味着气体与催化剂接触时间的长短,在数值上,空速与接触时间互为倒数。一般来说,催化剂活性越高,对同样的生产负荷所需的接触时间就越短,空速越大。

甲醇合成所选用的空速的大小,既涉及合成反应的醇净值、合成塔的生产强度、循环气量的大小和系统压力降的大小,又涉及反应热的综合利用。

当甲醇合成反应采用较低的空速时,气体接触催化剂的时间长,反应接近平衡,反应物的单程转化率高。由于单位时间通过的气量小,总的产量仍然是低的。由于反应物的转化率高,单位甲醇合成所需要的循环量较少,所以气体循环的动力消耗小。

当空速增大时,出口气体中醇含量降低,即醇净值降低,催化剂床层中既定部位的醇含量与平衡醇浓度增大,反应速度也相应增大。由于醇净值降低的程度比空速增大的倍数要小,从而合成塔的生产强度在增加空速的情况下有所提高,因此可以增大空速以增加产量。但实际生产中也不能太大,否则会带来一系列的问题:

①提高空速,意味着循环气量的增加,整个系统阻力增加,使得压缩机循环功耗增加。

②甲醇合成是放热反应,依靠反应热来维持床层温度。那么若空速增大,单位体积气体产生的反应热随醇净值的下降而减少。空速过大,催化剂温度就难以维持,合成塔不能维持自热则可能在不启用加热炉的情况下使床层温度垮掉。

4. 气体组成

(1)氢碳比

根据甲醇反应的方程式,氢气与一氧化碳合成甲醇的化学计量比为2,与二氧化碳的计量比为3,当二者都存在时,对原料气氢碳比的要求有以下表达方式:

$$f=\frac{n(H_2)-n(CO_2)}{n(CO)+n(CO_2)}=2.05\sim2.15$$

在实际生产中,控制的氢碳比应该比化学计量略高。新鲜气中氢碳比应控制在2.0～2.2,循环气中氢碳比应控制在4～5。一般来说,氢碳比控制太低,副反应增加,催化剂活性衰退加快,还引起积炭反应;氢碳比控制太高,影响产量并引起能耗等消耗定额增加。

入塔气中的 H_2 含量高,对减少副反应、减少 H_2S 中毒、降低羰基镍和高级醇的生成都是有利的,又可延长催化剂寿命。

入塔气中CO含量是一个重要的操作参数,甲醇入塔气的CO含量一般为7%～11%。

(2) CO_2 含量

入塔气中的 CO_2 含量一般为2%～5%。CO_2 的存在一定程度上抑制了二甲醚的生成;有利于调节温度,防止超温,保护铜基催化剂的活性,延长寿命,并且能防止催化剂结炭。

但 CO_2 浓度过高,会造成 H_2 消耗增多,粗甲醇中含水量增多,降低压缩机生产能力,增加气体压缩与精馏的能耗,因此,CO_2 在原料气中的最佳含量为3%。

(3)惰性气体含量

合成系统中惰性气体含量的高低,影响到合成气中有效气体成分的高低。惰性气体的

存在引起 CO、CO_2、H_2 分压的下降。

合成系统中惰性气体含量,取决于进入合成系统中新鲜气中惰性气体的多少和从合成系统排放的气量的多少。排放量过多,增加新鲜气的消耗量,损失原料气的有效成分。排放量过少则影响合成反应进行。

调节惰性气体的含量,可以改变催化剂床层的温度分布和系统总体压力。当转化率过高而使合成塔出口温度过高时,提高惰气含量可以解决温度过高的问题。此外,在给定系统压力操作下,为了维持一定的产量,必须确定适当的惰气含量,从而选择(驰放气)合适的排放量。一般情况下,惰性气体的含量控制在10%。

五、甲醇合成催化剂

自从CO加氢合成甲醇工业化以来,催化剂和合成工艺不断研究改进。虽然实验室研究出了多种甲醇合成催化剂,但工艺上使用的催化剂只有锌铬和铜基催化剂。

德国BASE公司于1923年首先开发成功的锌铬(ZnO/Cr_2O_3)催化剂,要想获得较高的催化活性和较高的转化率,操作温度需在590~670 K,操作压力需在25~35 MPa,因此被称为高压催化剂,锌铬催化剂有较好的耐热性、抗毒性和机械强度,使用寿命长,但其催化活性较低。1966年以前世界上几乎所有的甲醇合成厂家都是用该催化剂。在我国,1954年开始建立甲醇工业,也使用锌铬催化剂,目前该催化剂逐渐被淘汰。

从20世纪50年代开始,很多国家着手进行低温甲醇催化剂的研究工作。1966年后,英国ICI公司和Lurgi公司先后研制成功了铜基催化剂。铜基催化剂是一种低压催化剂,主要组分为$CuO/ZnO/Al_2O_3$,操作温度为500~530 K,压力却只有5~10 MPa,比传统的合成温度低得多,对甲醇反应平衡有利。中低压法合成甲醇具有能耗低,粗甲醇中的杂质少,容易得到高质量的粗甲醇,因此研究人员均致力于中低压甲醇催化剂的研究。

1. 铜基催化剂的组成

铜基催化剂系列品种较多,有铜锌铬系($CuO/ZnO/Cr_2O_3$)、铜锌铝系($CuO/ZnO/Al_2O_3$)、铜锌硅系($CuO/ZnO/Si_2O_3$)、铜锌锆系($CuO/ZnO/ZrO$)等。这些铜基催化剂同原高压法使用的Zn-Cr催化剂相比,具有活性温度低,选择性好,使用温度低的特点,通常工作温度为220~300 ℃,压力为5.0~10.0 MPa。但是铜基催化剂的耐温性和抗毒性均不如Zn-Cr甲醇催化剂。典型合成催化剂性能对比见表6.2.1。

表6.2.1 典型合成催化剂性能对比

国家或公司	型号	组成(%)					规格(mm)	操作条件	
		CuO	ZnO	Al_2O_3	Cr_2O_3	V_2O_5		压力(MPa)	温度(℃)
英国ICI	51-1	48.75	24.0	8.42	—	—	Φ5.4×3.6	5.0	210~270
	51-2	45.41	24.94	8.72	—	—	Φ5.4×3.6	5.0~10.0	210~270
	51-3	—	—	—	—	—	—	—	—
德国BASF	S3-85	35.4	44.25	2.68	—	—	Φ5×5	5.0	220~280
	S3-86	70.0	—	—	—	—	—	4.0~10.0	200~300

续表

国家或公司	型号	组成(%)					规格(mm)	操作条件	
		CuO	ZnO	Al_2O_3	Cr_2O_3	V_2O_5		压力(MPa)	温度(℃)
德国 Lurgi	CL104	57.19	28.63	1.73	—	5.04	Φ5×5	5.0	210～270
丹麦托普索	LMK-2	36.0	37.0	—	20.0	—	Φ4.5×4.5	5.0～15.0	210～290
美国 UCI	C79-2	—	—	—	—	—	Φ6.4×3.2	5.0～15.0	210～290
俄罗斯	CHM-1	52～54	26～28	5～6	—	—	Φ5×5	5.0	210～280
	CHM-2	38.0	18.7	3.8	22.8	—	Φ5×5.9×9	25～32	250～280
中国	CNJ202	>50	>25	～4	—	～3	Φ5×5	5.0～10.0	210～280
	C301	—	—	—	—	—	Φ5×5	5.0	210～280

2. 铜基催化剂的还原

催化剂还原后才具有活性,因此使用前必须先进行还原。催化剂还原中主要是氧化铜被还原。反应方程式如下:

$$CuO+H_2 \longrightarrow Cu+H_2O+86.7\ kJ/mol$$

还原反应是用 H_2 或(H_2+CO)的混合物,在惰性气体如 N_2 或天然气气氛中进行。并且还原气体中不能含有 Cl、S 及重金属等使催化剂中毒的物质。

在还原过程中必须严密监视床层温度(出口温度)的变化,当床层温度急剧上升时,必须立即采取停止或减少 H_2(或 CO+H_2)的气量,加大气体循环量或转换系统等措施进行处理。由于氧化铜的还原是放热反应,所以在还原过程中应遵守“提氢不提温,提温不提氢”原则。

3. 铜基催化剂的寿命

催化剂在合成塔内长期使用,活性逐渐下降。那么把催化剂具有足够活性的期限,称为催化剂的寿命。催化剂的寿命一方面取决于其组成和制备的方法及工艺条件;另一方面取决于原料气的净化程度及操作质量。

原料气中某些组分与催化剂发生作用,使其组成结构发生变化,活性降低甚至使催化剂失去活性。由氧及含氧化合物引起的中毒,可以通过重新还原使催化剂恢复活性,这叫暂时性中毒。由 S、Cl 及一些重金属或碱金属、羰基铁、润滑油等物质引起的中毒,使催化剂原有的性质、结构彻底发生变化,不能再恢复催化活性,称为永久性中毒。S、Cl 与催化剂中的 Cu 作用生成无活性的物质:CuS、$CuCl_2$;而油受热析出碳,堵塞催化剂的活性中心,从而引起活性下降。

实际操作表明,催化剂中毒主要是由硫化物引起的,因此耐硫催化剂的研制越来越引起注意。虽然含硫甲醇催化剂的单程转化率很高,为 36.1%,但甲醇选择性太低,只有 53.2%,副反应产物后处理复杂,距工业化生产还有较大距离;目前大型甲醇装置均致力于原料气精纯化,总硫含量可达到 ppm 级以下。

4. 铜基催化剂的中毒

硫是最常见的毒物,也是引起催化剂活性衰退的主要原因。原料气中的硫一般以 H_2S 和 COS 形式存在,通常认为 H_2S 和活性组分铜起反应,使其失去活性,其反应式为:

$$H_2S+Cu \longrightarrow CuS+H_2$$

在合成甲醇的条件下,COS 会分解成 H_2S 而使催化剂中毒:

$$COS+H_2 \longrightarrow CO+H_2S$$

催化剂吸硫量达到 3.5% 时,活性基本丧失。

应该指出,上述计算仅仅考虑催化剂的硫中毒,如果考虑到热老化等因素,入口气中 H_2S 含量必须控制在 0.1 ppm 以下,才能使催化剂有较长的使用寿命。

氯也是一种毒物,其毒害程度比硫还厉害。催化剂制造过程中,选择原料不当或工厂使用中蒸汽系统可能引入氯。

5. 热老化

甲醇催化剂一般在 250 ~ 300 ℃下操作,使用过程中铜微晶逐渐长大,铜表面逐渐减小而引起活性下降,使用温度的提高将加速铜晶粒长大的速度,即加快活性衰退的速度。

防止热老化的措施:

①在还原、开停车过程中按预定的指标小心操作,防止超温。

②在保证产量及稳定操作的前提下,尽可能降低操作温度,每次提升热点温度应慎重,提升幅度不宜过大,一般以 5 ℃为宜。

③适当提高新鲜气中的 CO_2 含量。

六、甲醇合成反应器

1. Lurgi 管壳式甲醇合成反应器

Lurgi 管壳式甲醇合成反应器如图 6.2.1 所示。合成器既是反应器又是废热锅炉,在管内装填催化剂,管外为沸腾水。合成甲醇所产生的反应热由管外的沸腾水带走,管外沸腾水与锅炉汽包维持自然循环,汽包上装有压力控制器,以维持恒定的压力,因此管外沸水温度是恒定的,于是管内催化层的温度也几乎是恒定的。合成塔全系统的温度条件用蒸汽压来控制,从而保证催化剂床层大致为等温。经典 Lurgi 列管塔的优点是催化剂床层温差较小、单程转化率较高(可达 50%)、循环倍率较低(约为 4.5)、催化剂使用寿命较长(4 ~ 5 年)、热能利用合理;缺点是结构复杂、制作较困难、材料要求高、放大较困难。经典管壳塔的最大生产能力(经济型塔)为 1 500 t/d。全世界现有 Lurgi 装置 37 套,甲醇总生产能力达 1 600 万 t/a 以上。

2. ICI 多段冷激式甲醇合成反应器

ICI 多段冷激式甲醇合成反应器如图 6.2.2 所示。ICI 多段冷激塔将反应床层分成若干绝热段,两段之间通入冷的原料气,使反应气体冷却,以使各段的温度维持在一定值。这种塔塔体是空筒，塔内无催化剂筐，催化剂不分层，由惰性材料支撑，冷激气体喷管直接插入床层，并有特殊设计的菱形冷却气体分布器。ICI 多段冷激塔的优点是结构简单、催化剂装卸容易、易于放大，目前普通塔的容量为 2 300 t/d，高空隙率塔的容量达 7 600 t/d；ICI 多段冷激塔的缺点是催化剂床层温差较大、单程转化率较低（仅为 15% ~20%）、循环倍率较高（为 6 ~10）。

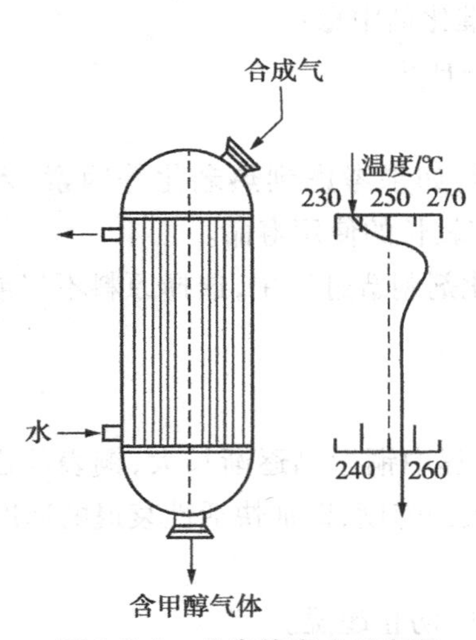

图 6.2.1　鲁奇管壳式反应器

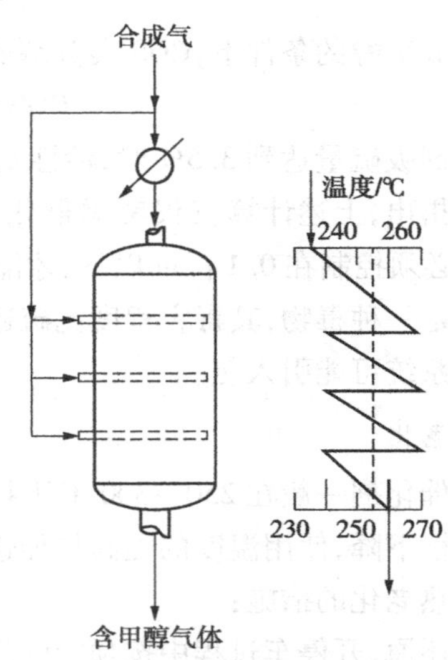

图 6.2.2　ICI 多段激冷式反应器

七、甲醇合成工艺流程

甲醇合成工艺流程的原则：

由于化学平衡的限制，合成气通过甲醇反应器不可能全部转化为甲醇，反应器出口气体中甲醇的摩尔分数仅为 3% ~6%，大量未反应气体必须循环；甲醇合成反应是放热反应，必须及时移走反应热。以下介绍鲁奇中低压法甲醇合成工业流程，如图 6.2.3 所示。其设备见表 6.2.2。

表 6.2.2　设备一览表

编号	设备名称	编号	设备名称	编号	设备名称
1	气液分离器	7	气气换热器Ⅱ	13	甲醇回收塔
2	新鲜气压缩机	8	甲醇合成塔	14	汽包
3	气气换热器Ⅰ	9	脱盐水预热器	15	排污罐
4	硫保护器	10	甲醇水冷凝器		
5	循环气压缩机	11	高压分离器		
6	气气换热器Ⅲ	12	低压分离器		

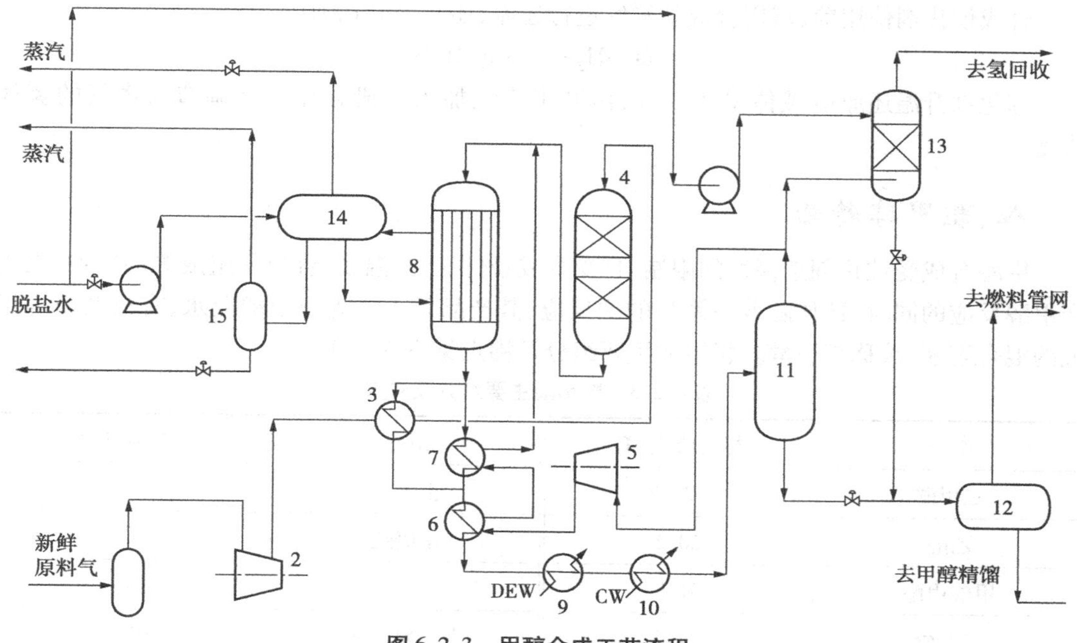

图 6.2.3 甲醇合成工艺流程

来自净化的压力约 5.2 MPa，温度 30 ℃的新鲜净化气进合成气压缩机压缩至约 8.4 MPa，进入脱硫反应器进一步除去其中的 H_2S 等有害物质。循环气由循环气透平压缩机压缩至 8.3 MPa 与新鲜合成气混合；合成气与循环气混合后，用反应后的气体预热至约 220 ℃，由顶部进入甲醇合成塔，在甲醇合成塔中，CO、CO_2 和 H_2 进行反应，反应生成甲醇和水，放出大量的热，同时也会有少量的有机杂质生成。合成反应器出口反应气体的温度约为 259 ℃，经中间换热器回收反应热，温度降至 96 ℃左右，此时有少部分的甲醇冷凝下来。然后再进入空气冷却器和水冷却器进一步冷却到 40 ℃左右，此时大部分的甲醇可冷凝下来，冷至 40 ℃的气液混合物经甲醇分离器分离出粗液体甲醇。分离出的粗液体甲醇经减压后进入甲醇闪蒸罐，以除去液体甲醇中溶解的大部分气体，然后送至精馏装置中间罐区的粗甲醇贮槽，再经泵送入甲醇精馏单元。

甲醇分离器顶部出来的气体，压力约为 7.6 MPa，温度约为 40 ℃，大部分返回合成气压缩机，经加压后循环使用。另一部分连续从系统中排出，以防止惰性气体在系统中积累。排出的弛放气经弛放气洗涤塔吸收气体中的甲醇后，经调节阀减压后送往氢气提纯工序。

来自甲醇闪蒸罐的甲醇膨胀气经压力调节后，送往火炬燃烧。

甲醇合成反应是强放热反应，反应热由甲醇合成反应器内的换热管移出。甲醇合成反应器壳侧副产 2.8 ~ 4.0 MPa 的饱和蒸汽，经调节阀减压至约 2.5 MPa 后，并入蒸汽管网。汽包和甲醇合成反应器为自然循环式锅炉。汽包所用锅炉给水温度 132 ℃，压力 5.6 MPa，甲醇合成反应器内合成催化剂的温度通过调节汽包的压力进行控制。合成催化剂的升温加热，通过加入中压蒸汽进行。中压蒸汽为 4.0 MPa 的过热蒸汽。中压蒸汽进入汽包内，带动炉水循环，使催化剂温度逐渐上升。

合成催化剂使用前,需用合成新鲜气进行还原,还原反应式为:

$$CuO+H_2 \longrightarrow Cu+H_2O$$

催化剂升温还原的载体采用氮气,由开工管线加入合成补充气来调节入塔气的氢气浓度。

八、粗甲醇精馏

甲醇合成受催化剂选择性的限制,且受合成条件压力、温度、合成气组成等的影响,在生产甲醇反应的同时,还伴随着一系列的副反应,其产品系主要为由甲醇及水、有机杂质等组成的混合溶液,故称粗甲醇。粗甲醇主要组分及沸点见表6.2.3。

表6.2.3　粗甲醇主要组分及沸点

组分	标准沸点/℃	组分	标准沸点/℃
二甲醚	-23.7	正丙醇	97
乙醛	20.2	正庚烷	98
甲酸甲酯	31.8	水	100
二乙醚	34.6	甲基异丙酮	101.7
正戊烷	36.4	乙酐	103
丙醛	48	异丁醇	107
丙烯醛	52.5	正丁醇	117.7
乙酸甲酯	54.1	异丁醚	122.3
丙酮	56.5	二异丙基酮	123.7
异丁醛	64.5	正锌烷	125
甲醇	64.7	异戊醇	130
异丙烯醚	67.5	4-甲基戊醇	131
正乙烷	69	正戊醇	138
乙醇	78.4	正壬烷	150.7
甲乙酮	79.6	正烷	174

粗甲醇中含有易挥发的低沸点组分(如H_2、CO、CO_2、二甲醚、乙醛和丙酮等)和难挥发的高沸点组分(如乙醇、高级醇和水等),所以需通过精馏的办法制得精甲醇。甲醇精馏工艺有两种:双塔精馏和三塔精馏。

1. 双塔精馏

双塔精馏示意图如图6.2.4所示。

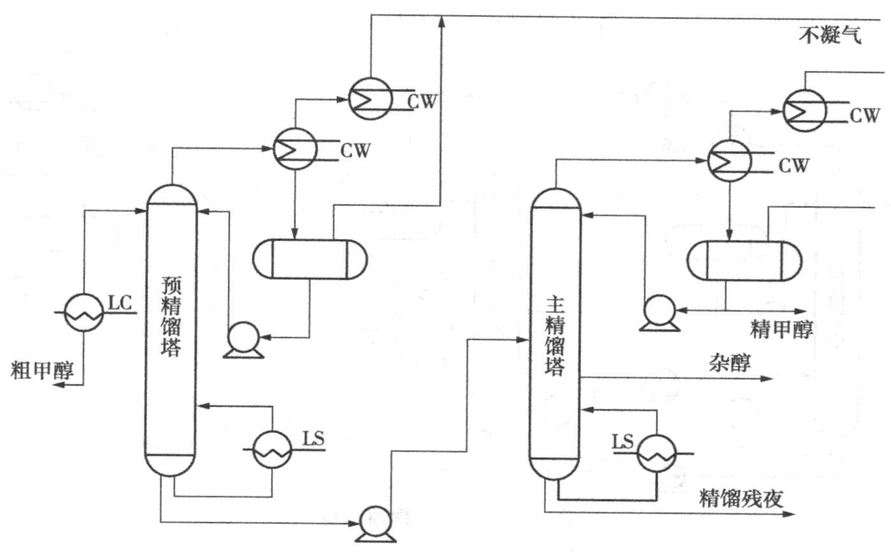

图 6.2.4　双塔精馏示意图

粗甲醇首先进入闪蒸罐分离出溶解气，然后进入预精馏塔。在预精馏塔内，低沸点副产物被上升的甲醇蒸汽带出塔外。出塔物流经冷凝器冷凝后进入回流罐，分成气液两相。气相为被甲醇和水饱和的低沸点物质，作为尾气从回流罐顶部释放出去，以后继续进入尾气冷凝器回收剩余甲醇，最终排放出去的尾气与闪蒸气合并进入燃料气管网。回流罐中的冷凝液经回流泵加压后作为下流物流从顶部塔板返回预精馏塔。塔底液态产物取出一部分经低压蒸汽再沸器加热后转变成上升气流返回塔内，其余送出预精馏塔。为防止粗甲醇中有机酸腐蚀设备，通常往预精馏塔下部高温部分加入一定量的稀氢氧化钠溶液，使釜液 pH 值保持在 8 左右。

从预精馏塔塔底送出的甲醇水溶液进入甲醇精馏塔。从甲醇精馏塔顶部出来的气相精甲醇经空冷、终冷以后，进入回流罐，然后经回流泵加压，一部分返回塔内；另一部分作为产品送出。塔底废水含有约 0.5% 的甲醇及其他含氧化合物，经冷却降温后，或送污水处理场处理，或经附属锅炉加热转变成工艺蒸汽进入气化炉参与气化反应。

2. 三塔精馏

三塔精馏与双塔精馏的原理完全一致，区别在于将双塔精馏的甲醇精馏塔分成加压塔（0.56 ~ 0.6 MPa）和常压塔两个塔，而且各自承担甲醇精馏负荷的 40% ~ 60%，常压塔塔底再沸器所用热量来自加压塔塔顶气相甲醇冷凝时放出的热量。三塔精馏比双塔精馏节约热量 40% 左右。通常在常压塔提馏段靠近塔底的塔板（盘）上设置杂醇油采出侧线，这样可使塔底废水中有机物的含量降至 100 ppm 以下。杂醇油一般作为燃料出售。

三塔精馏示意如图 6.2.5 所示。

粗甲醇进入预精馏塔前，先在粗甲醇预热器中，用蒸汽冷凝液预热，以回收蒸汽凝液的热量。粗甲醇在此塔中除去其中残余溶解气体以及以二甲醚为代表的轻于甲醇的低沸物。塔顶设置两个冷凝器，预精馏塔一级冷凝器和预精馏塔二级冷凝器。预精馏塔一级冷凝器将塔内上升气中的甲醇大部分冷凝下来进入预精馏塔回流槽，经预精馏塔回流泵，送入预精

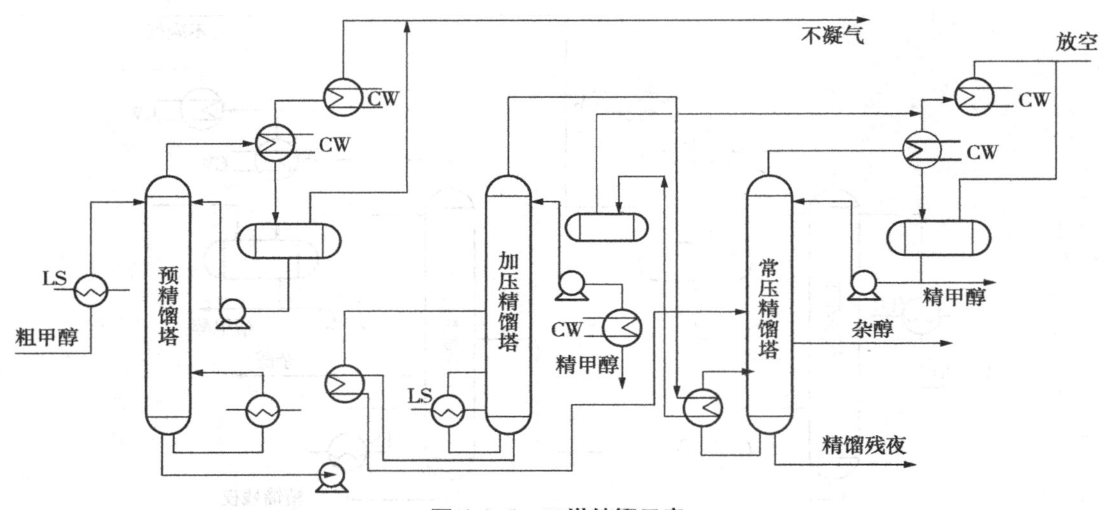

图 6.2.5　三塔精馏示意

馏塔作为回流。不凝气及轻组分、部分未冷凝的甲醇蒸汽进入预精馏塔二级冷凝器冷至约 40 ℃，将其中的绝大部分甲醇冷凝回收，不凝气则通过压力调节排至火炬总管焚烧处理。经过预精馏塔二级冷凝器回收的甲醇进入甲醇萃取槽用脱盐水进行萃取，萃取出的甲醇和水自流入预精馏塔回流槽。萃余液主要为油性组分——甲醇油，自流入甲醇油贮槽，由甲醇油输送泵送入罐车运走。

预精馏塔操作压力约 0.03 MPa，塔顶操作温度约 69.5 ℃，塔底操作温度约 75.5 ℃。预精馏塔塔底由低压蒸汽加热的热虹吸式再沸器向塔内提供热量。

为了防止粗甲醇中的酸性物质对设备的腐蚀，在粗甲醇预热器进粗甲醇时加入一定量的稀碱液，保持预精馏塔底甲醇的 pH 值在 8.5 左右。预精馏塔底的甲醇，经加压塔进料泵升压后，进入加压塔的下部。塔顶甲醇蒸汽进入冷凝器/再沸器，作为常压塔的热源，甲醇蒸汽本身被冷凝后进入加压塔回流槽，在其中稍加冷却，一部分由加压塔回流泵升压后送至加压塔顶作为回流液，其余部分经加压塔冷却器冷却到 40 ℃后作为产品精甲醇送至精甲醇中间槽。加压塔塔底由低压蒸汽加热的热虹吸再沸器向塔内提供热量，低压蒸汽的加入量通过调节阀来控制。

3. 双塔精馏和三塔精馏的比较

(1)操作条件

双塔精馏和三塔精馏不仅在工艺流程上差别较大，其具体操作指标也相差甚远，见表 6.2.4。

表 6.2.4　双塔精馏和三塔精馏的主要操作条件对比

项目	双塔精馏		三塔精馏		
	预精馏塔	主精馏塔	预精馏塔	加压塔	常压塔
操作压力/MPa	0.05	0.08	0.05	0.57	0.06

续表

项目	双塔精馏		三塔精馏		
	预精馏塔	主精馏塔	预精馏塔	加压塔	常压塔
塔顶温度/℃	67 ~ 68	68 ~ 69	70 ~ 75	120 ~ 123	65
塔底温度/℃	75 ~ 85	110 ~ 120	80 ~ 85	130	110

（2）甲醇质量

精甲醇中乙醇含量是一个重要指标，从国内双塔精馏现状来看，精甲醇中乙醇含量较高，这是一个比较突出的问题，联醇工艺生产中的精甲醇乙醇含量更高些，相对于国外标准有较大差距，而且也不能满足像用于醋酸生产用的高端用户，限制了其发展。

三塔精馏可制取乙醇含量较低的优质甲醇，其他有机杂质含量也相对减少。精甲醇产品质量不仅跟精馏工艺有关系，而且还跟甲醇合成压力、合成气组成、合成催化剂有关，甚至和合成塔等设备的选材也有关系。甲醇产品中乙醇含量的高低与粗甲醇中乙醇含量有很大关系，粗甲醇中乙醇含量低时，精甲醇中乙醇含量自然也低。在三塔精馏中常压塔采出的精甲醇质量更好些。实际分析结果表明，常压塔采出的精甲醇中乙醇含量极低，仅 1 ~ 2 ppm，有时甚至分析不出来，而加压塔采出的精甲醇中乙醇含量大多在 20 ~ 80 ppm。

（3）能耗

甲醇是一种高能耗产品，而精馏工序的能耗占总能耗的 10% ~30%，所以精馏的节能降耗不容忽视。双塔精馏每吨精甲醇耗蒸汽为 1.8 ~2.0 t，不少工厂消耗蒸汽量在 2.0 t 以上。三塔精馏与双塔精馏的区别在于三塔精馏采用了两个主精馏塔，一个加压操作，一个常压操作，利用加压塔的塔顶蒸汽冷凝热作为常压塔的加热源，既节约了蒸汽，也节约了冷却用水。每精制 1 t 精甲醇约节约 1 t 蒸汽，所以三塔精馏的能耗较低，吨甲醇精馏节约蒸汽近 50%，大大降低了吨甲醇的生产能耗，对企业减低消耗，节约成本，提升企业竞争力具有巨大的意义。

（4）投资与操作费用

双塔精馏与三塔精馏的投资与操作费用比较，可见双塔精馏与三塔精馏的投资、操作费用、能耗的相互关系与生产规模有很大关系，随着生产规模的增大，三塔精馏的经济效益就更加明显，另外还有产品质量优等优点，因此目前大的甲醇装置，一致都选择采用三塔精馏。

双塔精馏工艺投资省、建设周期短、装置简单易于操作和管理。虽然消耗高于三塔精馏工艺，但对 5 万吨/年生产规模以下的小装置其技术经济指标较占优势，其节能降耗途径可以采用高效填料来达到降低蒸汽消耗的目的。5 万吨/年生产规模以上时，宜采用三塔精馏技术，虽然一次性投资较高，但是操作费用和能耗都相对较低。三塔精馏生产的精甲醇产品质量较好，尤其是产品中乙醇含量较低，能满足甲醇羰基化合成醋酸、醋酐等对优质甲醇的要求，虽然一次性投资较高，但操作费用和能耗都相对较低。因此三塔精馏和双塔精馏的选择，又要根据装置的能力、产品的要求等指标参数进行选择合适的工艺，才能真正发挥其作用。

九、甲醇合成装置的运行

(一)原始开车

1. 准备工作

①检查设备、管道安装完毕或检修所加的挡板拆除后回装完毕,所有连接处连接正确。

②检查电气、仪表、阀门、连锁信号等经调试后灵敏、准确、好用,具备投用条件。

③检查与外工序连接的管道是否已接通,开车的技术文件(方案、图表、操作法等)是否已齐全。

④微机自控系统已安装调试完毕,准确、灵活好用,处于备用状态。

⑤培训操作人员,熟记操作要领及试车方案。

⑥电源、照明线路工作正常和各种防护用品齐全备用。

⑦必须认真检查,发现问题要认真消除,方能保证开车的顺利和安全。

⑧检查所有阀门开关情况。

2. 吹扫

①在设备、管道进行安装和检修的过程中,内部可能有灰尘、油泥、水分、棉纱和木屑等杂物,必须吹除,以免开工后堵塞设备和管道,污染催化剂。对新建的系统,每台设备、每根管道都要吹净,对大修后的系统,只要对检修的部分进行吹净。吹除最好用氮气,没有氮气也可以用空气,气体压力约为 0.5 MPa。

②吹除时要有吹除流程图,按图分段进行,在设备入口处、阀门前及流量计孔板处,都要将法兰拆开,挡上挡板,以防杂质吹入阀体及设备内,吹净后再连接法兰吹下一段。要求吹除空气放空不得经过设备、仪表、阀门。大修后,合成塔已经装好催化剂,吹净时应将塔后与系统隔开,塔后吹净,可由系统副线将气体导入。塔内装催化剂后可用干净的氮气吹除催化剂粉末。吹除干净的标志是气流畅通,并用缠有白纱布的木棒在排气口试探,白纱布上没有杂物出现。(详见合成工段管道设备吹扫方案)

3. 试运转

新建系统必须通过试运转,以检验设备的性能和安装质量,消除缺陷,才能保证正常生产。试运转包括单机试车和联动试车。单机试车有合成气压缩机、蒸汽喷射器及各种泵类的试运转。联动试车是以空气或氮气为介质,在一定压力下进行全系统设备的试运转。单机试车一般是单台设备安装好一台,就进行调试,联动试车是在单机试车完毕的基础上进行的。

合成气压缩机单机试车包括电动机空转无负荷试车及有负荷试车,以检查电气和机械部分安装是否正确,油润滑系统是否正常以及设备的振动情况等。一般电动机空转试车 1 ~ 2 h,压缩机无负荷试车 6 ~ 8 h,全负荷运转 6 ~ 8 h。在运转中,应经常检查轴振值、轴位移、轴承温度、进出口压差等情况是否正常,润滑情况是否良好,机组无异常响声,若发现问题应停车处理然后再重复试车至合格为止。

在单机试车合格后，即可进行全系统的联动试车，其具体要求是：

①检查循环机的输入气量和在负荷下的工作情况。

②检查系统各设备、管道和阀门安装质量以及各处阻力和振动情况。

③检查各种仪表是否正确灵敏。

④检查与外工段联系的水、气、电等管路是否接好畅通。

⑤检查锅炉系统水泵的输送能力等。

4. 合成塔及汽包煮洗

合成塔煮塔和汽包清洗是利用 NaOH 和 Na_3PO_4 溶液将塔内油垢和锈溶入脱盐水中排掉，更主要是检查合成塔列管和焊口是否有漏的现象。

5. 催化剂的装填

装催化剂是在联动试车合格后进行，如系统大修则在合成塔内件安装完毕后进行。催化剂装填的好坏，直接影响到催化剂层的阻力和温度分布对合成塔的生产能力，因此应该认真细致地搞好这一工作。

6. 试气密

气密试验是指在规定的最高操作压力下，以静压试验系统中设备、管道的连接处有无泄漏。气密试验介质可用氮气或空气，试验压力为最高操作压力。气源的选择可根据厂内的条件和当时的工艺情况而定。

一般新建的系统，气密试验可分为两步进行：第一次试验是在系统吹净以后和用空气加压联动试车以前，这时合成塔的内件已吊装好，但不装催化剂。第二次气密试验是在合成塔已装好催化剂，并且系统以氮气置换合格后进行。

置换合格后，联系压缩机岗位，氮气进行气密试验，试压时分段进行。采用耳听、手摸和涂肥皂水的方法进行全系统检查，发现泄漏处作出记号视情况卸压后系统处理。

试压注意事项：

①系统充压前，必须把与低压系统连接的阀门关死。严防高压气体窜入低压系统。

②升压速度不得大于0.4 MPa/min。分三个阶段进行，第一阶段是 1.0 MPa 时，检查气密性；第二阶段是 3.0 MPa 时再检查气密性；第三阶段是 6.0 MPa 时检查气密性。在气密时，参加气密人员必须认真做好记录，用肥皂水涂在设备或接管法兰处，以观察有无气泡出现来判明漏处，用石笔对漏点做出标记，待卸压后处理。

③导气放空时，防止气体倒流。

④气密试验结束系统卸压：若气密试验合格，可卸压至 0.5 MPa，做好触媒的升温还原准备。

7. 系统置换

空气和合成气混合会形成爆炸性气体同时空气中的氧在催化剂还原过程中会使催化剂氧化，所以在开车之前必须用氮气将设备及管道内的空气排除，这个过程称为置换。系统检查后开车时，必须进行置换，置换时要注意死角，适当打开设备、管道、仪表调节阀、前导淋，进行排气以便置换彻底，在设备排放点取样分析，关闭调节阀旁路阀。置换的方法是将压缩机送来的0.6 MPa的氮气(或由氮气瓶来)导入系统，在塔后放空，这样反复充压，卸压几次，当系统内气体中含氧量降到2%以下时，初步合格。然后再用氮气或其他惰性气体置换，直到系统内气体中含氧量在0.2%以下时置换合格。在排放气体时切不可猛开阀门，以免产生静电火花而发生爆炸。系统置换合格后即可进行催化剂的升温还原。

置换时注意事项：合成塔内气体不得倒流；合成塔未换催化剂也未钝化时，必须注意置换时空气不得进入合成塔内。

8. 催化剂的升温还原

甲醇合成催化剂在装填之前过滤，使粉尘尽量去除。装填催化剂后的合成塔必须用氮气吹扫干净，在系统置换合格的前提下，开始催化剂的升温还原工作，采用低氢还原方法，以还原出水来控制还原进度。催化剂机械强度高、工况适应性强，还原容易，操作简便；低温活性好，温区宽，性能稳定；选择性能好，粗甲醇中杂质含量少；催化剂还原收缩率低，能够充分发挥甲醇合成塔的有效空间。

催化剂还原操作过程可分为升温阶段、还原初期、还原主期、还原末期和轻负荷生产期。

(二)正常开车

1. 开车步骤

①联系或接到调度指令后，通知合成气压缩机岗位、合成岗位、转化岗位等相关部门准备开车。

②检查各调节阀及切断阀的开关情况及控制好各液位。此时各调节阀均处于手动位置，打开各调节阀前后切断阀，关闭调节阀及旁路阀，打开蒸发冷进出口阀门，点动风扇及冷却水泵，检查运转是否正常后启动。

③联系锅炉房送中压蒸汽，现场排导淋，开蒸汽喷射器给合成塔升温。

④温度升至约180 ℃，联系压缩机岗位向合成系统供新鲜气，根据系统运行，及时控制系统的放空阀，使压力稳步提升，送气过程要平稳不可太快。

⑤加新鲜气过程中，随时注意合成塔出口温度，通过调节蒸汽喷射器及汽包排污，维持合成塔出口温度稳定，为210～230 ℃，汽包液位维持在50%。根据实际情况将磷酸盐泵开启。

⑥一旦发现塔出口温度下降较快，应立即开大蒸汽喷射器，减少循环量，若温度没有上升趋势，应立即切断新鲜气，升温后再接气生产。

⑦系统压力达到4.0 MPa时开放空气保持入塔气成分的稳定，系统压力继续慢慢上升，接近控制压力时，用弛放气调整系统压力不再增加。

⑧逐渐增大循环量，出现降温趋势时，停止加大循环量，新鲜气量要逐渐增加，不可太快，直至出口温度回升。

⑨当系统压力逐步升高时，用放空气进行调节，防止升压过快。

⑩当负荷加至50%时，维持低负荷生产一天，保证还原彻底。

⑪分离器液位正常后给定30%投自控，粗甲醇送入精馏系统。

⑫汽包付产蒸汽压力达到2.0 MPa后，外送蒸汽并入低压蒸汽管网。

⑬开启稀醇水泵，建立洗醇塔液位大循环，部分去粗甲醇管道送精馏系统。

⑭逐渐调整各指标，进入正常进行状态。

⑮半负荷运行后，可逐渐加大负荷至满，同时注意调节冷却水、锅炉水用量。

2. 甲醇合成的正常操作要点

①根据催化剂使用状况和甲醇合成系统运行状态，及时与转化、压缩等有关岗位联系，控制好生产气量和系统压力。

②用控制汽包压力（即外送蒸汽量）的手段调节催化剂床层温度，在工艺指标要求范围内，防止大幅振动。

③根据气量大小，调节水冷器水量。

④及时排放甲醇分离器中的甲醇，防止带醇、串气。

⑤加强与精脱硫、转化、精馏岗位的联系，对气体成分的组成提出适宜要求，保证甲醇合成的稳定运行。

⑥在开车期间汽包操作状态不稳定，蒸汽系统的积垢和过量的氧化铁生成物会落至汽包底部，应及时打开连续排污和间断排污以免结垢（操作前先慢慢预热排污阀和排放阀）。

3. 汽包的正常操作步骤

（1）准备工作

①设备检修后复位。

②调节阀、联锁系统及安全阀调试安装完毕。

③液位测量仪表投用。

④气密试验结束。

⑤打开汽包放空阀。

（2）系统进水

①给系统注入锅炉给水，直到汽包最低液位标记。

②检查所有管道、阀门、法兰、人孔是否紧密。

③打开汽包底部排放阀排放后再次注水。反复，直到水清后再将水位注至正常液位。

（3）升温

①汽包内升温速率不得超过20 ℃/h。

②汽包中的液位应始终保持处于正常位置，可以用进水阀和汽包的排放阀来控制。

（三）正常停车

①接指令后，压缩机逐渐关闭新鲜气进口阀，逐渐降低系统压力，及时打开防喘振阀，防止压缩机喘振。

②根据分离器液位,关闭外送甲醇分离器液位调节阀及前后切断阀。

③根据系统压力逐渐关闭驰放气调节阀及前后切断阀,通知转化和焦炉及时切换燃料气。

④当合成塔温度低于100 ℃时关汽包上水调节阀其前后切断阀,关连续排污阀,当汽包压力低于2.0 MPa时,停外送蒸汽。

⑤打开放空阀放空卸压,当系统压力低于0.5 MPa时,通 N_2 置换系统,使 $CO+H_2$ 含量低于0.2%,整个系统保持0.5 MPa氮气保压。

⑥根据停车时间的长短,对合成塔温度采取相应的措施。停车时间长,可采取自然降温,当合成塔温度低于100 ℃开汽包放空阀,将合成汽包中的水由汽包排污阀就地排空。短时间停车,可以控制汽包压力来维持塔内温度在210~220 ℃,若温度继续下降,打开蒸汽喷射器来维持塔温。

(四)生产中不正常现象的判断和处理(见表6.2.5)

表6.2.5 生产中不正常现象的判断和处理

序号	发生现象	常见原因	处理方法
1	合成塔温度急剧上升	1.循环量突然减少 2.汽包压力升高 3.汽包连锁失灵出现事故 4.汽包干锅 5.气体成分突然发生变化 6.新鲜气量增加过快 7.操作失误,调节幅度过大	1.增加循环量 2.调节汽包压力使之恢复正常值,必要时可加大排污量或调整循环量的方法使温度尽快降下来 3.如出现干锅应立即采取果断措施,以免使事故扩大 4.迅速查找原因,若温度上升过高,应紧急停车 5.与前系统联系,使CO含量调整至正常值,并适当增加 H_2/CO比与惰性气含量,使温度尽快恢复正常 6.及时调整循环量或汽包压力,使之负荷相适应 7.精心操作,细心调节各工艺参数,尽快避免波动过大 8.根据床层温升情况,适当降低系统压力,必要时按紧急停车处理
2	合成塔温度急剧下降	1.循环量突然增加 2.汽包压力下降 3.新鲜气组分突然发生变化,如CO含量降低,硫含量超标 4.甲醇分离器高或假液位造成甲醇带入合成塔 5.操作失误,调节幅度过大	1.适当减少循环量 2.提高汽包压力,使之恢复正常值 3.与前系统联系,使CO含量调整至正常指标,如果总硫超标,切断气源,待合格后再导气生产 4.应开大甲醇分离器液位调节阀,使液位恢复正常,同时减少循环量控制温度,用塔后放空控制系统压力不得超压,联系仪表检查连锁与液位指示 5.精心操作,细心调节各工艺参数,尽快避免波动过大

(五)紧急停车

①管道设备大量泄漏,爆炸着火或相关岗位出现重大险情时。

②停电、停冷却水、停仪表空气。

③汽包上水中断。

④新鲜气中总硫严重超标,触媒活性剧降。

⑤汽包液位低或分离器液位高造成的联锁停车等。

第三节 甲醇制烯烃装置运行与维护

乙烯、丙烯等低碳烯烃是重要的基本化工原料，随着我国国民经济的发展，特别是现代化学工业的发展对低碳烯烃的需求日渐攀升，供需矛盾也将日益突出。迄今为止，制取乙烯、丙烯等低碳烯烃的重要途径，仍然是通过石脑油、轻柴油（均来自石油）的催化裂化、裂解制取，作为乙烯生产原料的石脑油、轻柴油等原料资源，面临着越来越严重的短缺局面。另外，近年来我国原油进口量已占加工总量的一半左右，以乙烯、丙烯为原料的聚烯烃产品仍将维持相当高的进口比例。因此，发展非石油资源来制取低碳烯烃的技术日益引起人们的重视。

我国是一个富煤缺气的国家，以煤为原料，走煤-甲醇-烯烃-聚烯烃工艺路线符合国家能源政策需要，是非油基烯烃的主流路线。

一、甲醇制烯烃发展简介

甲醇制烯烃工艺是煤基烯烃产业链中的关键步骤，其工艺流程主要为在合适的操作条件下，以甲醇为原料，选取适宜的催化剂（ZSM-5 沸石催化剂、SAPO-34 分子筛等），在固定床或流化床反应器中通过甲醇脱水制取低碳烯烃。根据目的产品的不同，甲醇制烯烃工艺分为甲醇制乙烯、丙烯，简称 MTO（Methanol-To-Olefin），甲醇制丙烯，简称 MTP（Methanol-To-Propylene）。

MTO 工艺的代表技术有环球石油公司（UOP）和海德鲁公司（Norsk Hydro）共同开发的 UOP/Hydro MTO 技术，中国科学院大连化学物理研究所自主创新研发的 DMTO 技术；MTP 工艺的代表技术有鲁奇公司（Lurgi）开发的 Lurgi MTP 技术和我国清华大学自主研发的 FMTP 技术。

1. 国外煤制烯烃发展状况

Mobil 公司最初开发的 MTO 催化剂为 ZSM-5，其乙烯收率仅为 5%。改进后的工艺名称 MTE，即甲醇转化为乙烯，最初为固定床反应器，后改为流化床反应器。Mobil 公司以该公司开发的 ZSM-5 催化剂为基础，最早研究甲醇转化为乙烯和其他低碳烯烃的工作，然而，取得突破性进展的是 UOP 和 Norsk Hydro 两公司合作开发的以 UOP MTO-100 为催化剂的 UOP/

Hydro 的 MTO 工艺。其乙烯选择性明显优于 ZSM-5。目前 UOP/Hydro 工艺已在挪威国家石油公司的甲醇装置上进行运行，效果达到甲醇转化率 99.8%，丙烯产率 45%，乙烯产率 34%，丁烯产率 13%。

鲁奇公司则专注由甲醇制单一丙烯新工艺的开发，采用中间冷却的绝热固定床反应器，使用南方化学公司(sud-chemie)提供的专用沸石催化剂，丙烯的选择率很高。

2. 我国煤制烯烃发展状况

(1)甲醇制取低碳烯烃(DMTO)技术

2006 年由中科院大连化物所、正大能源材料(大连)有限公司、陕西新兴煤化工科技发展有限责任公司和中国石化集团洛阳石化工程公司合作的"甲醇制取低碳烯烃(DMTO)技术开发"工业性试验项目取得重大突破性进展，在日处理甲醇 50 吨的工业化试验装置上实现了近 100% 甲醇转化率，低碳烯烃(乙烯、丙烯、丁烯)选择性达 90% 以上的结果。中国科学院大连化学物理研究所首次将 SAPO-34 催化材料应用于甲醇制烯烃的催化过程，并开发了相应的催化剂和与之配套的循环流化床中试技术；利用该中试技术建成了目前世界上第一套万吨级甲醇制烯烃工业化装置。

(2)清华大学 FMTP 技术

在清华大学化工系流化床甲醇制丙烯(FMTP)试验研究的基础上，由清华大学、中国化学工程集团公司和安徽淮化集团合作的 FMTP 工业试验装置将于 2009 年 3 月开车。

二、MTO 反应原理

1. 反应机理

在一定条件(温度、压强和催化剂)下，甲醇蒸汽先脱水生成二甲醚，然后二甲醚与原料甲醇的平衡混合物气体脱水继续转化为以乙烯、丙烯为主的低碳烯烃；少量 $C_2^= \sim C_5^=$ 的低碳烯烃由于环化、脱氢、氢转移、缩合、烷基化等反应进一步生成分子量不同的饱和烃、芳烃、C_6^+ 烯烃及焦炭。

MTO 反应历程通常认为可分成 3 个步骤：

①甲醇首先脱掉一分子水生成二甲醚，甲醇和二甲醚迅速形成平衡混合物。甲醇/二甲醚分子与分子筛上酸性位作用生成甲氧基。

②甲氧基中的 C-H 质子化生成 $C\text{-}H^+$，与甲醇分子中-OH-作用形成氢键，然后生成乙基氧鎓，进而生成 C=C 键。

③C=C 键继续发生链增长生成 $(CH_2)n$。

反应过程以分子筛作催化剂时，产物分布比较简单，以 $C_2 \sim C_4$(特别是乙烯、丙烯)为主，几乎没有 C_5 以上的产物。

MTO 反应机理比较复杂，但可以总的表示为

$$2CH_3OH \longrightarrow CH_3OCH_3 \longrightarrow C_2^= \sim C_3^= \longrightarrow \text{异构烷烃、芳烃、}C_6^+\text{ 烯烃}$$

2. MTO 反应的特点

由反应方程式和热效应数据可看出，所有主、副反应均为放热反应。由于大量放热使反

应器温度剧升,导致甲醇结焦加剧,并有可能引起甲醇的分解反应发生,故及时取热并综合利用反应热显得十分必要。

此外,生成有机物分子的碳数越高,产物水就越多,相应反应放出的热量也就越大。因此,必须严格控制反应温度,以限制裂解反应向纵深发展。然而,反应温度不能过低,否则主要生成二甲醚。所以,当达到生成低碳烯烃反应温度(催化剂活性温度)后,应该严格控制反应温度的失控。

3. MTO 反应的化学平衡

(1)所有主、副反应均有水蒸气生成

根据化学热力学平衡移动原理,由于上述反应均有水蒸气生成,特别是考虑到副反应生成水蒸气对副反应的抑制作用,因而在反应物(即原料甲醇)中加入适量的水或在反应器中引入适量的水蒸气,均可使化学平衡向左移动。所以,在本工艺过程中加(引)入水(汽)不但可以抑制裂解副反应,提高低碳烯烃的选择性,减少催化剂的结炭,而且可以将反应热带出系统以保持催化剂床层温度的稳定。

(2)所有主、副反应均为分子数增加的反应

从化学热力学平衡角度来考虑,对两个主反应而言,低压操作对反应有利。所以,该工艺采取低压操作,目的是使化学平衡向右移动,进而提高原料甲醇的单程转化率和低碳烯烃的质量收率。

4. MTO 反应动力学

动力学研究证明,MTO 反应中所有主、副反应均为快速反应,因而,甲醇、二甲醚生成低碳烯烃的化学反应速率不是反应的控制步骤,而关键操作参数的控制则是应该极为关注的问题。

从化学动力学角度考虑,原料甲醇蒸汽与催化剂的接触时间尽可能越短越好,这对防止深度裂解和结焦极为有利;另外,在反应器内催化剂应该有一个合适的停留时间,否则其活性和选择性难以保证。

三、MTO 反应操作条件

1. 反应温度

反应温度对反应中低碳烯烃的选择性、甲醇的转化率和积炭生成速率有着最显著的影响。较高的反应温度有利于产物中 n(乙烯)/n(丙烯)值的提高。但在反应温度过高时,催化剂的积炭速率加快,同时产物中的烷烃含量开始变得显著,最佳的 MTO 反应温度在 400 ℃左右。这可能是由于在高温下,烯烃生成反应比积炭生成反应更快的原因。此外,从机理角度出发,在较低的温度下($T \leqslant 523$ K),主要发生甲醇脱水至 DME 的反应;而在过高的温度下($T \leqslant 723$ K),副反应开始变得显著。

2. 原料空速

原料空速对产物中低碳烯烃分布的影响远不如温度显著,这与平行反应机理相符,但过

低和过高的原料空速都会降低产物中的低碳烯烃收率。此外,较高的空速会加快催化剂表面的积炭生成速率,导致催化剂失活加快,这与研究反应的积炭和失活现象的结果相一致。

3. 反应压力

改变反应压力可以改变反应途径中烯烃生成和芳构化反应速率。对于这种串联反应,降低压力有助于降低两反应的耦联度,而升高压力则有利于芳烃和积炭的生成。因此通常选择常压作为反应的最佳条件。

4. 稀释剂

在反应原料中加入稀释剂,可以起到降低甲醇分压的作用,从而有助于低碳烯烃的生成。在反应中通常采用惰性气体和水蒸气作为稀释剂。水蒸气的引入除了降低甲醇分压之外,还可以起到有效延缓催化剂积炭和失活的效果。原因可能是水分子可以与积炭前驱体在催化剂表面产生竞争吸附,并且可以将催化剂表面的 L 酸位转化为 B 酸位。但水蒸气的引入对反应也有不利的影响,会使分子筛催化剂在恶劣的水热环境下产生物理化学性质的改变,从而导致催化剂的不可逆失活。通过实验发现,甲醇中混入适量的水共同进料,可以得到最佳的反应效果。

四、MTO 反应催化剂

甲醇转化制烯烃所用的催化剂以分子筛为主要活性组分,以氧化铝、氧化硅、硅藻土、高岭土等为载体,在黏结剂等加工助剂的协同作用下,经加工成型、烘干、焙烧等工艺制成分子筛催化剂,分子筛的性质、合成工艺、载体的性质、加工助剂的性质和配方、成型工艺等各素对分子筛催化剂的性能都会产生影响。Mobil 公司最初开发的 MTO 催化剂为 ZSM-5,其乙烯收率仅为 5%。改进后的工艺名称 MTE,即甲醇转化为乙烯,最初为固定床反应器,后改为流化床反应器,乙烯和丙烯的选择性分别为 45% 和 25%。

UOP 开发的以 SAPO-34 为活性组分的 MTO-100 催化剂,其乙烯选择性明显优于 ZSM-5,使 MTO 工艺取得突破性进展。其乙烯和丙烯的选择性分别为 43% ~61.1% 和 27.4% ~41.8%。

MTO 研究开发的重点仍是催化剂的改进,以提高低碳烯烃的选择性。将各种金属元素引入 SAPO-34 骨架上,得到称为 MAPSO 或 ELPSO 的分子筛,这是催化剂改型的重要手段之一。金属离子的引入会引起分子筛酸性及孔口大小的变化,孔口变小限制了大分子的扩散,有利于小分子烯烃选择性的提高,形成中等强度的酸中心,也将有利于烯烃的生成。

五、MTO 反应工艺流程

MTO 工艺由甲醇转化烯烃单元和轻烯烃回收单元组成,在甲醇转化单元中通过流化床反应器将甲醇转化为烯烃,再进入烯烃回收单元中将轻烯烃回收,得到主产品乙烯、丙烯,副产品为丁烯、C_5 以上组分和燃料气。

甲醇转化烯烃单元由进料汽化和产品急冷区,反应-再生区,蒸汽发生区,燃烧空气和废气区几部分组成,如图 6.3.1 所示,其设备见表 6.3.1。

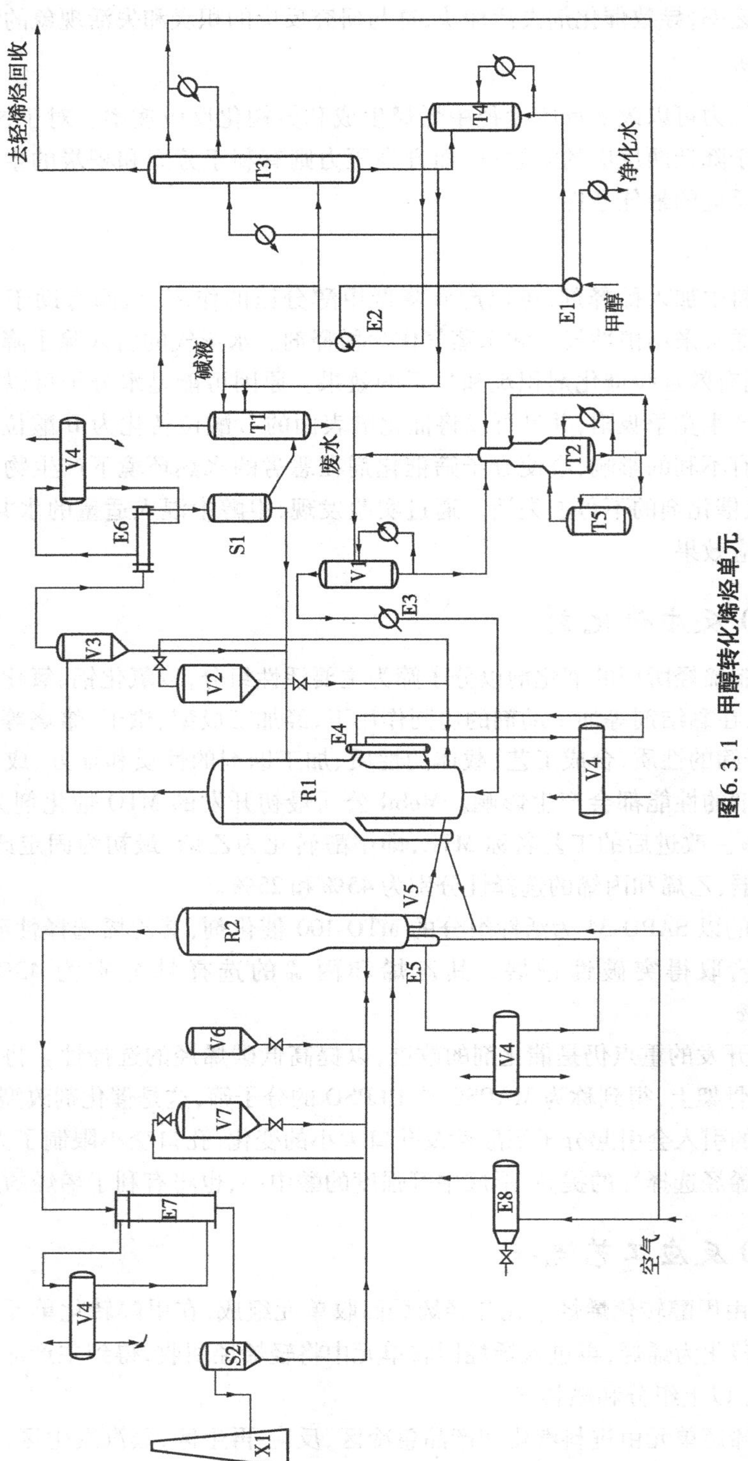

图6.3.1 甲醇转化烯烃单元

(1)进料汽化和产品急冷区

进料汽化和产品急冷区由甲醇进料缓冲罐,进料闪蒸罐,洗涤水汽提塔,急冷塔,产品分离塔和产品/水汽提塔组成。

来自于甲醇装置的甲醇经过与汽提后的水换热,在中间冷凝器中部汽化后进入进料闪蒸罐,然后进入汽化器汽化,并用蒸汽过热后送入 MTO 反应器。反应器出口物料经冷却后送入急冷塔。

闪蒸罐底部少量含水物料进入氧化物汽提塔中。一些残留的甲醇被汽提返回到进料闪蒸罐。急冷塔用水直接冷却反应后物料,同时也除去反应产物中的杂质。水是 MTO 反应的产物之一,甲醇进料中的大部分氧转化为水。MTO 反应产物中会含有极少量的醋酸,冷凝后回流到急冷塔。为了中和这些酸,在回流中注入少量的碱(氢氧化钠)。为了控制回流中的固体含量,由急冷塔底抽出废水,送到界区外的水处理装置。

急冷塔顶的气相送入产品分离器中。产品分离器顶部的烯烃产品送入烯烃回收单元,进行压缩,分馏和净化。自产品分离器底部出来的物料送入水汽提塔,残留的轻烃被汽提出来,在中间冷凝器中与新鲜进料换热后回到产品分离器。汽提后底部的净产品水与进料甲醇换热冷却到环境温度,被送到界区外再利用或处理。洗涤水汽提塔底主要是纯水,送到轻烯烃回收单元以回收 MTO 生成气中未反应的甲醇。水和回收的甲醇返回到氧化物汽提塔,在这里甲醇和一些被吸收的轻质物被汽提,送入进料闪蒸罐。汽提后的水返回氧化物汽提塔。

表 6.3.1 甲醇转化烯烃单元设备名称表

编号	设备名称	编号	设备名称	编号	设备名称
R1	MTO 反应器	V4	汽包	E7	烟气冷却器
R2	催化剂再生器	V5	待生催化剂汽提器	E8	空气加热器
T1	急冷塔	V6	新鲜催化剂储罐	S1	三级旋风分离器
T2	氧化物汽提塔	V7	再生催化剂储罐	S2	烟气过滤器
T3	产品分离塔	E1	原料预热器	X1	烟囱
T4	水汽提塔	E2	中间冷凝器		
T5	洗涤水汽提塔	E3	蒸汽过热器		
V1	进料闪蒸罐	E4	反应器催化剂冷却器		
V2	待生催化剂储罐	E5	再生催化剂冷却器		
V3	反应器缓冲罐	E6	产品冷却器		

(2)流化催化反应和再生区

MTO 的反应器是快速流化床型的催化裂化设计。反应实际在反应器下部发生,此部分由进料分布器,催化剂流化床和出口提升器组成。反应器的上部主要是气相与催化剂的分离区。在反应器提升器出口的初级预分离之后,进入多级旋风分离器和外置的三级分离器来完成整个分离。分离出来的催化剂继续通过再循环滑阀自反应器上部循环回反应器下部,以保证反应器下部的催化剂层密度。反应温度通过催化剂冷却器控制。催化剂冷却器通过产生蒸汽吸收反应热。蒸汽分离罐和锅炉给水循环泵是蒸汽发生系统的一部分。

MTO过程中会在催化剂上形成积炭。因此,催化剂需连续再生以保持理想的活性。烃类在待生催化剂汽提塔中从待生催化剂中汽提出来。待生催化剂通过待生催化剂立管和提升器送到再生器。MTO的再生器是鼓泡床型,由分布器(再生器空气)、催化剂流化床和多级旋风分离器组成。催化剂的再生是放热的。焦炭燃烧产生的热量被再生催化剂冷却器中产生的蒸汽回收。催化剂冷却器是后混合型。调整进出冷却器的催化剂循环量来控制热负荷。而催化剂的循环量由注入冷却器的流化介质(松动空气)的量控制。蒸汽分离罐和锅炉给水循环泵包括在蒸汽发生系统。除焦后的催化剂通过再生催化剂立管回到反应器。

(3)再生空气和废气区

再生空气区由主风机、直接燃烧空气加热器和提升风机组成。主风机提供的助燃空气经直接燃烧空气加热器后进入再生器。直接燃烧空气加热器只在开工时使用,以将再生器的温度提高到正常操作温度。提升风机为再生催化剂冷却器提供松动空气,还为待生催化剂从反应器转移到再生器提供提升空气。提升空气需要助燃空气所需的较高压力。通常认为用主风机提供松动风和提升空气的设计是不经济的。然而,如果充足的工艺空气可以被利用来满足松动风和提升风的需要,可以不用提升风机。

废气区由烟气冷却器,烟气过滤器和烟囱组成。来自再生器的烟气在烟气冷却器发生高压蒸汽,回收热量。出冷却器的烟气进入烟气过滤器,除去其中的催化剂颗粒。出过滤器的烟气由烟囱排空。为了减少催化剂损失,从烟气过滤器回收的物料进入废气精分离器。分离器将回收的催化剂分为两类。较大的颗粒循环回MTO再生器,较小的颗粒被处理掉。

(4)低碳烯烃回收部分

低碳烯烃回收部分主要由产物压缩、DME回收、水洗、碱洗、干燥、乙炔转化、乙烯分离、丙烯分离等步骤组成。

六、MTO装置的运行

(一)开车

1.公用工程系统开工

①仪表系统开工。

②工厂风系统开工。

③蒸汽系统开工。

④循环水系统开工。

⑤氮气系统开工。

⑥除氧水系统开工。

⑦生产水系统开工。

⑧甲烷氢系统开工。

2. 反应-再生系统开工

反应-再生系统是整个 MTO 工业装置的核心部分。反应-再生系统的任务是将 250 ℃左右的甲醇在 400 ~ 550 ℃的流化床反应器中在催化剂的作用下，生成富含乙烯、丙烯的气体，送到下游烯烃分离单元。同时将反应后失去活性的待生催化剂在再生器中烧焦再生，使催化剂恢复活性和选择性，然后再送入反应器。通过优化反应-再生的工艺条件，最大限度的提高乙烯、丙烯的收率，使催化剂保持较高的活性和选择性，以满足反应的要求。

(1)开工前的检查确认工作

①检查确认两器内部构件、衬里、主风分布管、进料分布管、旋风分离器、翼阀、防倒锥安装正确。

②检查确认外取热器内部构件安装正确。

③检查确认待生单动滑阀、再生单动滑阀、双动滑阀、主风阻尼阀灵活好用。

④检查确认再生烟气临界流速喷嘴安装正确。

⑤检查确认系统所属管线、阀门、垫片、盘根完好。

⑥检查确认系统现场仪表、临时仪表及 DCS 仪表已全部投用。

⑦检查确认系统所有调节阀、自保阀灵活好用。

⑧检查确认反再系统孔板、盲板正确安装。

⑨检查确认催化剂罐内 MTO 专用催化剂数量充足；催化剂系统工厂风暂时切换成氮气；检查确认大、小型加剂线畅通，催化剂罐使用氮气充压至 0.4 MPa(G)。

⑩检查确认装置燃料油、燃料气热水伴热投用正常；燃料气分液罐加热蒸汽已投用正常。

(2)吹扫、气密试验

①反再系统及主风机组自保系统联校完毕。

②按照主风机组启运操作法启运主风机组，机组运行 60 min，观察机组运行情况。

③全部打开主风入再生器辅助燃烧室一、二次风阀，调节再生器辅助燃烧室百叶窗开度至 1/3 处，将主风机组低流量自保旁路。

④反再两器汽提段汽提蒸汽投用氮气。

⑤联系仪表投用仪表反吹风和反吹氮气。

⑥关闭待生单动滑阀、再生单动滑阀，全开双动滑阀；全关余热锅炉烟气入口高温蝶阀和出口烟道挡板，全开余热锅炉烟气旁路高温蝶阀。

⑦设定确认好再生器、反应器吹扫流程。

⑧调节吹扫气量对反再两器进行吹扫。

⑨吹扫结束后除用再生器双动滑阀和反应器管线手动控制阀门调节两器压力。

⑩气密发现的问题处理完毕，关闭待生滑阀和再生滑阀切断两器。

⑪打开双动滑阀撤压，控制再生器压力在 0.03 ~0.05 MPa(G)，准备点再生器辅助燃烧室升温。

⑫联系生产调度引开工氮气进反应器，反应器压力由反应气管线放空阀控制，准备点开工加热炉升温。

(3)冷循环建立

①急冷塔、水洗塔、污水汽提塔建立水循环。

②甲醇进料系统使用氮气置换完毕。

③检查确认甲醇冷循环流程正确。

④联系生产调度启运甲醇进料泵，将40%负荷甲醇引入装置，通过开工循环线进行甲醇冷运循环。

⑤控制好甲醇进料冷运循环平稳。

(4)两器升温，反应器氮气置换

MTO 装置两器升温调节原则是：再生器升温是通过再生器辅助燃烧室加热主风供再生器升温至 550 ℃；反应器由开工加热炉加热开工氮气提供热量升温至 430 ℃；在反再两器升温的过程中，反应器压力由反应气管线上和水洗塔顶部安全阀上游阀控制，再生器压力由双动滑阀控制。

反再两器恒温气密后，关闭待生、再生滑阀，主风单独供再生器升温。此时再生器的升温速度是靠 150 ℃左右的主风量控制。

①再生器升温

A. 按照升温曲线的要求，及时调节进入再生器的主风量，满足再生器升温要求。

B. 升温过程以再生器床层密相测温点为基准，稀相温度为辅。

C. 调节主风量，当再生器温度升至 100 ℃时左右时或温度不再升高时，准备点再生器辅助燃烧室。

D. 联系主风机岗位缓慢降低主风量，控制风量为 47 ~ 61 Nm^3/min，控制反再两器压力 0. 03 ~0. 05 MPa(G)。

E. 用工厂风吹扫燃料气火嘴 5 min 后关至适当开度，合上电点火器开关，同时打开电点火器燃料气手阀进行点火；如果给燃料气后 5 s 内点不着，应停止电打火，立即关闭燃料气阀，开大工厂风阀吹扫 10 min 后再重复以上的步骤，直到点燃为止。

F. 点燃以后根据火焰颜色和火苗情况进行及时调节燃料气量和一次主风量，保证燃料气完全燃烧；再生器严格执行升温曲线进行升温。

G. 再生器密相温度升至 150 ℃时，恒温 24 h。

H. 当再生器密相温度升至 150 ℃，再生器燃料油喷嘴、稀相降温喷嘴要通入保护蒸汽。再生器内取热器盘管通入少量保护蒸汽，出口放空；外取热器汽包上水建立正常液位，产汽放空。

I. 如果再生器辅助燃烧室燃料气热值不能满足升温需要时，及时切换燃料油，严格控制炉膛和炉出口不能超温。

J. 150 ℃恒温结束后按照升温曲线继续升温。

K. 升温过程中每 30 min 活动一次双动滑阀、再生滑阀、待生滑阀，防止升温过程中阀板变形卡死。

L. 再生器汽提段投用开工热氮气，并控制流量保证汽提段升温速度。

M. 升温过程中检查再生器各吹扫点、松动点、仪表反吹点，确保畅通。

N. 当再生器升温缓慢时要及时加大辅助燃烧室热负荷，尽可能使升温速度达到升温曲线要求。

O. 调节主风量和辅助燃烧室负荷，使再生器升温至 315 ℃，恒温 24 h。

P. 315 ℃恒温结束后按照升温曲线继续升温，升温至 550 ℃，恒温 4 h。

Q. 再生器升温过程中，严格控制辅助燃烧室炉膛温度不大于 900 ℃，主风出口不大于 650 ℃。

②反应器升温

A. 反应器引开工氮气，点开工加热炉升温并置换空气。

B. 反再两器恒温气密后，关闭待生、再生滑阀，切断反应器和再生器。

C. 引开工氮气入反应器，控制好氮气流量和压力。

D. 按照开工加热炉的点火程序点燃开工加热炉。

E. 开工炉点燃火嘴要对称分布，保证炉管受热均匀。火嘴数量依据升温需要进行逐步点燃。

F. 按照反应器升温曲线要求逐渐提高氮气量和氮气出口温度，以满足反应器升温要求。

G. 反应器汽提段投用开工热氮气，并控制流量保证汽提段升温速度。

H. 反应器密相温度升至 150 ℃时，恒温 24 h。

I. 150 ℃恒温结束以后，按照升温曲线继续升温，升温至 430 ℃并且恒温 4 h。

J. 升温过程中检查反应器各吹扫点、松动点、仪表反吹点，确保畅通。

K. 随着反应器升温的需要开工氮气量会逐渐增大，反应器内的空气逐渐被置换干净，通过水洗塔顶安全阀放空采样分析氧含量<0.5% 为置换合格。

L. 配合烯烃分离装置反向置换产品气管线内氧含量至合格后，投用放火炬阀控制反应器压力。

此时状态：反应器密相温度 ~430 ℃，再生器密相温度 550 ℃，准备加剂。

(5)反应器、再生器加、转催化剂

①当再生器密相区温度≥550 ℃，反应器密相区≥400 ℃时，关闭两器滑阀，调整工艺参数，启动催化剂加剂线向再生器加剂。由于装置特点，再生器体积小，反应器体积大，再生器一次装剂量不能满足两器总藏量的要求。因此，需要在再生器升温期间考虑向反应器装剂以及再生器第二次装转剂的过程才能达到两器总藏量的要求。

②关闭再生滑阀及待生滑阀，启用催化剂加料向再生器装剂。进行再生器催化剂升温，升温时间约为 3 h 可达到再生器密相温度 400 ℃左右。如果实际升温速度小于预期值，可适当提高辅助燃烧室主风出口温度。

③当再生器密相床温大于 400 ℃后，准备向反应器转剂。在向反应器转催化剂之前，反应器加剂已经结束。

④关闭再生滑阀及待生滑阀,启用大型加料向反应器装剂。

⑤用开工加热炉来的热氮气控制反应器温度,此时反应汽提段应通入热氮气。

⑥在装催化剂的过程中,应尽量加快装剂速度。当反应器藏量满足要求时,进行反应器升温。升温时间为5~6 h可达到反应器密相温度300 ℃左右。

⑦两器开始升温前,内取热的取热管应通入蒸汽,以保护取热管。

⑧如果反应器升温较慢,而此时再生器升温较快时可考虑采用两器流化进行升温加快反应器升温速度。

⑨逐渐打开再生滑阀向反应器转剂,当反应器温度上升,调整再生滑阀开度控制转剂速度。

⑩当反应器藏量开始上升时,稍开待生滑阀,使催化剂少量循环升温,促进待生管流化。同时开大再生滑阀,加快转剂速度。开大待生滑阀开度,同时提高待生提升管风量,建立两器流化。

⑪向反应器转剂过程中,应注意再生器藏量下降情况及反应器藏量上升情况,以防反应器藏量表问题而引起将大量催化剂转入反应器,造成催化剂大量跑损。若再生滑阀开度已很大转剂速度仍较慢时,可适当降低反应器顶压力或增加再生提升管蒸汽量。

⑫当反应器、再生器藏量达到要求后,停止装、转剂工作,进入两器流化升温阶段。

(6)反应器进甲醇流化升温

①再生器密相温度到350 ℃,反应器密相温度到240 ℃时,对反应器和后部急冷水洗系统进行置换,分析氧含量≤0.50%为合格。系统氮气置换时,应置换彻底,不留死角。

②确认甲醇进料系统甲醇冷运循环正常。

③通过观察分析反再两器温度、压力、床层料位、床层密度、旋分压降等参数,确认反再系统流化正常。

④将甲醇进料汽化器0.46 MPa(G)加热蒸汽引至调节阀前暖管脱水,按照先投甲醇后投蒸汽的顺序投10%负荷甲醇进行汽化器预热,汽化后甲醇蒸汽泄入热火炬。

⑤确认反应器单器流化正常、反应器床温300~350 ℃以上,反应器压力由放火炬大小阀控制平稳,烯烃分离装置产品气压缩机自循环运转正常,反应器具备进甲醇条件。

⑥逐渐关闭开工循环线手阀,同时开大甲醇汽化器甲醇入口阀,建立10%~30%液位,加大加热蒸汽量,保证甲醇汽化效果。

⑦打通切换流程,将汽化甲醇并入开工加热炉。

⑧切换过程要缓慢并保证反应温度持续升高,保持好氮气与甲醇量的匹配,以维持反应器催化剂线速在一定范围内减少催化剂跑损。

⑨调整开工加热炉负荷,严禁开工加热炉出口甲醇温度超过350 ℃。

⑩关闭再生、待生滑阀,两器单独流化。

⑪向反应器进料,并且根据反应器温升情况调整甲醇进料量。当反应温度不再上升时,先缓慢增加甲醇进料量,此时如反应温度仍有下降趋势可考虑再次打开再生滑阀,将再生器的高温催化剂适量转入反应器。但在反应床层温度>280 ℃后即停止催化剂循环。当反应

温度快速上升时，切断再生滑阀进行单容器升温。

⑫当反应温度>400 ℃时且反应器升温缓慢时，应及时进行两器循环。当再生器温度高于反应器温度时应减小催化剂循环量，尽量快速提高再生温度。反应温度>400 ℃时，进料量可逐渐向正常值调整。

⑬反应器温度达到450 ℃后，应提高催化剂循环量，同时调整甲醇进料量，稳定反应温度在450 ℃。在两器流化升温过程中，每间隔半小时进行一次反应和再生定碳的检测。

⑭及时调整急冷塔及水洗塔塔底液位及温度，控制急冷塔底温度<120 ℃。

⑮当再生器密相温度达到碳燃烧的温度且再生器温度有明显上升时，应根据再生器温升情况，逐渐减少主风进入量（调整至主风量与烧焦平衡），同时通入 N_2 以维持再生器旋分入口线速。此步骤的目的是避免再生器烧焦产生的CO在没有催化剂的情况下发生二次燃烧。最终控制再生器密相温度650 ℃左右，此阶段应及时对烟气中氧含量进行分析，并根据再生器温升情况适时投用再生器内取热器。

⑯建立两器流化后，若催化剂总藏量不足时，应向再生器补剂。

⑰当各部位藏量达到指标后，按两器流化操作条件调整各路主风及各器顶压力，当调整好条件后，再生滑阀手动控制，待生滑阀、双动滑阀投自动，建立两器正常流化。

（7）操作调整阶段

反应器进甲醇后，观察水洗塔顶产品气组成在线分析数据，当反应气组成中甲醇和二甲醚含量都≤1.5%（wt）时，联系生产调度准备向烯烃分离装置送产品气，接到通知后在烯烃分离装置缓慢打开产品气至烯烃分离装置电动阀的同时逐渐关闭入口放火炬阀；产品气引至烯烃分离产品气压缩机，产品气压缩机逐渐升速，用产品气压缩机转数控制反应器压力平稳。

及时采样分析甲醇、产品气、待生催化剂、再生催化剂、再生烟气、急冷水、水洗水、污水等，依据分析结果及时调整操作。

按照工艺卡片调节操作参数，控制好乙烯和丙烯产率，产出合格产品气。此时状态：两器流化正常，产品合格。

小资料

MTP 工艺技术

Lurgi公司开发的固定床MTP工艺流程如图6.3.2所示。该工艺同样将甲醇首先脱水为二甲醚。然后将甲醇、水、二甲醚的混合进入第一个MTP反应器，同时还补充水蒸气。反应在400～450 ℃、0.13～0.16 MPa下进行，水蒸气补充量为0.5～1.0 kg/kg甲醇。此时甲醇和二甲醚的转化率为99%以上，丙烯为烃类中的主要产物。为获得最大的丙烯收率，还附加了第二和第三MTP反应器。反应出口物料经冷却，并将气体、有机液体和水分离。其中气体先经压缩，并通过常用方法将痕量水、CO_2 和二甲醚分离。然后，清洁气体进一步加工得到纯度大于97%的化学级丙烯。不同烯烃含量的物料返至合成回路作为附加的丙烯来源。为避免惰性物料的累积，需将少量轻烃和 C_4、C_5 馏分适当放空。汽油也是本工艺的副产物，水可作为工艺发生蒸汽，而过量水则可在作专用处理后供农业生产用。

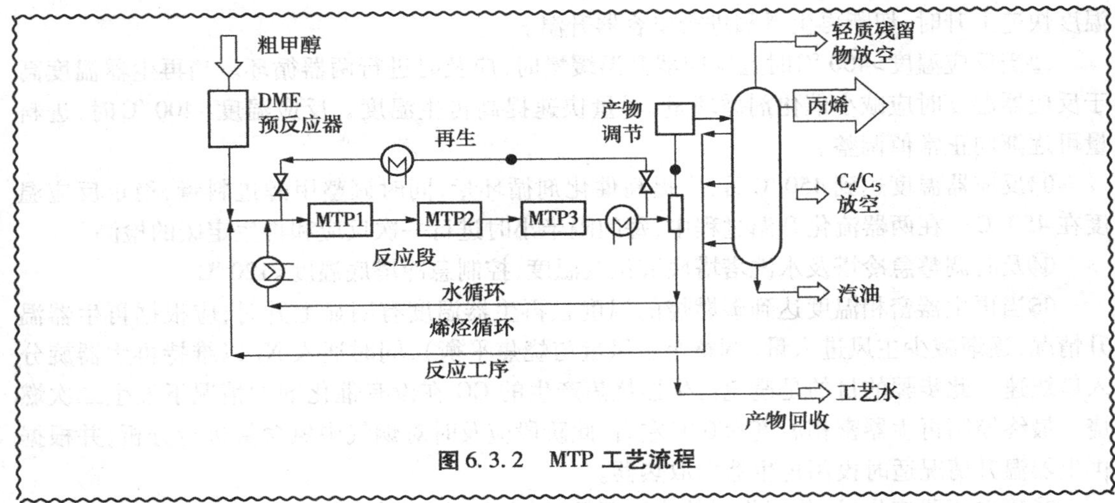

图 6.3.2　MTP 工艺流程

第四节　费托合成油装置的运行与维护

费托合成(Fischer-Tropsch synthesis)是煤间接液化技术之一，可简称为F-T反应，它以合成气(CO和H_2)为原料在催化剂(主要是铁系)和适当反应条件下合成以石蜡烃为主的液体燃料的工艺过程。煤间接液化中的合成技术是由德国科学家Frans Fischer和Hans Tropsch于1923首先发现的并以他们名字的第一字母即F-T命名的，简称F-T合成或费托合成。依靠间接液化技术，可以由煤炭制取汽油、柴油、煤油等普通石油制品。

一、F-T合成技术发展简介

费-托合成率先在德国开始工业化应用，1934年鲁尔化学公司建成了第一座间接液化生产装置。20世纪50年代初，中东大油田的发现使间接液化技术的开发和应用陷入低潮，但南非是例外，成为了世界上第一个将煤炭液化费-托合成技术工业化的国家。

南非SASOL公司自1955年首次使用固定床反应器实现商业化生产以来，紧紧抓住反应器技术和催化剂技术开发这两个关键环节，通过近50年的持之以恒的研究和开发，在煤间接液化费-托合成工艺开发中走出了一条具有SASOL特色的道路。迄今已拥有在世界上最为完整的固定床、循环流化床、固定流化床和浆态床商业化反应器的系列技术。

荷兰皇家Shell石油公司一直在进行从煤或天然气基合成气制取发动机燃料的研究开发工作。尤其对一氧化碳加氢反应的Schulz- Flory聚合动力学的规律性进行了深入的研究，认为在链增长的alpha值高的条件下，可以高选择性和高收率地合成高分子长链烷烃，同时也大大降低了低碳气态烃的生成。在1985年第五次合成燃料研讨会上，该公司宣布已开发成功F-T合成两段法的新技术——SMDS(Shell Middle Distillate Synthesis)工艺，并通过中试装置的长期运转。

SMDS合成工艺由一氧化碳加氢合成高分子石蜡烃—HPS(Heavy Paraffin Synthesis)过程和石蜡烃加氢裂化或加氢异构化—HPC(Heavy Paraffin Coversion)制取发动机燃料两段构成。Shell公司的报告指出，若利用廉价的天然气制取的合成气($H_2/CO=2.0$)为原料，采用SMDS工艺制取汽油、煤油和柴油产品，其热效率可达60%，而且经济上优于其他F-T合成技术。

自20世纪70年代末开始，中国科学院山西煤炭化学研究所一直从事间接液化技术的开发，并取得了令人瞩目的成绩。除了系列催化剂的开发外，还对固定床和浆态床合成技术进行了较系统的研究。

80年代初提出了将传统的F-T合成与沸石分子筛特殊形选作用相结合的两段法合成（简称MFT），先后完成了实验室小试，工业单管模试中间试验（百吨级）和工业性试验（2 000吨/年）。除了MFT合成工艺之外，其后，山西煤化所还开发了浆态床—固定床两段法工艺，简称SMFT合成。

二、F-T合成的反应原理

F-T合成的原料是CO和H_2，其组成极为简单，但其在固体催化剂上的反应产物却极其复杂。其中，F-T合成的主反应：

生成烷烃：$nCO+(2n+1)H_2 \longrightarrow C_nH_{2n+2}+nH_2O$

生成烯烃：$nCO+2nH_2 \longrightarrow C_nH_{2n}+nH_2O$

另外还有一些副反应，如：

生成甲烷：$CO+3H_2 \longrightarrow CH_4+H_2O$

生成甲醇：$CO+2H_2 \longrightarrow CH_3OH$

生成乙醇：$2CO+4H_2 \longrightarrow C_2H_5OH+H_2O$

积碳反应：$2CO \longrightarrow C+CO_2$

除了以上6个反应以外，还有生成更高碳数的醇以及醛、酮、酸、酯等含氧化合物的副反应。

三、F-T合成反应操作工艺条件

1. 原料气组成

原料气中有效成分（$CO+H_2$）含量高低，直接影响合成反应速率的快慢，一般情况下（$CO+H_2$）含量高，反应速率快，转化率增加。但是高（$CO+H_2$）合成气反应放出热量多，易造成床层超温。一般要求其含量为80%～85%。

原料气中的H_2/CO比值高，有利于饱和烃、轻产物及甲烷的生成；H_2/CO比值低，有利于链烯烃、重产物及含氧物的生成。

2. 反应温度

反应温度主要取决于合成时所用的催化剂。不同的催化剂，要求的活性温度不同。如钴催化剂的活性温度区域为170～210 ℃，铁催化剂为220～340 ℃。

在催化剂的活性温区范围内，提高反应温度，有利于轻产物的生成。因为反应温度高，中间产物的脱附增强，限制了链增长反应。而降低反应温度，有利于重产物的生成。

生产过程中一般反应温度是随着催化剂的老化而升高，产物中低分子烃随之增多，重产物减少。

反应温度升高，反应速率提高，但副反应的速率也会增加，当温度高于300 ℃，甲烷的生成量越来越多，一氧化碳裂解成碳和二氧化碳的反应也随之加剧。因此生产过程必须严格控制反应温度。

3. 反应压力

反应压力不仅影响催化剂的活性和寿命，而且也影响产物的组成与产率。对铁催化剂若采用常压合成，其活性低、寿命短，一般采用在0.7～3.0 MPa压力下合成。钴催化剂合成可以再常压下进行，但是以0.5～1.5 MPa压力下合成效果更佳。

合成压力增加，产物中重馏分和含氧物增多，产物的平均相对分子质量也随之增加。用钴催化剂合成时，烯烃随压力增加而减少；用铁催化剂合成时，产物中烯烃含量受压力影响较小。

压力增加，反应速率加快。但压力过高，一氧化碳容易与催化剂生成羰基化合物，故反应一般在较低压力下进行。

4. 空间速度

空速增大，可以使生产能力增大，但使转化率降低，产物变轻，并且有利于烯烃的生成，故对不同的催化剂及不同的F-T工艺，都有最适宜的空间速度范围，在适宜的空间速度下合成，油收率最高。

四、F-T合成催化剂

合成催化剂主要由Co、Fe、Ni、Ru等周期表第Ⅷ族金属制成，为了提高催化剂的活性、稳定性和选择性，除主成分外还要加入一些辅助成分，如金属氧化物或盐类。大部分催化剂都需要载体，如氧化铝、二氧化硅、高岭土或硅藻土等。合成催化剂制备后只有经($CO+H_2$)或H_2还原活化后才具有活性。目前，世界上使用较成熟的间接液化催化剂主要有铁系和钴系两大类，SASOL使用的主要是铁系催化剂。在SASOL固定床和浆态床反应器中使用的是沉淀铁催化剂，在流化床反应器中使用的是熔铁催化剂。

钴和镍催化剂的合适使用温度为170～190 ℃，铁催化剂的适宜使用温度为200～350 ℃。镍剂在常温下操作效率最高。钴基在0.1～0.2 MPa时活性最好。铁基在1～3 MPa时活性最佳，而钼基则在10 MPa时活性最高。

五、F-T合成反应器

SASOL自1955年首次使用固定床反应器实现商业化生产以来，紧紧抓住反应器技术和催化剂技术开发这两个关键环节，通过近50年的持之以恒的研究和开发，在煤间接液化费托合成工艺开发中走出了一条具有SASOL特色的道路。迄今已拥有在世界上最为完整的固定床、循环流化床、固定流化床和浆态床商业化反应器的系列技术。

1. 固定床反应器(Arge反应器)

固定床反应器首先由鲁尔化学(Ruhchemie)和鲁奇(Lurgi)两家公司合作开发而成，简称Arge反应器，如图6.4.1所示。1955年第一个商业化Arge反应器在南非建成投产。反应器直径3 m，由2 052根管子组成，管内径5 cm，长12 m，体积40 m^3；管外为沸腾水，通过水的蒸发移走管内的反应热，产生蒸汽。管内装填了铁催化剂。反应器的操作条件是225 ℃，

2.6 MPa。大约占产品50%的液蜡顺催化剂床层流下。基于SASOL的中试试验结果，一个操作压力4.5 MPa的Arge反应器在1987年投入使用。管子和反应器的尺寸和Arge反应器基本一致。

通常多管固定床反应器的径向温差为2～4 ℃。轴向温度差为15～20 ℃。为防止催化剂失活和积碳，绝不可以超过最高反应温度，因为积碳可导致催化剂破碎和反应管堵塞，甚至需要更换催化剂。固定床中铁催化剂的使用温度不能超过260 ℃，因为过高的温度会造成积碳并堵塞反应器。为生产蜡，一般操作温度在230 ℃左右。最大的反应器的设计能力是1 500桶/天。

固定床反应器的优点有：易于操作；由于液体产品顺催化剂床层流下，催化剂和液体产品分离容易，适于费托蜡生产。由于合成气净化厂工作不稳定而剩余的少量的H_2S，可由催化剂床层的上部吸附，床层的其他部分不受影响。固定床反应器也有不少缺点：反应器制造昂贵。高气速流过催化剂床层所导致的高压降和所要求的尾气循环，提高了气体压缩成本。费托合成受扩散控制要求使用小催化剂颗粒，这导致了较高的床层压降。由于管程的压降最高可达0.7 MPa，反应器管束所承受的应力相当大。大直径的反应器所需要的管材厚度非常大，从而造成反应器放大昂贵。另外，装填了催化剂的管子不能承受太大的操作温度变化。根据所需要的产品组成，需要定期更换铁基催化剂；所以需要特殊的可拆卸的网格，从而使反应器设计十分复杂。重新装填催化剂也是一个枯燥和费时的工作，需要许多的维护工作，导致相当长的停车时间；这也干扰了工厂的正常运行。

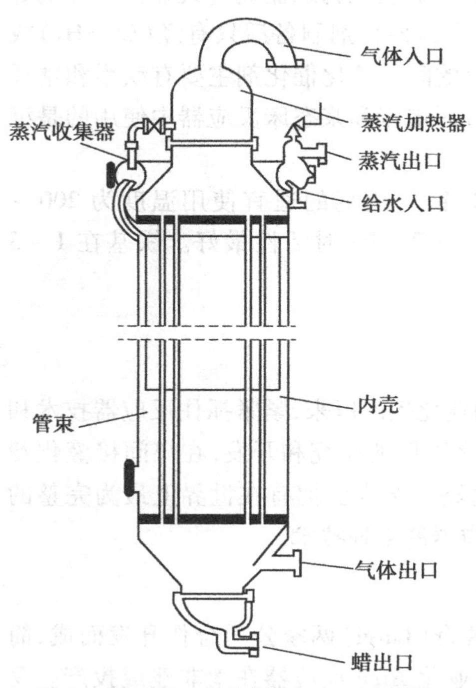

图6.4.1　固定床反应器（Arge反应器）

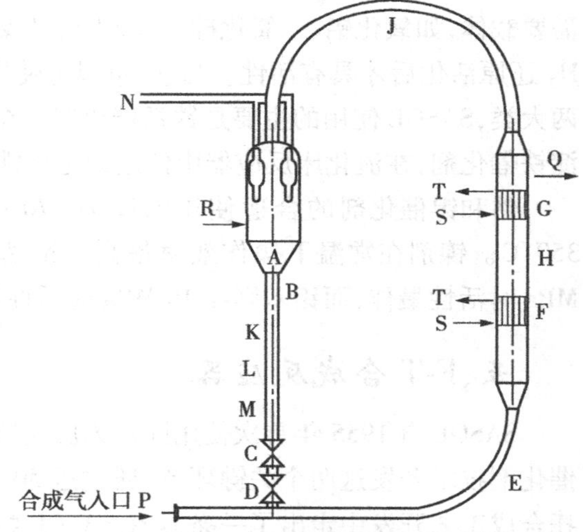

A—催化剂斗；B—催化剂下降管；C，D—滑阀；
F—下冷却管；G—上冷却管；H—反应段；
E，J—催化剂载流管；K，L，M—松动气入口；
N—尾气出口；P—合成反应气入口；
Q—平衡催化剂出口；R—新鲜催化剂补充口；
S—热载体入口；T—热载体出口

图6.4.2　Synthol循环流化床反应器

2. 循环流化床反应器

1955年前后，萨索尔在其第一个工厂（SASOL Ⅰ）中对美国Kellogg公司开发的循环流化床反应器（CFB）进行了第一阶段的500倍的放大。放大后的反应器内径为2.3 m，46 m高，生产能力1 500桶/天。此后克服了许多困难，多次修改设计和催化剂配方，这种后来命名为Synthol的反应器成功地运行了30年。后来SASOL通过增加压力和尺寸，反应器的处理能力提高了3倍。1980年在SASOL Ⅱ、1982年在SASOL Ⅲ分别建设了8台ID=3.6 m、生产能力达到6 500桶/天的Synthol反应器。使用高密度的铁基催化剂。循环流化床的压降低于固定床，因此其气体压缩成本较低。由于高气速造成的快速循环和返混，循环流化床的反应段近乎处于等温状态，催化剂床层的温差一般小于2 ℃。循环流化床中，循环回路中的温度的波动范围为30 ℃左右。循环流化床的一个重要的特点是可以加入新催化剂，也可以移走旧催化剂。循环流化床结构如图6.4.2所示。

循环流化床也有一些缺点：操作复杂；新鲜和循环物料在200 ℃和2.5 MPa条件下进入反应器底部并夹带起部分从竖管和滑阀流下来的350 ℃的催化剂。在催化剂沉积区域，催化剂和气体实现分离。气体出旋风分离器而催化剂由于线速度降低从气体中分离出来并回到分离器中。从尾气中分离细小的催化剂颗粒比较困难。一般使用旋风分离器实现该分离，效率一般高于99.9%。但由于通过分离器的高质量流率，即使0.1%的催化剂也是很大的量。所以这些反应器一般在分离器下游配备了油洗涤器来脱除这些细小的颗粒。这就增加了设备成本并降低了系统的热效率。另外在非常高线速度的部位，由碳化铁颗粒所引起的磨损要求使用陶瓷衬里来保护反应器壁，这也增加了反应器成本和停车时间。Synthol反应器一般在2.5 MPa和340 ℃的条件下操作。

3. 浆态床反应器

德国人在20世纪的40和50年代曾经研究过三相鼓泡床反应器，但是没有商业化。SASOL的研发部门在20世纪70年代中期开始了对浆态床反应器的研究。1990年研发有了突破性进展，一个简单而高效的蜡分离装置成功地通过了测试。100桶/天的中试装置于1990年正式开车。SASOL于1993年5月实现了浆态床反应器的开工。

SASOL的三相浆态床反应器（Slurry Phase Reactor）可以使用铁催化剂生产蜡、燃料和溶剂。压力2.0 MPa，温度高于200 ℃。反应器内装有正在鼓泡的液态反应产物（主要为费托产品蜡）和悬浮在其中的催化剂颗粒。SASOL浆态床技术的核心和创新是其拥有专利的蜡产物和催化剂实现分离的工艺；此技术避免了传统反应器中昂贵的停车更换催化剂步骤。浆态床反应器可连续运转两年，中间仅维护性停车一次。反应器设计简单。SASOL浆态床技术的另一专利技术是把反应器出口气体中所夹带的“浆”有效地分离出来。

典型的浆态床反应器为了将合成蜡与催化剂分离，一般内置2～3层的过滤器，每一层过滤器由若干过滤单元组成，每一组过滤单元又由3～4根过滤棒组成。正常操作下，合成蜡穿过过滤棒排出，而催化剂被过滤棒挡住留在反应器内。当过滤棒被细小的催化剂颗粒堵塞时可以采用反冲洗的方法进行清洗。在正常工况下一部分过滤单元在排蜡，另一部分在反冲洗，第三部分在备用。另为了将反应热移走，反应器内还设置2～3层的换热盘管，进入管内的是锅炉给水,通过水的蒸发移走管内的反应热,产生蒸汽。通过调节汽包的压力来控制反应温度。此外在反应器的下部设有合成气分配器,上部设有除尘除沫器。其操作过程如下:合成气经过气体分配器在反应器截面上均匀分布,在向上流动穿过由催化剂和合成蜡组成的浆料床层时,在催化剂作用下发生 F-T 合成反应。生成的轻烃、水、CO_2 和未反应的气体一起由反应器上部的气相出口排出,生成的蜡经过内置过滤器过滤后排出反应器,当过滤器发生堵塞导致器内器外压差过大时,启动备用过滤器,对堵塞的过滤器应切断排蜡阀门,而后打开反冲洗阀门进行冲洗,直至压差消失为止。为了维持反应器内的催化剂活性,反应器还设置了一个新鲜催化剂/蜡加入口和一个催化剂/蜡排出口。可以根据需要定期定量将新鲜催化剂加入同时排出旧催化剂。

浆态床反应器和固定床相比要简单许多,它消除了后者的大部分缺点,如图 6.4.3 所示。浆态床的床层压降比固定床大大降低,从而气体压缩成本也比固定床低很多。可简易地实现催化剂的添加和移走。浆态床所需要的催化剂总量远低于同等条件下的固定床,同时每单位产品的催化剂消耗量也降低了 70%。由于混合充分,浆态床反应器的等温性能比固定床好,从而可以在较高的温度下运转,而不必担心催化剂失活、积碳和破碎。在较高的平均转化率下,控制产品的选择性也成为可能,这就使浆态床反应器特别适合高活性的催化剂,SASOL 现有的浆态床反应器的产能是 2 500 桶/天,2003 年为卡塔尔和尼日利亚设计的是 ID = 9.6 m、17 000 桶/天的商业性反应器。SASOL 认为设计使用 CO 催化剂的能力达到 22 300 桶/天的反应器也是可行的,这在经济规模方面具有很大的优势。

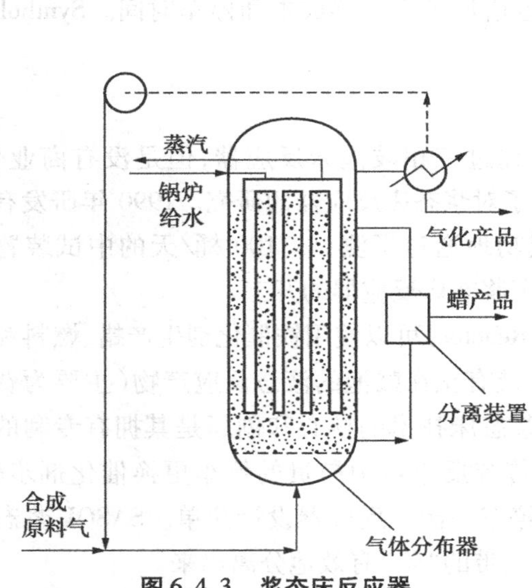

图 6.4.3　浆态床反应器

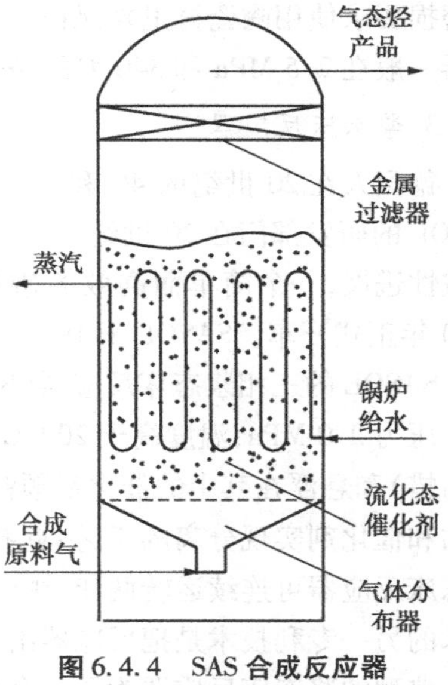

图 6.4.4　SAS 合成反应器

4. 固定流化床反应器

鉴于循环流化床反应器的局限和缺陷,SASOL 开发成功了固定流化床反应器,并命名为 SASOL Advanced Synthol(简称为 SAS)反应器,如图 6.4.4 所示。

固定流化床反应器由以下部分组成:含气体分布器的容器;催化剂流化床;床层内的冷

却管；以及从气体产物中分离夹带催化剂的旋风分离器。

固定流化床操作比较简单。气体从反应器底部通过分布器进入并通过流化床。床层内催化剂颗粒处于湍流状态但整体保持静止不动。和商业循环流化床相比，它们具有类似的选择性和更高的的转化率。因此，固定流化床在 SASOL 得到了进一步的发展，一个内径 1 m 的演示装置在 1983 年开车。一个内径 5 m 的商业化装置于 1989 年投用并满足了所有的设计要求。1995 年 6 月，直径 8 m 的 SAS 反应器商业示范装置开车成功。1996 年 SASOL 决定用 8 台 SAS 反应器代替 SASOL Ⅱ和 SASOL Ⅲ厂的 16 台 Synthol 循环流化床反应器。其中 4 台直径 8 m 的 SAS 反应器，每个的生产能力是 11 000 桶/天；另外四个直径 10.7 m 的反应器，每个生产能力是 20 000 桶/天。这项工作于 1999 年完成，2000 年 SASOL 又增设了第 9 台 SAS 反应器。固定流化床反应器的操作条件一般是 2.0 ~ 4.0 MPa，大约 340 ℃，使用的一般是和循环流化床类似的铁催化剂。

在同等的生产规模下，固定流化床比循环流化床制造成本更低，这是因为它体积小而且不需要昂贵的支承结构。由于 SAS 反应器可以安放在裙座上，它的支撑结构的成本仅为循环流化床的 5%。因为气体线速较低，基本上消除了磨蚀从而也不需要定期的检查和维护。SAS 反应器中的压降较低，压缩成本也低。积碳也不再是问题。SAS 催化剂的用量大约是 Synthol 的 50%。由于反应热随反应压力的增加而增加，所以盘管冷却面积的增加使操作压力可高达 40 Ma，大大地增加了反应器的生产能力。

六、F-T 合成工艺流程简介

1. SASOL 工艺

萨索尔（SASOL）是南非煤炭、石油和天然气股份有限公司（South African Coal, Oil and Gas Corp）的简称，南非缺乏石油资源但却蕴藏有大量煤炭资源。为了解决当地石油的需求问题，于 1951 年筹建了 SASOL 公司。1955 年建成了第一座由煤生产液体运输燃料的 SASOL-Ⅰ厂。建设由美国凯洛格（M. W. Kellogg CO.）公司及原西德的阿奇公司（Arge 即 Arbeit Gemeinshaft Lurgi und Ruhrchemie）承包。阿奇建造的 5 台固定床反应器作为第一段，年产量为 53 000 t 初级产品，开洛格建造了两套流化床反应器（Synthol），设计年产液体燃料 166 000 t，在 SASOL-Ⅰ厂成功的经验上，1974 年开始，南非在赛昆达地区开工建设了 SASOL-Ⅱ厂，并于 1980 年建成投产。1979 年又在赛昆达地区建设了 SASOL-Ⅲ厂，规模与Ⅱ厂相同，造气能力大约是 SASOL-Ⅰ厂的 8 倍。随着时代的变迁和技术的进步，SASOL 三个厂的生产设备、生产能力和产品结构都发生了很大的变化。目前三个厂年用煤 4 590 万 t，其中Ⅰ厂 650 万 t/年，Ⅱ厂和Ⅲ厂 3 940 万 t/年。主要产品是汽油、柴油、蜡、氨、烯烃、聚合物、醇、醛等 113 种，总产量达 760 万 t，其中油品大约占 60%。

F-T 合成反应工艺流程如图 6.4.5 所示。

2. Shell 公司的 SMDS 合成工艺

多年来，荷兰皇家 Shell 石油公司一直在进行从煤或天然气基合成气制取发动机燃料的研究开发工作。尤其对一氧化碳加氢反应的 Schulz-Flory 聚合动力学的规律性进行了深入

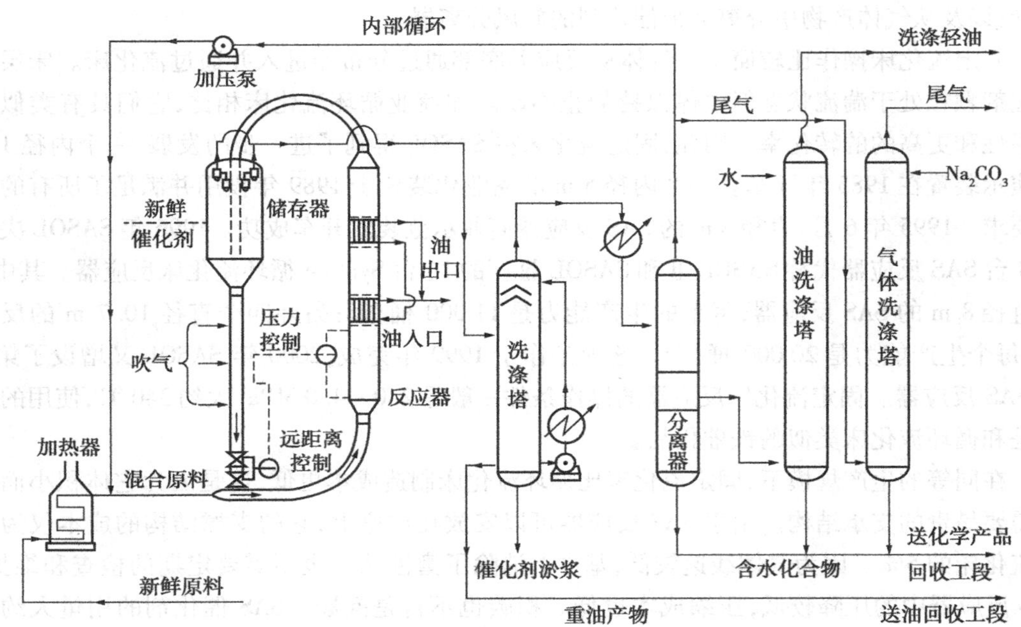

图 6.4.5 Synthol F-T 合成反应工艺流程

的研究，认为在链增长的 α 值高的条件下，可以高选择性和高收率地合成高分子长链烷烃，同时也大大降低了低碳气态烃的生成。在 1985 年第五次合成燃料研讨会上，该公司宣布已开发成功 F-T 合成两段法的新技术——SMDS(Shell Middle Distillate Synthesis)工艺，并通过中试装置的长期运转。

SMDS 合成工艺由一氧化碳加氢合成高分子石蜡烃-HPS(Heavy Paraffin Synthesis)过程和石蜡烃加氢裂化或加氢异构化-HPC(Heavy Paraffin Coversion)制取发动机燃料两段构成，如图 6.4.6 所示。Shell 公司的报告指出，若利用廉价的天然气制取的合成气($H_2/CO=2.0$)

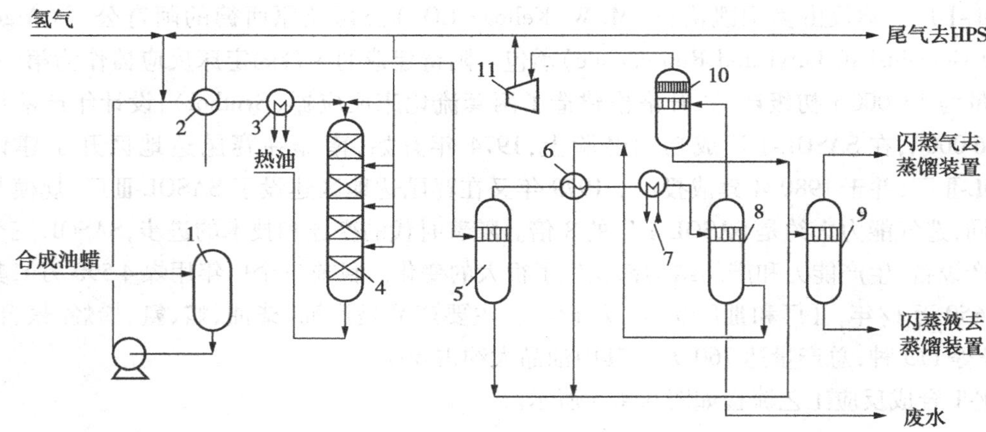

1—原料罐；2，6—换热器；3—加热器；4—HPC反应器；5—高温分离器；
7—冷却器；8—低温分离器；9—闪蒸罐；10—捕集器；11—循环气压缩机

图 6.4.6 Shell 公司 SMDS 工艺 HPC 流程

为原料,采用 SMDS 工艺制取汽油、煤油和柴油产品,其热效率可达60%,而且经济上优于其他 F-T 合成技术。

3. 中科院山西煤化所浆态床合成技术的开发

自20世纪70年代末开始,中科院山西煤化所一直从事间接液化技术的开发,并取得了令人瞩目的成绩。除了系列催化剂的开发外,还对固定床和浆态床合成技术进行了较系统的研究。

80年代初提出了将传统的 F-T 合成与沸石分子筛特殊形选作用相结合的两段法合成(简称 MFT),先后完成了实验室小试,工业单管模试中间试验(百吨级)和工业性试验(2 000 t/年)。除了 MFT 合成工艺之外,其后,山西煤化所还开发了浆态床—固定床两段法工艺,简称 SMFT 合成。

多年来山西煤化所对铁系和钴系催化剂进行了较系统的研究。共沉淀 Fe-Cu 催化剂(编号为 ICC-ⅠA)自1990年以来一直在实验室中进行固定床试验,主要目的是获得动力学参数。Fe-Mn 催化剂(ICC-ⅡA、ICC-ⅡB)和钴催化剂(ICC-ⅢA、ICC-ⅢB、ICC-ⅢC)的研究集中在催化剂的优化和动力学研究以及过程模拟。其中 ICC-Ⅰ型催化剂用于重质馏分工艺,ICC-Ⅱ型催化剂用于轻质馏分工艺。ICC-ⅠA 催化剂已经定型,实现了中试放大生产,并进行了充分的中试验证,完成了累计4 000 h 的中试工艺试验,稳定运转1 500 h,满负荷运转达800 h。ICC-ⅡA 型催化剂也已经实现中试放大生产,在实验室进行了长期运转试验,最长连续运转达4 800 h,近期将进行首次中试运转试验。此外,中科院山西煤化所还对 ICC-ⅢA 钴催化剂进行了研究和开发。目前,用于浆态床的 ICC-ⅠA 和 ICC-ⅡA 催化剂成本大幅度下降,成品率明显提高,催化剂性能尤其是产品选择性得到明显提高,在实验室模拟验证浆态床装置上,催化剂与液体产物的分离和催化剂磨损问题得到根本性的解决,从而从技术上突破了煤基合成油过程的技术经济瓶颈。ICC 的 MFT 合成工艺流程如图6.4.7所示。

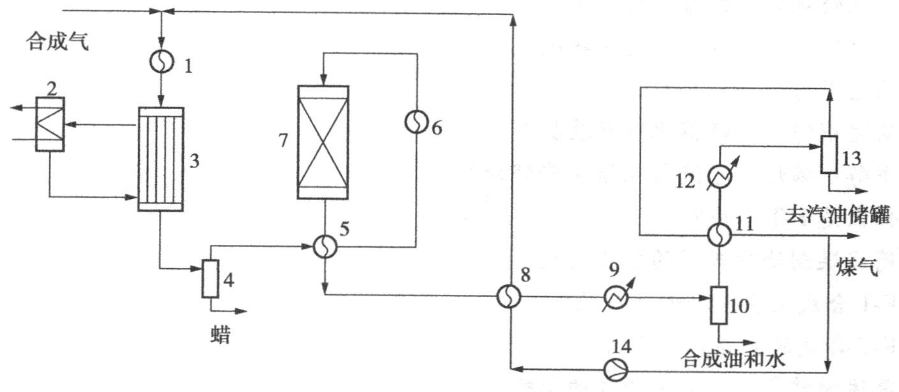

1—加热炉对流段;2—导热油冷却器;3—一段反应器;4—分蜡罐;5—一段换热器;6—加热炉辐射段;7—二段反应器;8—循环气换热器;9—水冷器;10,13—气液分离器;11—换冷器;12—氨冷器;14—循环压缩机

图6.4.7　ICC 的 MFT 合成工艺流程

1999—2001 年国家和中科院加大了对浆态床合成油技术攻关的投入力度,2000 年中科院山西煤化所开始筹划建设千吨级浆态床合成油中试装置,2001 年 6 月完成中试装置设计,7 月开始施工,2002 年 4 月建成,到 2004 年 6 月累计运行 3 000 h,目前,各个技术环节已运转畅通,实现了长周期稳定运转,为工业装置的建设提供工程数据和积累运行经验。

千吨级浆态床合成油中试装置的反应器内径 350 mm、静液高 14 m、总床高 25 m,最大气量 860 m^3/h,最大生产能力 500 ~ 900 t/年。反应器自动连续内部过滤,内部列管水蒸气移热系统,二维环管气体分布系统,器外催化剂浆液预处理系统。

思考题及习题

1. 甲烷有哪些性质?
2. 甲烷化的基本原理是什么?
3. 甲烷化反应的特点是什么?
4. 甲烷化反应温度控制的原则是什么?
5. 甲烷化反应催化剂的特点是什么?
6. 简述甲醇的主要用途。
7. 简述甲醇的主要物理性质和化学性质。
8. 简述甲醇合成的主要反应。
9. 简述甲醇合成催化剂的发展状况。
10. 简述温度、压力、氢碳比、空间速度和回路中的惰性气体含量对甲醇合成的影响。
11. 简述双塔精馏与三塔精馏的主要过程。
12. 简述鲁奇甲醇合成塔的结构与特点。
13. 简述 ICI 多段冷激式甲醇合成反应器的结构与特点。
14. 试比较双塔精馏与三塔精馏。
15. 简述甲醇制烯烃技术发展状况。
16. 简述甲醇制烯烃反应原理。
17. 简述甲醇制烯烃催化剂发展状况。
18. 甲醇制烯烃工艺流程包括哪些部分?
19. 什么是 F-T 合成?
20. 简述煤制油对我国的重要意义。
21. F-T 合成主要包括哪些反应?
22. F-T 合成的主要产物有哪些?
23. 简述操作条件对 F-T 合成的影响。
24. 简述 F-T 合成所用催化剂的种类及特点。
25. 简述 F-T 合成工艺类型及特点。

第七章

空气分离技术

知识目标

- 了解空气的性质及组成；
- 了解空气分离的方法；
- 掌握空气深冷分离基本步骤；
- 掌握空气液化制冷循环原理；
- 掌握透平膨胀机结构和工作原理；
- 掌握自洁式空气过滤器结构和工作原理，分子筛过滤器结构和工作原理；
- 掌握空分塔精馏塔基本结构和双级精馏原理；
- 掌握内压缩空气分离的工艺流程。

能力目标

- 能进行自洁式空气过滤器的运行与维护；
- 能进行分子筛过滤器的运行与维护；
- 能进行空气压缩机的运行与维护；
- 能进行制冷膨胀机组的运行与维护；
- 能按照操作规范进行空分装置的开、停车及正常操作；
- 能分析空分生产过程中出现的问题并提出解决措施。

第一节　空分概论

一、空气分离技术简介

空分是指利用空气中各组分物理性质不同,采用深度冷冻、吸附、膜分离等方法从空气中分离出氧气、氮气,或同时提取氦气、氩气等稀有气体的过程。目前成熟的空气分离技术可分为3类:深冷液化分离技术、变压吸附技术和膜分离技术。

1. 变压吸附技术

变压吸附技术是通过特定规格的吸附剂将分子直径不同的氮气和氧气分开。在吸附过程中,氧气被吸附剂吸收而氮气可以自由通过,通过高转速球阀将原料空气等量等时长地分配给两个相同的吸附罐进行交替工作,从而实现氮气的生产。

2. 膜分离技术

随着高分子材料的突破和创新,一系列可对不同气体分子实现选择性溶解渗透的材料被应用到空气分离行业,形成了中空纤维膜分离技术。加压空气中的氧气和氮气在气体分离膜中的渗透速率的不同,物理活性更为活跃的氧气透过膜材料溢出,而氮气可在膜内侧富集。这种技术实现了气体组分的常温、连续分离,且设备体积小、静止运转,移动性和可靠性都较其他技术更高。

3. 低温分离技术

利用深度冷冻原理将空气液化,然后根据空气中各组分沸点的不同,用低温精馏的方法将不同气体组分的分离。这种技术适用于多种液态工业气体产品的生产,包括氧气、氮气、氖气、二氧化碳等。目前,在空气分离行业占主导地位的装置还是深冷法,这主要是因为深冷法与其他两种方法相比,具有纯度高,产量范围宽,产品多样。但是与其他两种方法相比,流程长,设备结构复杂,能耗高。

(1)纯度高

氧气纯度可达到99.6%以上,氮气纯度可达到99.999%以上。这是其他两种方法所达不到的。吸附法氧气纯度可达到93%,膜分离可达到45%。

(2)产量范围宽

产量可从几十立方每小时到十几万立方。其他两种方法最高也就一万多立方每小时。

(3)产品多样

深冷法分离空气可获得气体种类多,若全提取,可获得氧氮氦氖氩氪氙,产品形式多样,既有液态产品,也有气态产品。

化工生产中空气分离最常用的方法是深度冷冻液化分离法,工作主要包括下列过程:压缩、除杂、液化和精馏。此方法可制得氧气、氮气与稀有气体,所得气体产品的纯度可达98.0%～99.9%。表7.1.1为不同空气分离技术比较。

表7.1.1 不同空气分离技术比较

项目	深冷空分法	膜分离空分法	变压吸附空分法
分离原理	将空气液化,根据氧和氮沸点不同达到分离	根据不同气体分子在膜中的溶解扩散性能的差异来完成分离	加压吸附,降压解吸,利用氧氮吸附能力不同达到分离
装置特点	工艺流程复杂,设备较多,投资大	工艺流程简单,设备少,自控阀门少,投资较大	工艺流程简单,设备少,自控门较多,投资省
工艺特点	-190～-160 ℃低温下操作	常温操作	常温操作
操作特点	启动时间长,一般在15～40 h,必须连续运转,不能间断运行,短暂停机,恢复工况时间长	启动时间短,一般≤20 min,可连续运行,也可间断运行	启动时间短,一般≤30 min,可连续运行,也可间断运行
维护特点	设备结构复杂,加工精度高,维修保养技术难度大,维护保养费用高	设备结构简单,维护保养技术难度低,维护保养费用较高	设备结构简单,维护保养技术难度低,维护保养费用低
土建及安装特点	占地面积大,厂房和基础要求高,工程造价高 安装周期长,技术难度大,安装费用高	占地面积小,厂房无特殊要求,造价低 安装周期短,安装费用低	占地面积小,厂房无特殊要求,造价低。安装周期短,安装费用低
产气成本	0.5～1.0 kW·H/Nm^3	单位产98%纯度氮气的电耗为0.29 kW·H/Nm^3	单位产98%纯度氮气的电耗为0.25 kW·H/Nm^3
安全性	在超低温、高压环境运行可造成碳氢化合物局部聚集,存在爆炸的可能性	常温较高压力下操作,不会造成碳氢化合物的局部聚集	常温常压下操作,不会造成碳氢化合物的局部聚集
可调性	气体产品产量、纯度不可调,灵活性差	气体产品产量、纯度可调,灵活性较好	气体产品产量、纯度可调,灵活性好
经济适用性	气体产品种类多,气体纯度高,适用于大规模制气、用气场合	投资小、能耗低,适用于氮气纯度79%～99.99%的中小规模应用场合。膜分离制氧工艺尚不成熟,一般产氧纯度21%～45%,基本未得到工业应用	投资小、能耗低,适用于氧气纯度21%～95%、氮气纯度79%～99.999 5%的中小规模应用场合

二、深度冷冻液化分离法

1. 发展历史

1895 年,德国人 C. 林德研究成功了一次节流循环液化空气的方法,这是最简单的深度冷冻循环。它采用节流膨胀和逆流换热,称为林德循环。1902 年,德国林德公司制成了第一套林德循环单级精馏工业装置。同年,法国人 G. 克劳德研究成功了带往复式膨胀机的中压冷冻循环液化空气的方法,可减少冷冻消耗,称为克劳德循环。1939 年,苏联人卡皮查将离心式膨胀机用于低压空分装置,称为卡皮查循环,使能耗进一步下降。

空气是一种均匀的多组分混合气体,它的主要成分是氧、氮和氩,此外还含有微量的氢及氖、氦、氪、氙等稀有气体。根据地区条件的不同,空气中还含有不定量的二氧化碳、水蒸气以及乙炔等碳氢化合物等,见表 7. 1. 2。

表 7. 1. 2　干燥空气中主要组分及沸点

名称	分子式	体积百分比/%	重量百分比/%	沸点/℃
氮	N_2	78. 09	75. 5	-195. 8
氧	O_2	20. 95	23. 1	-182. 97
氩	Ar	0. 932	1. 29	-185. 7
二氧化碳	CO_2	0. 03	0. 05	-78. 5
氖	Ne	0. 000 46	0. 000 06	-268. 9
氦	He	0. 001 6	0. 001 1	-246. 1
氪	Kr	0. 000 11	0. 000 32	-153. 2
氙	Xe	0. 000 008	0. 000 04	-108. 0

2. 基本原理和过程

空气分离的基本原理,是利用液化空气中各组分沸点的不同而将各组分分离开来。表 7. 1. 2 列出了干燥空气中主要组分及沸点。由表 7. 1. 2 中可以看出,空气主要由氧和氮组成,占 99% 以上;其次是氩,占 0. 93%。在常温、常压下它们呈气态,在标准大气压下,液化温度:氧 90. 18 K(-182. 97 ℃),氮 77. 35 K(-195. 8 ℃),氩 87. 45 K(-185. 7 ℃)。氧和氮的沸点相差约 13 K,氩和氮的沸点相差约 10 K,这就是能够利用低温精馏法将空气分离为氧、氮和氩的基础。

要达到深度冷冻分离空气的目的,空分装置的工作包括下列过程:

(1)空气的过滤和压缩

大气中的空气先经过空气过滤器过滤其灰尘等机械杂质,然后在空气透平压缩机中被压缩到所需的压力,由中间冷却器提供级间冷却,压缩产生的热量被冷却水带走。

(2)空气中水分和二氧化碳的清除

加工空气中的水分和二氧化碳若进入空分设备的低温区后,会形成冰和干冰,就会阻塞换热器的通道和塔板上的小孔,因而配用分子筛吸附器先清除空气中的水分和二氧化碳,进入分子筛吸附器的空气温度约为 10 ℃。分子筛吸附器成对切换使用,一只工作时,另一只在再生。

(3)空气被冷却到液化温度

空气的冷却是在主换热器中进行的,在其中空气被来自精馏塔的返流气体冷却到接近液化温度。与此同时,低温返流气体被复热。

(4)冷量的制取

由于绝热损失、换热器的复热不足损失和冷箱中向外直接排放低温流体,分馏塔所需的冷量是由空气在膨胀机中等熵膨胀和等温节流效应而获得的。

(5)液化

在启动阶段,加工空气在主换热器和过冷器中与返流低温气体换热而被部分液化,在正常运行中,氮气和液氧的热交换是在冷凝蒸发器中进行的,由于两种流体压力的不同,氮气被液化而液氧被蒸发,氮气和液氧分别由下塔和上塔供给,这是保证上、下塔精馏过程的进行所必须具备的条件。(注:启动时,大部分气体也是在主冷中被冷却至液化温度而被液化的。)

第二节　空气净化技术

空气是多组分的混合气体,除氧、氮及稀有气体组分外,还含有水蒸气、二氧化碳、乙炔及其他碳氧化合物,并含有少量灰尘等固体杂质。这些杂质随空气进入空压机与空气分离装置中会带来较大的危害。固体杂质会磨损空压机的运转部件,堵塞冷却器,降低冷却效果及空压机的等温效率。由于空分装置是在低温下工作的(最低点达-192 ℃)。所以,如果带进水分和二氧化碳,则以冰和干冰形式析出,使管道容器堵塞,冻裂,直接危害生产。乙炔及其他碳氢化合物在空分装置中聚积导致爆炸事故的发生,所以为了保证空气分离装置的安全运行,必须对原料空气进行净化。

空气净化主要指清除空气中的机械杂质、水分、二氧化碳、乙炔。净化主要采用过滤法、冻结法、吸附法等几种方法。过滤法是利用过滤材料把空气中颗粒状杂质清除的方法。冻结法是将杂质转变成固体加以清除;应用较多的是吸附法,此法是利用固体表面对气体杂质的吸附特性而使空气净化。

一、机械杂质的脱除原理

1. 空气过滤原理

常用的空气过滤器分湿式和干式两类。根据过滤器除尘原理,空气过滤器可分为干式和湿式两种。湿式过滤器靠油膜黏附灰尘;干式过滤器属表面式过滤器,靠织物网眼阻挡尘粒。湿式包括拉西环式和油浸式;干式包括袋式、干带式和自洁式空气过滤器等。自洁式过滤器是目前空分设备最普遍选用的过滤器。

2. 自洁式空气过滤器

目前一般大型空分,都采用的自洁式空气过滤器,自洁式过滤器由高效过滤筒、文氏管、自洁专用喷头、反吹系统、控制系统、净气室和出风口、框架等组成,如图 7. 2. 1 所示。

(1)自洁式空气过滤器工作过程

①吸气过程:在压缩机吸气负压作用下吸入周围的环境空气。当空气穿过高效滤筒时,粉尘由于重力、静电和接触等被阻留在滤筒外表面,净化空气进入净气室,然后经出风管引出。

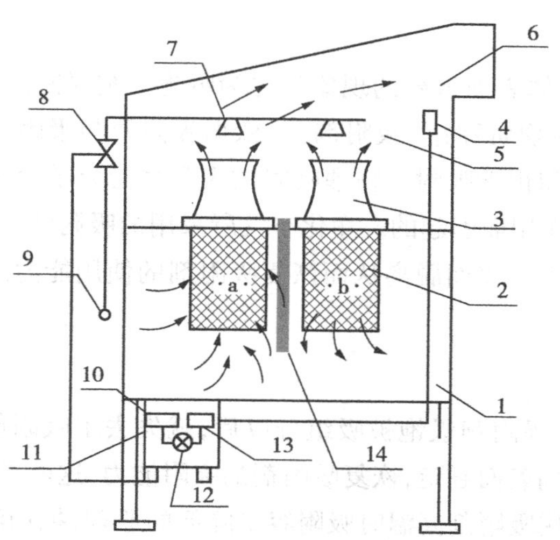

图 7.2.1　自洁式空气过滤器

②过滤过程：在压缩机吸气负压作用下，自洁过程：当电脑发出指令，电磁阀启动并驱动隔膜阀，瞬间释放一股压力为 0.4～0.6 MPa 的脉冲气流，专用喷头整流喷出，文氏管卷吸、密封、膨胀，从滤筒内部均匀地向外冲击，将积聚在滤筒外表面的粉尘吹落，自洁过程完。

③清灰过程：有 3 种方式，定时定位，可任意设定间隔时间和自洁时间；差压自洁，当压差超指标时，进入自动连续自洁；手动自洁，当电控箱不工作或粉尘较多时，可采用手动自洁。反吹自洁过程是间断的，每次仅 1～2 组处于自洁状态，其余仍在工作，所以具有在线自洁功能。自洁式过滤器核心部件过滤筒，采用进口 RK-300 高效防水滤纸，经特殊工艺生产而成。自带前置过滤网，防止柳絮、树叶及异物吸入，延长过滤筒使用寿命。采用电脑控制机电一体化，安装简单便捷，只需配管通电、通气即可工作。

(2) 自洁式空气过滤器特点

①过滤阻力小，小型机 150 Pa，大型机 300～800 Pa。

②过滤效率比一般过滤器提高 5%～10%。

③适应性广，采用进口高效防水过滤纸，在潮湿多雾地区不受太大影响。

④耗气少，反吹时压缩空气需求量仅为 0.1～0.5 m^3/min，电容量为 100～500 W。

⑤占地面积小，产品为积木式结构，大型机可采用多层叠放。

⑥结构简单，设备轻，为同容量的布袋式过滤器及其他过滤器的 1/2 左右。

⑦防腐性能好，净气室采用优质涂层及不锈钢内衬，杜绝过滤后的二次污染。外表面采用高级防腐船用漆，保证室外环境下长期不受腐蚀。

⑧日常维护工作量小，约两年更换过滤筒，更换过滤筒不需停机。

二、水、乙炔、二氧化碳的脱除

常温分子筛吸附法是空气主要的净化方法，可以用来清除水分、二氧化碳、乙炔及其他碳氢化合物。

1. 吸附原理

某种物质的分子在一种多孔固体表面浓聚的现象称之为吸附。被吸附的物质叫“吸附质”，而具有多孔的固体表面的吸附物质称作“吸附剂”。依据吸附质与吸附剂之间的吸附力的不同，吸附又可分为物理吸附和化学吸附。物理吸附的吸附力为分子力也称为范德华吸附；而化学吸附则是由化学键的作用而引起的。净化空气所采用的吸附法纯属物理吸附。当吸附达到饱和时，使吸附质从吸附剂表面脱离从而恢复吸附剂的使用能力的过程谓之再生(或解吸)。

2. 吸附剂的再生

再生就是吸附的逆过程。由于吸附剂吸饱被吸组分以后，就失去了吸附能力。必须采取一定的措施，将被吸组分从吸附剂表面赶走，恢复吸附剂的吸附能力，这就是“再生”。

再生的方法有两种：一种是利用吸附剂高温时吸附容量降低的原理，把加温气体通入吸附剂层，使吸附剂温度升高，被吸组分解吸，然后被加温气体带出吸附器。再生温度越高，解吸越彻底。这种再生方法叫加温再生或热交变再生，是最常用的方法。再生气体用干燥氮气较好或用空气。

另一种再生方法叫降压再生或压力交变再生。再生时，降低吸附器内的压力，甚至抽成真空，使被吸附分子的分压力降低，分子浓度减小，则吸附在吸附剂表面的分子数目也相应减少，达到再生的目的。

3. 吸附剂

作为吸附剂应该是多孔固体颗粒。它具有巨大的表面积。此外，吸附剂应该有一定的机械强度和化学稳定性，容易解吸(或再生)，价格低廉。13X 分子筛是目前空分设备中选用的一种吸附剂，如图 7.2.2 所示。

图 7.2.2　分子筛吸附剂

分子筛吸附剂的吸附特点为：

(1)选择吸附

根据分子大小不同的选择吸附：各种类型分子筛只能吸附小于其孔径的分子。根据分子极性不同的选择吸附：对于大小相类似的分子，极性越大则越易被分子筛吸附。根据分子不饱和性不同的选择吸附：分子筛吸附不饱和物质的量比饱和物质为大，不饱和性越大吸附得越多。根据分子沸点不同的选择吸附：沸点越低越不易被吸附。

（2）干燥度很高

分子筛比其他吸附剂（硅胶、铝胶）可获得露点更低的干燥空气，通常可干燥到-70 ℃以下。因此，分子筛也是极良好的干燥剂。即便气体中的水蒸气含量较低，分子筛也具有较强的吸附力。分子筛对高温、高速气体，也具有良好的干燥能力。

（3）有其他吸附能力

分子筛在吸附水的同时，还能吸附乙炔、二氧化碳等其他气体。水分首先被吸附。吸附顺序是 $H_2O>C_2H_2>CO_2$，对于碳氢化合物的吸附顺序为 $C_4^+>C_3H_6>C_2H_2(C_2H_4 \cdot C_2O \cdot C_3H_8)>C_2H_6>CH_4$。

（4）分子筛具有高的稳定性

在温度高达 700 ℃时，仍具有不熔性的热稳定性。除了酸与强碱外，对有机溶剂具有强的抵抗力，遇水不会潮解。

（5）有简单的加热可使其再生

一般再生温度为 200～320 ℃，再生温度越高再生越完善，吸附器工作性能越好，但分子筛寿命会缩短。随再生次数的增加，吸附容量要降低。

分子筛在分离与净化气体方面有很大的应用价值，不但能高效地进行净化和分离，同时也能将吸附物质回收，得到高纯度的气体。

4.影响吸附的因素

（1）温度

吸附是放热过程，温度升高吸附质的分子热运动加强，从吸附表面脱离返回气体中分子数增加，静吸附容量随温度的升高而降低，所以动吸附剂的吸附容量随温度的升高而下降。

（2）压力

压力高其吸附质的分压力也高即浓度提高，单位时间内碰撞吸附剂表面的分子数增加，因而被吸附的几率增加。所以压力升高静、动吸附容量都增加。

（3）空气的流速

流体的流速高，吸附质在吸附床层内停留过短，吸附效果差，传质区增长，动吸附容量减小。但流速过低，净化设备单位时间内处理的气量少。

（4）吸附剂的再生完善程度

吸附剂的解吸（或再生）越彻底，吸附过程中的吸附容量越大。

（5）解吸是吸附的反过程

所谓解吸，即采用一定的方法将积聚在吸附剂表面的吸附质分子赶走，恢复吸附剂的吸附能力。当再生温度高，压力低以及解吸气体中吸附质的含量越小，吸附剂的再生越完善。

(6)吸附剂床层高度

5.分子筛净化系统运行与维护

(1)分子筛纯化系统流程

分子筛纯化系统电加热器再生流程如图7.2.3所示。

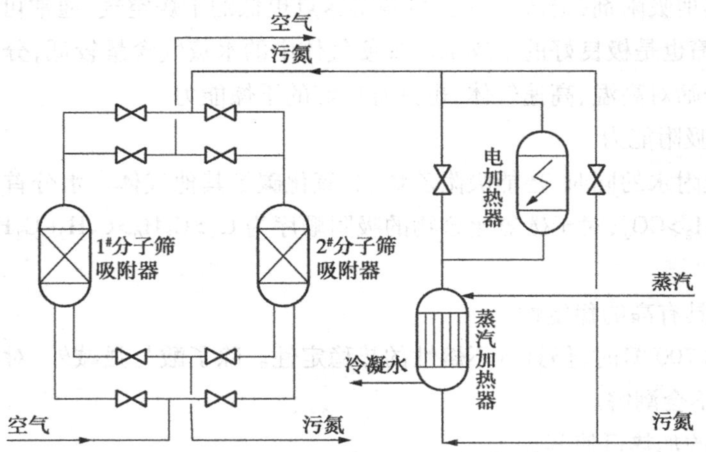

图7.2.3　分子筛纯化系统流程

被压缩的空气经预冷系统冷却到一定温度后,自下而上通过分子筛吸附器(以下简称吸附器)时,空气中所含有的 H_2O、CO、C_2H_2 等杂质相继被吸附清除,净化后的空气进入冷箱中的主换热器。两只吸附器交替使用,一只工作时,另一只再生。

吸附器的再生一般分4步进行:第1步降压;第2步加热(用加热的干燥气体吹扫吸附剂);第3步吹冷(用未经加热的干燥气体吹扫吸附剂);第4步升压。

(2)分子筛净化系统操作注意事项

①对分子筛吸附器的安装要求:要认真检查上、下筛网有无破损,固定是否牢固;分子筛是否充填满,并且扒平;认真封好内、外筒人孔,防止相互窜气。

②分子筛吸附器在运行时,要定期监视分子筛温度曲线和出口二氧化碳的含量以判断吸附器的工作是否正常。

③要密切监视吸附器的切换程序,切换压差是否正常。如遇故障,要及时处理。

④要密切注意冷冻机的运行是否正常。如遇短期故障,造成空气出口温度升高时,应及时缩短吸附器的切换周期,并及时排除故障。

⑤空压机启动升压时,应缓慢进行,防止空气流速过大。向低温系统送气,或系统增加负荷(启动膨胀机、开启节流阀)时,要缓慢进行,防止系统压力波动。

⑥空分设备停车时,应立即关闭分子筛吸附器后空气总阀,以免再启动时气流速度过大而冲击分子筛床层。

第三节　空气液化技术

空气在地球周围，通常是过热蒸汽，将其液化，需要通过液化循环来实现。液化循环由一系列必要的热力过程组成，制取冷量将空气由气态变成液态。

一、空气的温-熵图

空气的热力学参数

（1）焓

焓是一个系统的热力学参数。$H=U+pV$，焓＝流动内能+推动功。

焓具有能量的量纲。一定质量的物质按定压可逆过程由一种状态变为另一种状态，焓的增量便等于在此过程中吸入的热量。

（2）熵

熵是热力系内微观粒子无序度的一个量度，熵的变化可以判断热力过程是否为可逆过程，是物体的一个状态量。

自然界发生的一些过程是有一定的方向性的，这种过程叫不可逆过程。过程前后的两个状态是不等价的。这种不等价性可以通过“熵”这个物理量衡量。

有些过程在理想情况下有可能是可逆的，例如汽缸中气体膨胀时举起一个重物做了功，当重物下落时有可能将气体又压缩到原先的状态。根据熵的定义，熵在一个可逆绝热过程的前后是不变的。而对于不可逆的绝热过程，则过程朝熵增大的方向进行。或者说，熵这个物理量可以表示过程的方向性，自然界自发进行的过程总是朝着总熵增加的方向进行，理想的可逆过程总熵保持不变。对上述的两个不可逆过程，它们的终态的熵值必大于初态的熵值。

以空气的温度 T 为纵坐标，以熵 S 为横坐标，并将压力 P、焓 H 及它们之间的关系直观地表示在一张图上，这个图就称为空气的温-熵图，简称空气的 T-S 图。在空气的液化过程，用 T-S 图可表示出物系的变化过程，并可直接从图上求出温度、压力、熵和焓的变化值。

图 7.3.1 为空气的 T-S 简图。图 7.3.1 中向右上方的一组斜线为等压线；向右下方的一

组线为等焓线；图 7.3.1 下部山形曲线为饱和曲线。山形曲线的顶点 k 是临界点，通过临界点的等温线称为临界等温线。在临界点左边的山形曲线为饱和液体线，临界点右边的山形曲线为饱和气体线。临界等温线下侧和饱和液体线左侧的区域为液体状态区；临界等温线下侧和饱和气体线右侧，以及临界等温线以上的区域是气相区；山形曲线的内部是气液两相共存区，亦称为湿蒸汽区。两相共存区内任意一点表示一个气液混合物。例如。点为气体空气 g 和液体空气 f 组成的气液混合物，线段 fe 和 eg 的长度比，表示气液混合物中气体与液体的数量之比，即 fe ∶ eg = 气体量 ∶ 液体量。

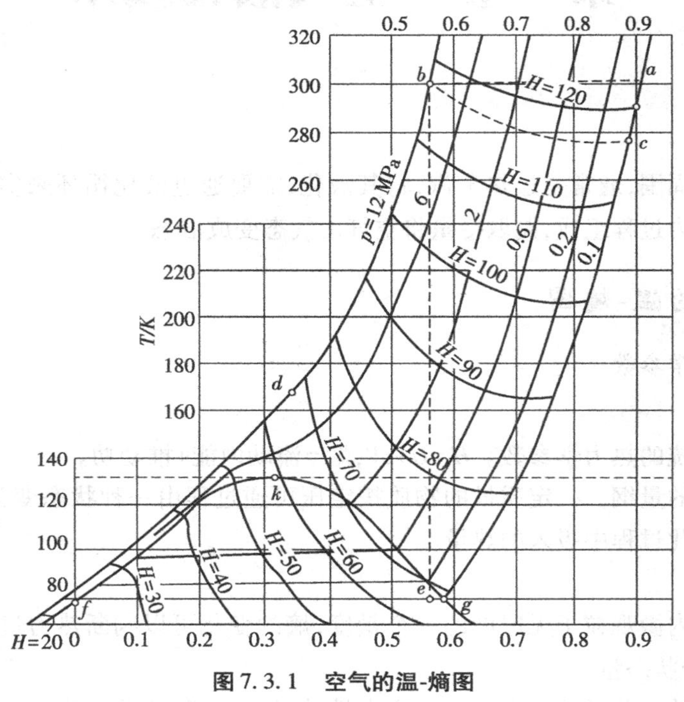

图 7.3.1 空气的温-熵图

二、空气的节流膨胀与绝热膨胀

1. 节流膨胀

在生产过程中，当高压流体正在管内流过一个缩孔或一个阀门时，使流动受到阻碍，流体在阀门处产生旋涡、碰撞、摩擦等阻力。如图 7.3.2 所示，流体要通过这个阀门，必须克服这些阻力。表现在阀门后的压力比阀门前的压力要低得多。这种由于流动遇到局部阻力而造成的压力有较大的降低过程，通常称为节流膨胀。

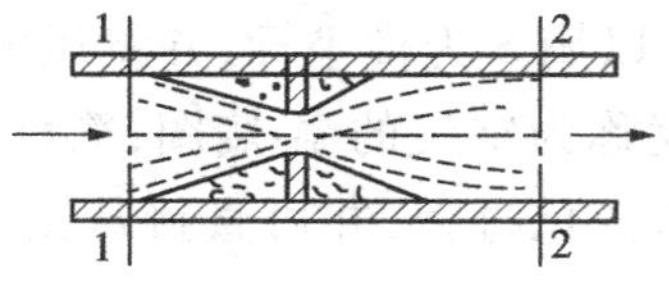

图 7.3.2 节流膨胀过程

（1）节流

流体经阀门、缩径时受到局部的阻力而造成压力有较大的降落的过程，称为节流过程。节流因为有摩擦阻力的存在，所以它是不可逆过程、熵增过程。

（2）节流的温降原理

在节流过程中，流体既未对外输出功，又可看成是与外界没有热量交换的绝热过程，根据能量守恒定律，节流前后的流体内部的总能量（焓）应保持不变。但是，组成焓的三部分能量：分子运动的动能、分子相互作用的位能、流动能的每一部分是可能变化的。节流后压力降低，质量比容积增大，分子之间的距离增加，分子相互作用的位能增大。而流动能一般变化不大，所以，只能靠减小分子运动的动能来转换成位能。分子的运动速度减慢，体现在温度降低。在空分设备中，遇到的节流均是这种情况，这也是节流降温制冷要达到的目的。

利用T-S图能直观说明节流膨胀前后温度的变化。例如在图7.3.3中，由点2（高压）处作等焓线H_2，与等压线P_1相交于点1，线段2→1表示节流膨胀过程，1点的温度T_1即为节流膨胀后的温度，T_2—T_1为节流前后的温度差。

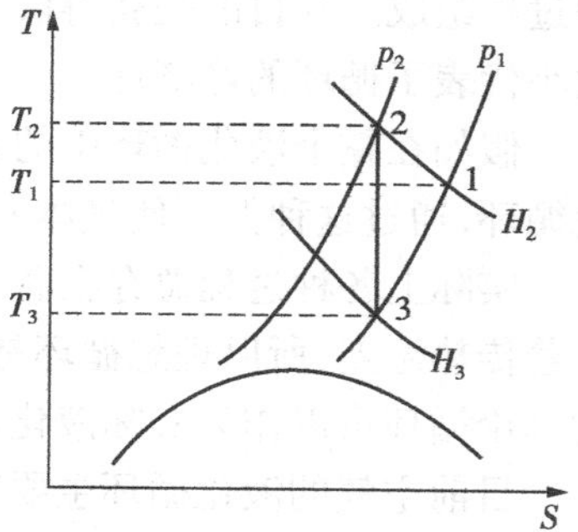

图7.3.3　空气制冷原理图

影响节流温降效果的因素：节流的目的是为了获得低温，因此希望节流温降的效果越大越好。

影响节流温降效果的因素有：节流前的温度。节流前的温度越低，温降效果越大；节流前后的压差。

2. 绝热膨胀

压缩气体经过膨胀机在绝热下膨胀到低压，同时输出外功的过程，称为膨胀机的绝热膨胀。由于气体在膨胀机内以微小的推动力逐渐膨胀，因此过程是可逆的。可逆绝热过程的熵不变，故膨胀机的绝热膨胀为等熵过程。

根据能量转换和守恒定律可知，气体在透平膨胀机内进行绝热膨胀对外做功时，气体的能量（焓值）一定减少，从而使气体本身强烈地冷却，而达到制冷的目的。在图7.3.3中，线段2→3表示气体由压力为P_2、温度为T_2的2点，等熵膨胀到P_1时的过程，T_2—T_3为膨胀前后气体的温度差。

影响节流温降效果的因素：膨胀量越大，总制冷量也越大。进、出口压力一定时，机前温度越高，单位制冷量越大。但是，机前温度提高，膨胀后的温度也会提高，气体直接进入上塔会破坏精馏工况。在正常生产时，温度提高幅度是有限制的。当机前温度和机后压力一定时，机前压力越高，单位制冷量越大。膨胀机后压力越低，膨胀机内的压降越大，单位制冷量越大。但是，由于膨胀后气体进精馏塔，压力变化的余地不大。膨胀机绝热效率越高，制冷量越大。

3. 两种制冷方式的比较

等焓和等熵膨胀都是在绝热情况下进行的，但各自都有特点，所以，在空分装置中两者都采用，相互取长补短。

从降温效果来看,等熵膨胀要比等焓膨胀大的多.从机械结构来看,等焓膨胀只需一个节流阀,而等熵膨胀则需要膨胀机,即等焓比等熵膨胀所需的机械简单得多。从做功角度来看,等焓膨胀对外不做功,而等熵膨胀则对外做功。从使用角度来看,等焓膨胀既适用于气体也适用于液体,而等熵膨胀只适用于气体。根据以上特点,在全低压空分装置中.一般都同时采用节流制冷与膨胀制冷,互补所缺。

三、空气的液化循环

在制冷机中,气体工质连续不断地工作,需要经历一系列的状态变化,重新回复到原始状态,也就是要经历一个循环。低温液化循环由等温压缩,绝热膨胀降温,等压换热等一系列过程组成。其目的是获得低温使空气液化。低温液化循环获得冷量必须消耗功,耗功的大小代表了循环的经济性。

假如在整个液化循环中的各个过程均为可逆过程,无任何损失,则该液化循环为理想液化循环,通过这种循环使气体液化所消耗的功为最小,称之为气体液化的最小理论功。

实际上各种过程总存在着不可逆性,如节流和膨胀机都存在着摩擦及冷损失,换热器存在着传热温差,所以理想循环是不能实现的。实际液化循环的耗功总是大于理论最小功,因此理论循环可以作为实际液化循环的不可逆程度的比较标准。

目前空气的液化循环主要有两种类型:

①以节流膨胀为基础的液化循环。

②以等熵膨胀与节流相结合的液化循环。

1. 林德循环

常温 T_1、常压 P_1 的气体经过压缩至高压 P_2(由于压缩比很大,实际上是多级压缩组成的,可视为等温压缩)。高压气体经冷却器冷至常温 T_1(点 2)后,经换热器冷却到适当的温度(点3),然后经节流阀膨胀变为压力为 P_1 的气体混合物(点4)送入气液分离器,饱和液体沉降于分离器底部,未液化的气体(点5)送入热交换器与点 2 的高压气体换热,自身温度回升返回到压缩机,如图 7.3.4 所示。

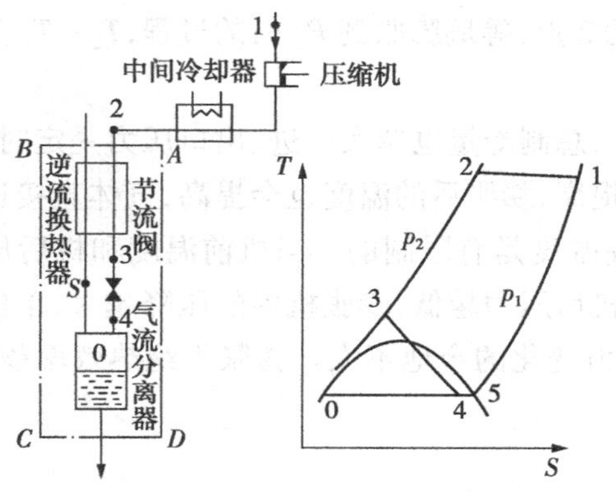

图 7.3.4　林德循环示意图

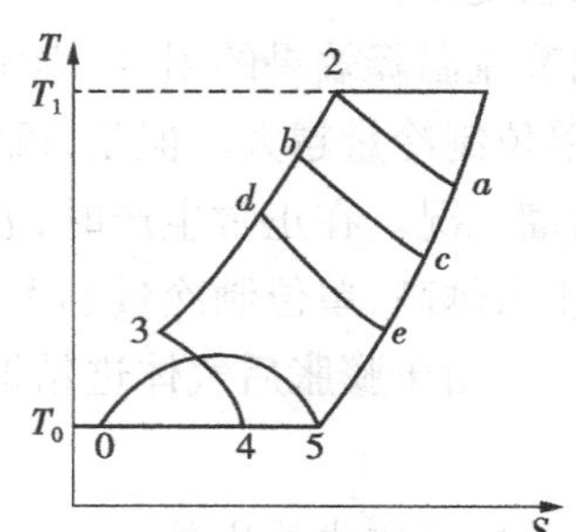

图 7.3.5　林德循环启动阶段

应用林德循环液化空气需要有一个启动过程,首先要经过多次节流,回收制冷量预冷加工空气,使节流前的温度逐步降低,其制冷量也逐渐增加,直至逼近液化温度,产生液化空气。这一连串多次节流循环即林德循环启动阶段如图 7.3.5 所示。

2. 克劳德循环

在简单的林德循环中,由于高压气体的相对量大和热容大,用未冷凝的低压气体无法将其冷却到足够的低温,克劳德循环通过增设一台膨胀机来解决这一矛盾。

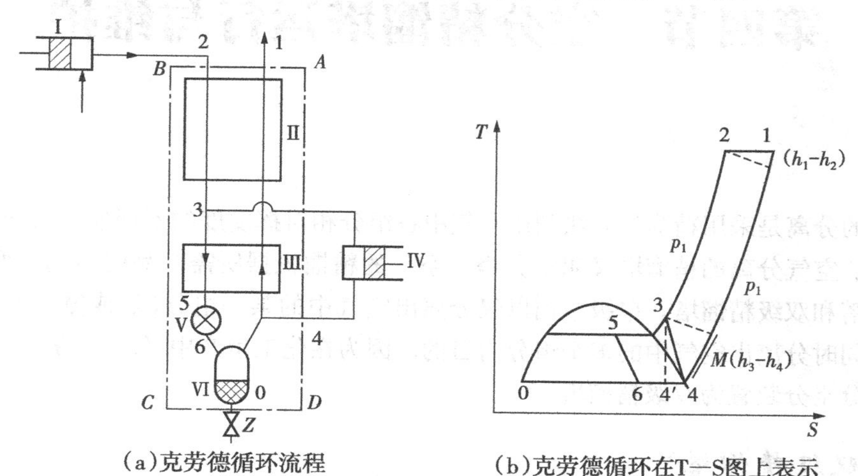

(a)克劳德循环流程　　(b)克劳德循环在T—S图上表示

图 7.3.6　克劳德循环示意图

高压气体经冷却器和第一换热器冷却后(3 点),一部分经第二、第三换热器冷却到节流膨胀所需的低温(6 点),另一部分送进膨胀机做功,膨胀后的低温气体(4 点)与第三换热器来的低压气体合并,送入第二换热器作冷却介质用,如图 7.3.6 所示。采用这一措施,减少了高压气体的量,增加了作为冷却介质的低压气体的量,因而可将高压气体冷却到更低的温度,从而提高了液化率,同时还可以回收一部分有用功。但要注意,高压气体进膨胀机的状态要慎重选定,保证膨胀后不产生液体,以防引起破坏性振动。

克劳德循环的优点主要表现在:

①减少了高压气体量,增加了作为冷却介质的低压气体量。

②提高了液化率。

③回收了部分功。

第四节　空分精馏塔运行与维护

空气的分离是采用精馏的方法利用空气中各组分相对挥发度的不同使空气分离获得氧气和氮气。空气分离的精馏塔又叫空分塔。空气的精馏根据所需产品的不同有两种形式：单级精馏塔和双级精馏塔。单级精馏以仅分离出空气中的某一组分（氧或氮）为目的；而双级精馏以同时分离出空气中的多个组分为目的。因为在化工生产中，氧气和氮气都有用途，故绝大部分空分装置为双级精馏塔。

一、双级精馏塔

双级精馏塔是由下塔、上塔和上下塔之间的冷凝蒸发器组成，如图 7.4.1 所示。上塔压力一般为 130 ~ 150 kPa，下塔压力一般为 500 ~ 600 kPa。压缩并冷却后的空气进入下塔，自下而上地穿过每一块塔板，至下塔上部得到高纯度的氮气。氮气进入冷凝蒸发器管内由于它的温度比管外的液氧温度高，所以氮气被冷凝成液氮。一部分作为下塔回流液自上而下沿塔板逐板流下，至下塔塔釜便可得到含氧 36% ~40% 的富氧液空；另一部分液氮经液氮节流阀降压后送入上塔顶部作为上塔的回流液。在下塔塔釜中的液空经节流阀降压后送入上塔中部，由上往下沿塔板逐块流下，与上升蒸汽接触，每经过一块塔板要蒸发掉部分氮，同时得到从气体中冷凝下来的氧，只要塔板足够多，可在上塔的最下一块塔板上得到纯液氧。液氧一部分作为液氧产品抽出，一部分液氧流入冷凝蒸发器管间蒸发，蒸发出的气氧由下往上和塔板上的液体接触。由于气体温度较高，所以气、液接触后使气体中的氧冷凝到液体中，而液体蒸发出来的氮进入上升气体中，气体越往上升，其中氮纯度越高。在上塔液空进料口以上部分，是用来不断提高气体中易挥发组分（氮）的浓度，称为精馏段或浓缩段。进料口以下的部分是为了将液体中的易挥发组分（氮）分离出来，以提高液体中的难挥发组分（氧）的浓度，称为提馏段或蒸馏段。

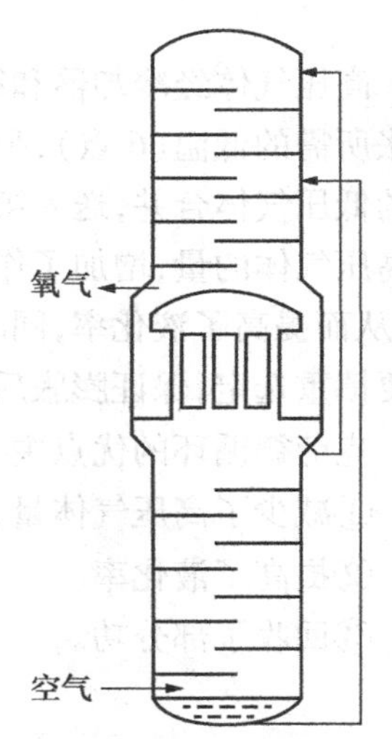

图 7.4.1　双级精馏塔示意图

可以看出，在双级精馏塔中空气的分离过程分为两个步骤，空气首先在下塔初步分离，制得液态氮和富氧液空；富氧液空再送往上塔进行最后精馏，得到纯氧。上塔上部的回流液就是下塔送来的液氮，因此可得到纯氮。

二、双级精馏塔结构

用于实现精馏操作的塔设备称为精馏塔（或蒸馏塔），其基本功能在于提供气、液两相以充分接触，使质、热两种传递过程能够迅速有效地进行；还要能使接触之后气、液两相及时分开，互不夹带。

根据塔内气液接触部件的结构形式，可将塔设备分为两大类：板式塔和填料塔。

板式塔根据其塔板结构不同，又可分为泡罩塔、筛板塔、浮阀塔、喷射型塔板塔。

填料塔内装有各种形式的固体充填物，即填料。在空分行业中能够应用的填料有拉西环、鲍尔环或波纹板等。

目前，空分装置常用的精馏塔有筛板塔和规整填料塔。

规整填料塔与筛板塔相比，有以下优点：

①压降非常小。

气相在填料中的液相膜表面进行对流传热、传质，不存在塔板上清液层及筛孔的阻力。正常情况下，规整填料的阻力只有筛板塔阻力的1/6～1/5。

②热、质交换充分，分离效率高，使产品的提取率提高。

③操作弹性大，不产生液泛或漏液，所以负荷调节范围大，适应性强。负荷调节可以在30%～110%，筛板塔的调节范围在70%～100%。

④液体滞留量小，启动和负荷调节速度快。

⑤可节省能源。由于阻力小，空气进塔压力可降低0.07 MPa左右，因而使空气压缩能耗减少6.5%左右。

⑥塔径可以减小。

由于下塔压力高，气体密度大，当处理的气量和塔径一定时，每米填料的理论塔板数减少，即需要有较高的下塔才能满足要求，这将使阻力增大，能耗增加；如果靠增大塔径来降低流速，提高每米填料的理论塔板数，则会增加下塔的投资成本。因此，目前下塔仍以采用筛板塔居多。

三、空分塔中稀有气体的分布

氖、氦、氩、氪和氧、氮的沸点不同，它们在空气中的数量不同，因此在空分塔中它们汇集的部位也不同。图7.4.2表示出了双级精馏塔内稀有气体汇集的部位。

氖、氦的沸点较氮气低得多，当空气进入下塔在精馏过程中大部分氖、氦同氮混合进入主冷凝蒸发器管内，氮气冷凝后沿壁流下，但氖氦气不能冷凝，因而汇积在冷凝蒸发器的顶部，达一定数量后就会破坏冷凝蒸发器的传热工况，影响精馏过程，故应定期排除。从空分塔中提取氖、氦也于此处引出。

氪、氙的沸点高。当空气进入下塔后，氪、氙均冷凝在底部的液化空气中，经节流后送入上塔，汇集在液氧和气氧中。空分塔中提取氪、氙混合物一般从氧气中取得。

氩在空气中含量为0.932%，由于氩的沸点介于氧、氮之间，因此造成空气分离的困难，在上塔的提馏段中，氩相对于氧是易挥发的组分，因此氩的浓度将沿塔自上而下逐渐减少。精馏段中的氩相对于氮是难挥发的组分，因而它的浓度沿塔自上而下逐渐增加。上塔内精馏段和提馏段中均有氩浓度高的区域。上塔中氩分布特性取决于上塔分离产品（氧和氮）的纯度，若产品氮中的氩含量相当大，则最高氩浓度是在上塔的精馏段，若产品氧中含氩量高于氮中的含量（制氮条件）则最高的氩浓度是在上塔的提馏段，如果氧的产量下降纯度提高，则氩的富集区上移，反之则下移。

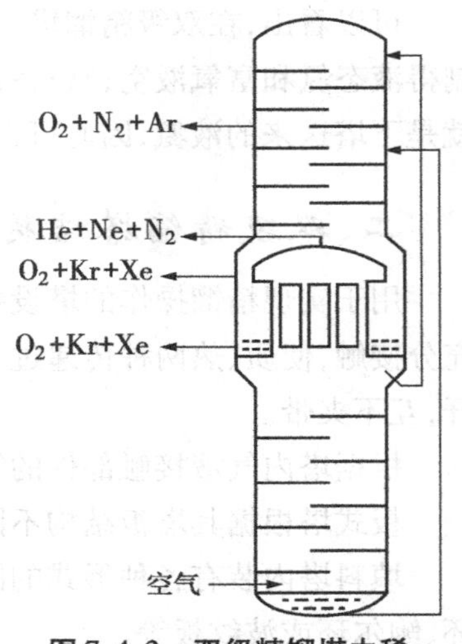

图 7.4.2　双级精馏塔中稀有气体的分布

四、空分工艺流程

空分装置是一套带增压透平膨胀机的常温分子筛吸附纯化、规整填料塔无氢制氩的空分装置。其工艺流程如图 7.4.3 所示。内压缩空分装置流程设备见表 7.4.1。

1. 过滤除杂

原料工艺空气经吸入口吸入，进入自洁式空气过滤器，滤去尘埃和机械杂质，进入离心式空气压缩机压缩到工艺所需压力，压缩后的气体进入空气预冷系统中的空气冷却塔，空气自下而上穿过空冷塔，在其中被水冷却和洗涤。低温冷冻水是在水冷塔中产生。空冷塔和水冷塔为填料塔，空冷塔设有惯性分离器及丝网分离器，以防止工艺空气中游离水分带出。

出空气预冷系统的工艺空气进入空气纯化系统，用来吸附除去水分、二氧化碳、碳氢化合物的，纯化系统中的吸附器由两台立式容器组成，两台吸附容器采用双层床结构，底部为活性氧化铝，上部为分子筛，当一台运行时，另一台则由来自冷箱中的污氮通过加热器加热后进行再生。

2. 吸附、净化

空气纯化单元包括两台交替运行的分子筛吸附器，压缩空气通过吸附器时，水、CO_2、氮氧化合物和绝大多数碳氢化合物都被吸附。吸附器交替循环，即一台吸附器吸附杂质而另一台吸附器被再生。吸附和再生过程由程序自动控制以保证装置连续运行。采用来自冷箱的污氮对吸附器进行再生。再生时吸附器与吸附流程隔离，再生气放空。与吸附流程隔离的吸附器先卸压，然后先用经蒸汽加热器加热的低压污氮进行再生，然后用从蒸汽加热器旁路来的冷低温氮气对吸附器进行冷却，之后再用吸附后的空气对吸附器升压并返回吸附流程。

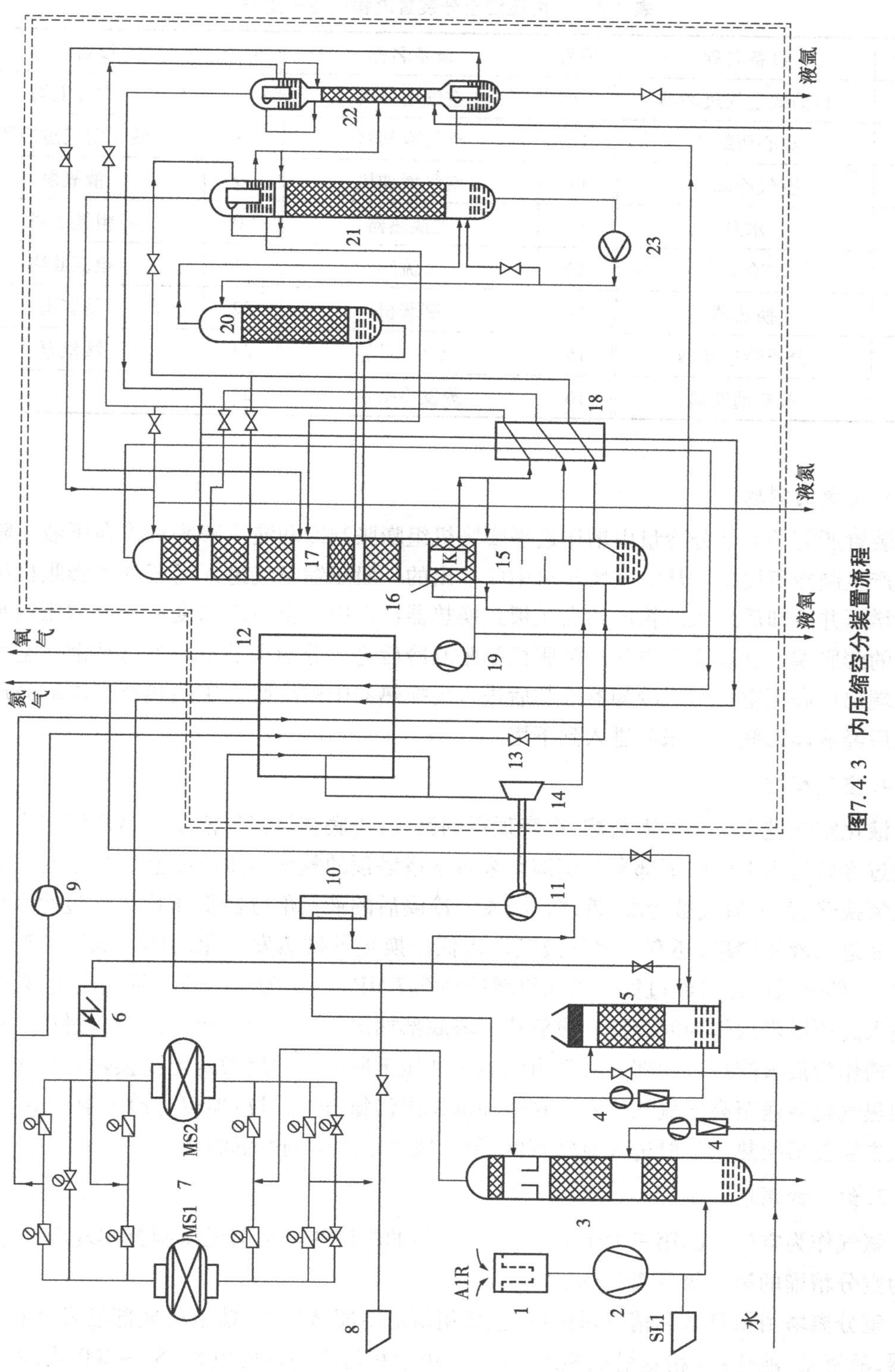

图7.4.3 内压缩空分装置流程

表 7.4.1　内压缩空分装置流程设备一览表

编号	设备名称	编号	设备名称	编号	设备名称
1	自洁式空气过滤器	9	空气增压机	17	空分上塔
2	离心压缩机	10	空气冷却器	18	液化空气过冷器
3	空气冷却塔	11	空气增加机	19	液氧泵
4	水泵	12	主换热器	20	粗氩Ⅰ塔
5	水冷却塔	13	节流阀	21	粗氩Ⅱ塔
6	换热器	14	膨胀机	22	精氩塔
7	分子筛过滤器	15	空分下塔	23	液氩泵
8	放空消音器	16	蒸发冷凝器	24	

3. 冷量的制取

装置所需的大部分冷量由增压透平膨胀机组膨胀制冷和液体膨胀机将高压液空降压膨胀时产生制冷所提供。从空气增压机中段抽出的一股压缩空气进入增压透平膨胀机组的增压端增压并冷却后进入冷箱内的高压板式换热器再次冷却至一定温度后进入增压透平膨胀机组的膨胀端。这股膨胀空气经膨胀机膨胀制冷后进入分馏塔的下塔参与精馏。空气增压机末端出口高压空气经后冷却器冷却后进入主换热器中被冷凝。主换热器冷端的高压液空汇集后经液体膨胀机膨胀后进入到下塔。

4. 空气精馏

液化空气进入空分下塔精馏,在塔顶得到氮气,塔底获得富氧液空。富氧液空在过冷器中被过冷后送入上塔中下部参与精馏。来自下塔塔顶的氮气在主冷凝蒸发器中与上塔塔底的液氧换热,其中氮气被冷凝,液氧被蒸发。冷凝后的液氮部分经低压换热器过冷后作为液氮产品进入液氮储罐,还有一部分液氮送入低压换热器被蒸发气化后作为低压氮产品送去管网,一部分低压氮气经过氮气压缩机增压到 6.7 MPa 后作为全厂开车氮气使用,剩余的液氮进入高压塔塔顶作为回流液。液氧从上塔底部抽出。小部分液氧经过冷器过冷后进入液氧贮槽作为液氧产品。大部分液氧由液氧泵加压至所需压力后被送至主换热器通过高压空气加热气化后送至高压氧气管网。在塔顶部排出污氮,进入过冷器以过冷液氧和液空,然后送入主换热器换热。一股进入氮气管网,另一股去水冷塔制取低温水。

5. 纯氩的制取

氩气作为空气中的第三大组分,当规整填料的应用使全精馏无氢制氩实现后,正广泛地成为空分精馏的第三级分离气体。

氩分离塔由粗氩塔和精氩塔组成,包括粗氩塔冷凝蒸发器,精氩塔底部蒸发器和顶部冷凝器,液氩泵,液化器(精氩塔液相进料时)。由于粗氩塔理论塔板数 180 ~ 200 块,做成填料塔高度太高,所以将其裁为两段。粗氩Ⅰ塔与上塔相连,其回流液依靠静压差返回上塔氩馏分抽口之上。粗氩Ⅱ塔底部釜液用液氩泵打入Ⅰ塔顶部作一塔回流液。

一部分粗氩塔上升气即氩馏分气在粗氩塔顶部,被冷凝蒸发器冷凝成含氧小于 2 ppm 的液氩,作为回流液,另一部分经过 O_2-Ar 分离含氧小于 2 ppm 的气相氩,作为工艺氩送入精氩塔进行 Ar-N_2 分离。工艺氩在精氩塔顶几乎全部被冷凝成液体作回流液,未冷凝的氮组分作为废气排出。在精氩塔底部就得到合格的精氩产品。

五、空分装置的运行

(一)空分装置开车

1. 启动应具备的条件

①空分设备所属管道、机械、电器等安装完毕,校验合格。

②所有运转机械设备,如空压机、氧压机、膨胀机、冷冻机、水泵、液氩泵等均具备启动条件,有的应先进行单机试车。

③所有安全阀调试完毕,并投入使用。

④所有手动,气动阀门开关灵活,各调节阀需经调试校验。

⑤所有机器、仪表性能良好,并具备使用条件。

⑥分子筛吸附器程序控制调试完毕,运转正常,具备使用条件。

⑦冷箱内低温设备的管道加热,吹刷完毕,并经检测合格。

⑧除特别需要外,空分设备所有阀门应处于关闭状态,特别要检查膨胀机喷嘴调节阀门必须处于关闭状态。

⑨供电系统正常工作。

⑩供水系统正常工作。

2. 启动准备

启动前应对保冷箱内的管道和容器进行彻底加温和吹刷,对于低温下工作的各个部分都不能有液态水分和机械杂质存在。除分析仪表和计量仪表外,所有通向指示仪表的阀必须开启,接通温度测量仪表,并进行以下各操作步骤:

(1)启动冷却水系统

①通知做好供冷却水的准备工作。

②打开冷却水的进、出口阀。

(2)启动仪表空气系统和纯化系统切换程序

①开启各空气切换管路。

②将备用仪表空气接通。

③接通程序控制器。

④接通切换阀,并检查切换程序。

⑤按仪控说明书和仪表制造厂的说明,将除分析和计量仪表以外的全部仪表投入。

(3)启动空气透平压缩机

①启动空气过滤器(按过滤器使用说明书操作)。

②接通冷却水系统。

③作好电机的启动准备。

④按说明启动空气压缩机。

⑤逐步增加压缩机后的压力。

(4)启动空气预冷系统

①检查全部指示仪表。

②检查空气预冷系统的仪电系统。

③检查冷水机组的冷凝器。

④打开冷却水进、出口阀。

⑤慢慢增加空压机出口空气压力,并导入空气冷却塔中,待压力稳定并大于0.4 MPa时,启动水泵和冷水机组。

⑥调节冷却水泵的压力和流量。

⑦接通液面控制器。

⑧慢慢增加空气压缩机排出压力。

(5)启动分子筛纯化系统

①切换程序的运行(手动)。

②检查、调节、确定各控制阀门阀位正常。

③检查空气中是否夹带有游离水,若有水应多吹除几次,直到无游离水为止,以后定期吹除游离水。

④向分子筛吸附器充气至压力与空冷塔平衡后,保持压力稳定。

⑤手动打开未工作的分子筛吸附器再生流路阀门。

⑥注意导入再生气后才能通电加热器。

⑦接通切换程序,调整均压时间、泄压时间。

⑧分子筛吸附器的启动(包括吸附和再生),至少正常运行一个周期后,才能向分馏塔送气。

(6)吹刷空气管路

吹刷的目的是除去杂质和灰尘等,并检查有没有水滴存在。吹刷用的气体是出分子筛吸附器的常温干燥空气。每一只吹除阀均打开进行吹除,一直到没有灰尘和水汽为止。

3.冷却阶段

(1)分馏塔冷却前必备条件

①空气压缩机已经投入正常运转。

②预冷系统已投入正常运行。

③分子筛纯化器已投入正常运行。

(2)启动增压透平膨胀机

①按“透平膨胀机的使用说明书”规定,做好透平膨胀机的启动准备。

②打开冷却流路各阀门。

③然后缓慢地开大喷嘴和缓慢关小增压空气回流阀,启动透平膨胀机。

④增加膨胀机的供气量,慢慢地使增压透平膨胀机达到最大气量。

⑤切断用户提供备用仪表空气,改用系统自身仪表空气。

(3)冷却分馏塔系统

冷却分馏塔的目的:是将正常生产时的低温部分从常温冷却到接近空气液化温度,为积累液体及氧、氮分离准备低温条件。

冷却开始时,压缩机排出的空气不能全部进入分馏塔,多余的压缩空气由放空阀排放大气,并由此保持空压机排出压力不变,随着分馏塔各部分的温度逐步下降吸入空气量会逐渐增加,可逐步关小放空阀来进行调节。

应特别注意的是:在冷却过程中保冷箱内各部分的温差不能太大,否则会导致热应力的产生。冷却过程应按顺序缓慢地进行,以确保各部分温度均匀。

①顺序开启冷却流路的阀门。

②保持空气压缩机排出压力恒定。

③把分子筛纯化器的再生气路由空气流路切换到污氮气流路上,此时应特别注意空压机排压,防止因超压而引起连锁停机停泵。

④必须注意各流路通过流量,使各部分温度均匀下降,不能出现大的温差。

(4)增压透平膨胀机的控制

在冷却阶段,透平膨胀机的产冷量应保持最大。在这一阶段中:

①要相继启动两台膨胀机。

②膨胀机工作温度尽可能低,但不得带液。

③当主换热器冷端空气已接近液化温度时,冷却阶段即告结束。

4. 积液和调整阶段

所有冷箱内设备被进一步冷却,空气开始液化,下塔(或主冷)出现液体,上、下塔精馏过程开始建立,待冷凝蒸发器建立液氧液面,可开始调节产品纯度,并将产品产量设定在设计产量的70% ~80% 。

在液化阶段,膨胀机的出口温度尽可能保持较低,但以不进入液化区为宜。部分膨胀空气量可进入污氮气管。

(1)阀门的调节

所有阀门的调节应按步骤缓慢并逐一地进行,当前一只阀门的调节取得了预期的效果以后,方可开始下一只阀门的调节。

(2)温度的控制

①主热交换器冷端的温度应接近液化点,约为-173 ℃。

②其他部分温度应调节到正常生产时的规定温度。

(3)液体的积累

①稍开不凝气排放阀。

②调节空气压缩机的流量,以满足分馏塔吸入空气量的增加,并保持压缩机后的恒压,可用进口导叶和放空阀配合调节。

③慢慢关闭各冷却用专门管路。

④先微开下塔液氮回流阀,根据主冷液氧上涨情况逐渐增加开度。

⑤取样分析初始积累的液体。如发现液体中有杂质和 CO_2 固体等,则应将液体连续排放,直到纯净为止。由于空气中含有水分,在抽取液体样品时,水分会凝结进入液体,使液体变得混浊,因此,应把抽取液体的容器罩起来。

⑥调节下塔液空液面,并投入自动控制。

⑦抽取液氮送入上塔,加速精馏过程的建立。

(4)精馏过程的建立

①将计量仪表投入,控制产品流量为设计值的70% ~80%。

②调整上塔和下塔的压力,使之达到正常值。

③从阻力计上读数的上升,可知精馏过程已经开始建立。

当主冷液面上升至设计值50% ~60%以上时,视吸入空气量和下塔压力情况调节下塔液氮回流阀,初步建立下塔精馏工况。

调节出分馏塔的污氮阀,出分馏塔的纯氮放空阀,及产品氧放空阀,使产品氧、氮达到设计值。

④操作粗氩塔。使回上塔的液空蒸发量增加,促使进粗氩冷凝的工作,待粗氩塔液空出现液面时,密切注视粗氩塔阻力计的变化,使其缓慢升高到额定值。

调整氩馏分纯度在8% ~12%,这时主塔已达正常工况,使液空液面缓慢升高到额定值,工况稳定后液面计投入自动。

当粗氩塔Ⅰ液面缓慢升到1 000 mm时,启动粗氩泵将粗氩塔Ⅰ的粗液氩送入粗氩塔Ⅱ,粗氩塔Ⅰ液面保持在800 ~1 000 mm。

定期分析液空中乙炔含量,其值不得高于0.01 ppm。

⑤当冷凝蒸发器液面达到最小规定值时,可有步骤地减少一台透平膨胀机的产冷量,如果空气压缩机的产量已经达到最大值,而下塔的压力仍有下降趋势时,应提前减少透平膨胀机的制冷量。

(5)精馏工况的调整

①按制造厂说明,将分析记录仪表投入。

②按各分析点数据,对精馏工况进行调整。

③在调整时,产品取出量维持在设计值的80%左右。

④当工况稳定后,可加大产品取出量到规定值,将污气氮纯度维持在规定指标上。

⑤产品的产量,纯度均达到指标时,此时氧气压缩机可以启动,即逐渐把产品从放空管路切换到产品输出管路上。

⑥注意液氧液面,应保持稳定,不能下降,必要时可增加透平膨胀机的产冷量,所增加的膨胀气量应旁通入污氮管路。

(6)粗氩塔的调整

由于粗氩塔与主塔有着紧密联系,只有在保持主塔工况稳定于设计工况的前提下,才能开始粗氩塔正常工况调整工作。

影响粗氩塔正常工况建立的主要因素,是氩馏分的组成及热负荷发生变化,因此,粗氩塔正常工况的调整目的,就是要建立最佳的氩馏分组成及冷凝器热负荷,从而保证粗氩纯度及产量。

①氩馏分含氧量的调整。氩馏分组成的稳定性是粗氩塔正常工况建立的基础。

若氩馏分含氧量太高,将导致粗氩含氧量上升,塔板阻力会升高,且氩提取率会下降,产量减少。若含氧太低,则含氮量往往会升高,含氮量过高,会导致粗氩塔精馏工况恶化(例如产生"氮塞")。过多的氮带入精氩塔又会增加精氩塔的精馏热负荷,并影响产品纯度。

氩馏分含氧量是通过调整主塔的正常工况来达到的,调整时一定要把主塔和粗氩塔视为一个整体来考虑,二者中有任一参数偏离正常工况往往都会引起氩馏分组成的变化,因此操作调整一定要谨慎小心,且要缓慢而行。最通用的调整方法是,在允许范围内适当增加产品氧抽出量,这样可降低氩馏分的氧含量,反之会增加氩馏分的氧含量。

特别应当指出,氮气产量,入塔空气量和压力及膨胀空气量的改变,空气纯化系统的切换,都会引起氩馏分组分的变化。在调整时,应周密考虑各种因素之间的相互影响,尽量把不可避免的干扰因素错开发生。

②液空液面的调整。粗氩塔冷凝器热负荷是根据粗氩塔阻力指示,通过调整液空液面来实现,它将影响粗氩的产量及纯度。

③粗氩纯度的调整。粗氩纯度主要调整氩馏分来达到,适当增加冷凝器热负荷,有助于粗氩的纯度提高。

(7)精氩塔的操作与调整

①操作前应具备的条件:

a. 主塔及粗氩塔的工况稳定在设计工况。

b. 精氩塔已进行彻底的吹刷冷却。

c. 粗氩含氧量分析≤2 ppm。

d. 计器仪表和安全阀均已校好,并可随时投入使用。

e. 检查所有阀门是否灵活好用,并全部处于关闭状态。

f. 贮存系统的液氩贮槽,液氩泵及汽化器已准备就绪。

②精氩塔的操作:

a. 将粗氩导入精氩塔。

b. 在蒸发器液面达 10% 后,全部排放积液以确保精氩纯度。

c. 在蒸发器液面达到设计额定值时,分析氩纯度,若含氮量超标,则排放掉一部分液氩后再重新积液。

d. 当纯氩中的氧、氮含量达到要求且液面达到1 200 mm时,送液氩去贮槽。

(二)正常操作

冷量的多少可根据冷凝蒸发器液面的涨落进行判断,如果液面下降,说明冷量不足,反之,则冷量过剩。

冷量主要由膨胀机产生,所以产冷量的调节是通过对膨胀机膨胀气量的调节来达到的,通过调节,使在各种情况下的冷凝蒸发器液面稳定在规定的范围内。

1. 精馏控制

①下塔的液面必须稳定,保持在规定的高度。

②精馏过程的控制主要由回流阀阀控制,开大,则液氮中的含氧量升高,关小,则液氮中的含氧量降低。

③产品气取出量的多少也将影响产品的纯度,取出量增加纯度下降,取出量减少,则纯度升高。

2. 达到规定指标的调节

①把全部仪表调节至设定值。

②调节下塔顶部氮气的浓度和底部液空纯度,达到规定值。

③调节上塔产品气的纯度,先可相应变动产品取出量,待纯度达到后再逐步增大取出量,直至达到规定值。

3. 减少产量的方法

①减少进入分馏塔的空气量。

②调整膨胀机膨胀量,减少产量。

③把产品气取出阀关小。

④经常检查纯度和液面。

4. 液体的排放

①打开液体排放阀必须缓慢。

②在停车后,准备加温前,一定要以各液体容器和管道排放液体,而且要放尽,在不易放尽的区段应带压排放。

(三)停车

1. 正常停车

①停止所有产品压缩机。

②开启产品管线上的放空阀。

③把仪表空气系统切换到备用仪表空气管线上。

④停止透平膨胀机。

⑤开启空压机空气管路放空阀。

⑥停止空气压缩机。

⑦停运冷水机组、预冷系统的水泵。

⑧停运分子筛纯化器的切换系统。

⑨关闭空气和产品管线，打开冷箱内管线上的排气阀（视压力情况而定）。

⑩停运粗氩泵。

⑪如停车时间较长，应排放液体。

⑫关闭所有的阀门（不包括上面提到的阀门）。

⑬对各装置进行加温。

如停车时间较短，则只按1～10步骤进行操作，注意在室外气温低于0 ℃时，停车后需把容器和管道中的水排尽，以免冻结。

注意：低温液体不允许在容器内低液面蒸发，当液体内剩下正常液位的20%时，必须全部排放干净。

2. 临时停车

由于各种故障需短时间停车处理，则按第1～10步骤执行，并视消除故障时间快慢，决定执行第10步，直至第12步。一般停车时间大于24 h应进行全系统加温再启动。

3. 临时停车后的启动

装置在临时停车后重新启动时，其操作步骤应从哪一阶段开始，应视冷箱内的温度来决定，保冷状态下的冷箱内设备不必进行吹除。

①启动空气压缩机，慢慢加大压力。

②启动空气预冷系统的水泵和冷水机组。

③启动分子筛纯化系统，为使另一只纯化器再生彻底，需在空气送入分馏塔前经过一个切换周期。

④慢慢向分馏塔送气、加压。

⑤启动和调整透平膨胀机。

⑥调整精馏系统。

⑦调整产品产量和纯度到规定指标。

思考题及习题

1. 空气深冷液化分离利用的原理是什么？
2. 空分过程中需要脱除哪些杂质？为什么脱除？
3. 简述自洁式空气过滤器的工作过程。
4. 简述自洁式空气过滤器的特点。
5. 影响分子筛吸附效果的因素有哪些？
6. 什么是节流膨胀？节流膨胀导致空气温度降低的原因是什么？
7. 什么是绝热膨胀？绝热膨胀导致空气温度降低的原因是什么？

8. 试简述林德循环的主要过程。

9. 试简述克劳德循环的主要过程。

10. 简述双级精馏获得纯氧和纯氮的过程。

11. 空分塔的种类有哪些？各有什么特点？

参考文献

[1] 贺永德. 现代煤化工技术手册[M]. 2 版. 北京:化学工业出版社,2010.
[2] 付长亮,张爱民. 现代煤化工生产技术[M]. 北京:化学工业出版社,2009.
[3] 于遵宏,王辅臣. 煤炭气化技术[M]. 北京:化学工业出版社,2010.
[4] 李玉林. 煤化工基础[M]. 北京:化学工业出版社,2010.
[5] 许世森,李春虎. 煤气净化技术[M]. 北京:化学工业出版社,2006.
[6] 应卫勇. 煤基合成化学品[M]. 北京:化学工业出版社,2010.
[7] 李化治. 制氧技术[M]. 2 版. 北京:冶金工业出版社,2009.
[8] 唐宏青. 现代煤化工新技术[M]. 北京:化学工业出版社,2009.